高等职业教育土建类专业"十四五"创新规划教材

建设工程招投标与合同管理

主 编 付明春 刘继良 耿 贺 吕卓燕

中国建设科技出版社

北　京

图书在版编目（CIP）数据

建设工程招投标与合同管理/付明春等主编.
北京：中国建设科技出版社，2024.10. --（高等职业教育土建类专业"十四五"创新规划教材）. -- ISBN 978-7-5160-4283-0

Ⅰ.TU723

中国国家版本馆 CIP 数据核字第 2024B8J172 号

内容简介

作者编写本书的初衷，旨在让读者通过对本书的学习，掌握建设工程招投标、合同与索赔的基本理论和操作技能，具备自行编制建设工程招投标文件和拟订建设工程施工合同文件的能力。

本书内容全面系统，结构安排合理，主要内容包括绪论，建设工程招标，建设工程投标，建设工程开标、评标和定标及签订合同，建设工程合同，FIDIC 合同示范文本等。工程案例穿插在相应章节，生动形象，形式新颖；每章章前设置教学目标、思政目标、教学重难点以及学法指导，并通过案例引入学习内容；章后设置本章小结和单选题、多选题、案例分析及综合实训等多种题型供读者练习。

本书既可作为高职高专院校建筑工程类相关专业的教材和指导书，也可作为土建施工类及工程管理类各专业职业资格考试的培训教材，还可为备考从业和执业资格考试人员提供参考。

建设工程招投标与合同管理
JIANSHE GONGCHENG ZHAOTOUBIAO YU HETONG GUANLI
主　编　付明春　刘继良　耿　贺　吕卓燕

出版发行：中国建设科技出版社
地　　址：北京市西城区白纸坊东街 2 号院 6 号楼
邮　　编：100054
经　　销：全国各地新华书店
印　　刷：北京雁林吉兆印刷有限公司
开　　本：787mm×1092mm　1/16
印　　张：14.5
字　　数：330 千字
版　　次：2024 年 10 月第 1 版
印　　次：2024 年 10 月第 1 次
定　　价：52.00 元

本社网址：www.jccbs.com，微信公众号：zgjskjcbs
请选用正版图书，采购、销售盗版图书属违法行为
版权专有，盗版必究。 本社法律顾问：北京天驰君泰律师事务所，张杰律师
举报信箱：zhangjie@tiantailaw.com　　举报电话：(010) 63567684
本书如有印装质量问题，由我社事业发展中心负责调换，联系电话：(010) 63567692

本书编委会

主　编　付明春　刘继良　耿　贺　吕卓燕
副主编　刘舒扬　张　朔　耿余祥　杨华东
　　　　　付华佩　李　勤
参　编　李运宝　李国华　林本峰　刘西海

前　言

21世纪以来，随着我国基础建设规模逐步扩大，对普通高等教育建设工程人才的培养提出了更高的要求。高等院校如何培养高素质人才是当前极其重要的课题，本书正是在这种背景下编写的。

为了适应我国进入中国特色社会主义新时代的要求，加强建设工程施工招标投标工作和建设工程施工合同的监督和管理，规范和指导建设工程施工招标投标活动和建设工程施工合同当事人的签约行为，维护各方当事人的合法权益，国家主管部门修正了《中华人民共和国招标投标法》和《建设工程施工合同（示范文本）》。编者根据以上变化和要求，编写了本书。

《建设工程招投标与合同管理》是高等职业院校土建大类各专业（如工程造价、建筑工程技术、工程管理、土木工程、房地产经营与管理、市政工程、道路与桥梁工程等）的一门专业核心课程。其前导课程分别是"建设工程法规""土木工程施工"和"建筑工程计量计价"等。

学生通过对本课程的学习，能够掌握建设工程招投标的流程、FIDIC合同条件和建设工程示范文本、施工合同管理等理论知识，能够编写招标文件、投标文件，以及根据工程变更材料进行合同价款的调整和施工索赔，同时还可以提升细节观察能力、科学思维能力以及解决生产实际问题的能力，为从事土建类专业招投标与合同管理工作提供保障。扫描右方二维码可获取本书配套教学课件。

本书是集体智慧的结晶，由大连海洋大学应用技术学院付明春，山东滕建投资集团兴唐工程有限公司刘继良，枣庄科技职业学院耿贺，滕州市中等职业教育中心学校吕卓燕统稿、定稿并担任主编，由枣庄市市中区自然资源局刘舒扬、滕州市建筑业发展服务中心张朔、临沂天元高级建筑学校耿余祥、滕州市城市建设综合开发公司杨华东、山东翼汇建筑工程有限公司付华佩、滕州市住房建设事业发展中心李勤担任副主编，由天元建设集团有限公司李运宝、李国华、林本峰、刘西海四位高级技师参编。具体分工如下：第1、2、3章由耿贺、吕卓燕、刘舒扬、张朔编写，第4章由刘继良、耿余祥编写，第5章由付明春编写，第6章由杨华东、付华佩、李勤等编写。

本书各单元学时安排如下：

单元	名称	学时	
		少学时	多学时
1	绪论	4	4
2	建设工程招标	6	8
3	建设工程投标	6	8
4	建设工程开标、评标和定标及签订合同	8	10
5	建设工程合同	10	12
6	FIDIC 合同示范文本	6	6
	学时合计	40	48

在编写本书过程中，编者参考了相关文献资料，以保证全书内容有据可依。但由于编者水平有限，书中难免存在疏漏与不妥之处，诚请广大读者批评指正。

编　者

2024 年 5 月

目 录

1 绪论 ………………………………………………………………………………… 1

    1.1 市场与建筑市场 ………………………………………………………………… 2

    1.2 建筑市场的组成 ………………………………………………………………… 7

    1.3 建筑市场法律法规 ……………………………………………………………… 13

    1.4 建设工程交易中心 ……………………………………………………………… 15

    1.5 建设工程招标投标概述 ………………………………………………………… 18

    本章小结 ……………………………………………………………………………… 21

    思考与练习题 ………………………………………………………………………… 21

2 建设工程招标 ……………………………………………………………………… 26

    2.1 建设工程招标概述 ……………………………………………………………… 27

    2.2 建设工程招标活动 ……………………………………………………………… 34

    2.3 建设工程招标资格审查 ………………………………………………………… 40

    2.4 建设工程招标文件的编制 ……………………………………………………… 44

    2.5 建设工程招标标底和控制价 …………………………………………………… 50

    本章小结 ……………………………………………………………………………… 57

    思考与练习题 ………………………………………………………………………… 57

3 建设工程投标 ……………………………………………………………………… 63

    3.1 投标的相关概念 ………………………………………………………………… 64

    3.2 建设工程投标的程序和基本要求 ……………………………………………… 67

    3.3 建设工程投标报价 ……………………………………………………………… 79

    3.4 建设工程投标文件的编制和递交 ……………………………………………… 85

    本章小结 ……………………………………………………………………………… 88

    思考与练习题 ………………………………………………………………………… 88

4 建设工程开标、评标和定标及签订合同 ··· 95

    4.1 建设工程开标 ··· 96
    4.2 建设工程评标 ··· 98
    4.3 建设工程定标及签订合同 ··· 109
    本章小结 ··· 116
    思考与练习题 ··· 116

5 建设工程合同 ··· 122

    5.1 合同概述 ··· 123
    5.2 建设工程施工合同 ··· 130
    5.3 建设工程施工合同的履行 ··· 149
    5.4 施工合同的变更 ··· 173
    5.5 施工合同保险与索赔 ··· 175
    5.6 施工合同争议解决 ··· 178
    5.7 施工分包合同管理 ··· 181
    本章小结 ··· 186
    思考与练习题 ··· 187

6 FIDIC 合同示范文本 ··· 192

    6.1 FIDIC 合同条件简介 ··· 193
    6.2 一般权利和义务条款 ··· 197
    6.3 控制性条款 ··· 208
    6.4 制约性条款 ··· 214
    6.5 管理性条款 ··· 217
    本章小结 ··· 220
    思考与练习题 ··· 220

参考文献 ··· 223

1 绪 论

| **教学目标** |

本章主要讲解了市场的概念、市场构成的基本要素、市场的基本特征、市场的功能，建筑市场的概念、特征和运行机制，建筑市场的组成和资质管理，建筑市场法律法规，建设工程交易中心的设立、性质、职能和交易原则，建设工程招投标概述等知识，要求了解市场的概念、特征、主体、客体和市场规则，掌握建筑市场对主体的资质要求和建设工程交易中心设立的条件、性质、基本功能和运行原则，理解建设工程招投标的概念、目的、特点、分类和原则。

| **思政目标** |

通过市场、建筑市场和建设工程招投标概述等理论知识，引导和教育学生深刻理解并自觉践行建筑市场和招投标等工作的法律法规和职业精神，深化职业理想和职业道德教育；增强学生在实习和工作岗位上的职业责任感，培养遵纪守法、爱岗敬业、无私奉献、诚实守信、公道办事、开拓创新的职业品格和行为习惯。

| **教学重点** |

建筑市场基本概念和特征，建设工程交易中心性质、职能和交易原则以及建设工程招投标的相关知识学习。

| **教学难点** |

建筑市场对主体的资质要求和运用，区分建设主体的资质等级并到建设工程交易中心办理相关建设事宜。

| **学法指导** |

以最新的法律条款为依据，熟悉相关法律法规和规定；以课本为基础，深入学习课本知识，完成课后练习题目，夯实理论基础；以案例为载体，将所学知识运用到案例中去，并从案例中总结正确的理论和实践。

【案例引入】

某镇一村办小学新建教学楼工程，项目由教育主管部门拨款建设。村镇领导经沟通后由镇领导给学校校长打去电话，要求把工程承包给本村有施工经验没有施工资质证书的施工队进行施工。该校长考虑该批人员有施工经验且农户的宅院大多是村民们自己修建的，于是没有过多考虑，就答应了领导的要求。另外，为了节约资金，也没有办理报建、工程质量监督、施工许可证等手续，就让施工队开始施工。

该县建设局获知此情况后，依法对该工程进行查处，责令工程立即停工，对建设单位的直接责任人和无证施工的直接责任人进行罚款，并对无证施工队伍予以取缔，要求学校重新选择有资质的施工队伍进场施工。

【工作任务】

通过上述案例，请思考以下问题：

1. 该县建设局做法是否正确？学校做法错在哪里？
2. 我国对工程建设市场是如何进行有效管理的？
3. 目前我国对建筑市场的资质管理有哪些要求？目前我国建筑市场主要存在哪些问题？

1.1 市场与建筑市场

1.1.1 市场概述

1. 市场的概念

市场是社会分工和商品交换的产物，属于商品经济的范畴。在商品经济早期阶段，市场就是指货物聚散、进行买卖活动的场所。

随着商品经济的发展，商品的形态不再局限于某一时间、某一空间，商品市场也有了狭义和广义之分。狭义的市场仅指有形市场，是商品交换的场所；广义的市场包括有形市场和无形市场，是商品交换关系的总和，贯穿于整个交换过程。

有形市场是指商品买卖双方的交易行为在固定场所内进行。它是最早意义上的市场形式，如农贸市场、建材市场、商店、购物中心和展销会等。

无形市场是指没有固定交易场所，依靠广告、中间商及其他形式沟通买卖双方，实现商品交换的市场，如工程咨询服务机构和房地产中介等。

我国是发展中的社会主义市场经济国家，市场在资源配置中发挥着决定性作用。随着市场经济的发展、市场时空领域的扩展、市场竞争关系的复杂化和市场主体的多元化，必须从不同角度理解和诠释市场。同时，市场在其发育和壮大过程中，也推动着社会分工和商品经济的进一步发展。

2. 市场构成的基本要素

市场的有效运行依赖于构成市场各个要素的有机联系和相互作用，只有各个构成要素协调发展，才能使整个市场有条不紊地运行。总体来看，市场构成的基本要素包括以下几个部分。

1）市场主体

市场主体是指在市场上从事生产和交换活动的当事人，包括提供商品的卖方和具有购买欲望和购买能力的买方，还有为完成交换而提供服务的其他机构和组织。现就各类市场主体介绍如下。

（1）自然人。自然人是基于出生而依法成为民事法律关系主体的人。自然人既包括公民，又包括外国人和无国籍的人。各国的法律一般对自然人都没有条件限制。

（2）法人。法人是具有民事权利能力和民事行为能力，依法独立享有民事权利和承担民事义务的组织。依据法人是否具有营利性，把法人分为以下两大类。

① 企业法人。从我国实际社会经济生活来看，企业法人有国有企业法人、集体企业法人、私营企业法人、联营企业法人、中外合资企业法人、中外合作企业法人、外资企业法人、股份有限公司法人和有限责任公司法人等。在工程建设活动中，企业法人的主要表现形式为施工企业。

② 非企业法人。非企业法人是为了实现国家对社会的管理及其他公益目的而设立的国家机关、事业单位或者社会团体。非企业法人包括机关法人（国家权力机关、行政机关、审判机关、检察机关、军事机关等），事业单位法人（文化、教育、卫生、体育、科学、新闻、广播、电视等事业单位），社会团体法人（协会、学会、联合会、研究会、基金会、联谊会、促进会、教会、商会等具备法人条件并经核准登记，都可以成为社会团体法人）。

（3）其他组织。其他组织是指依法或者依据有关政策成立，有一定的组织机构和财产，但又不具备法人资格的各类组织。这些组织在我国社会的政治、经济、文化、教育、卫生等方面具有重要作用。我国学术界对非法人组织的分类一般如下：第一类是非法人企业，包括非法人私营企业、合伙企业、非法人集体企业、非法人外商投资企业以及企业集团；第二类是非法人公益团体，包括非法人机关事业单位、社会团体等；第三类是其他特殊组织，包括筹建中的法人组织、债权人会议及清算组织等。

2）市场客体

市场客体是指可供交换的商品。这里的商品既包括有形的物资产品，如各种生活资料、机械等；也包括无形服务，以及各种商品化了的资源要素，如资金、技术、信息和劳动力等。市场活动的基本内容是商品交换，具备一定量的可供交换的商品，是市场存在的物质基础。

3）具备买卖双方都能接受的交易价格、行为规范及其他条件

在整个交易过程中，交易价格是买卖双方考虑商品交换的主要原因，而供求关系又是影响价格变化的重要因素。但在价值决定价格的前提下，供求关系的影响并不是决定因素。除了供求关系外，还有如场所、信息、储运、保管、信用、保险、资金渠道、服务等条件，只有具备这些条件，才能实现商品的让渡，形成有意义的现实市场。而这些形成市场的现实条件，就成为市场活动最基本的制约因素。

3. 市场的基本特征

在市场的交易过程中，交易各方存在着实物和价值上的经济联系，这种联系体现了交易各方的经济利益，它决定市场具有以下五个特征。

（1）平等性

平等性是指参与市场活动的主体具有平等的市场地位。主要体现为市场主体有均等机会进入市场，并能够自主经营；市场主体能均等地按市场价格取得所需商品；市场主体能平等地承担税负；市场主体在法律和经济往来中处于平等地位，拥有相应的权利和承担相应的义务。交易的平等和自由必须由法律加以保护，才能保证平等交换的契约关系，才能保证市场活动的正常进行。

（2）自主性

作为独立的商品生产者和经营者，必须自主经营、自负盈亏，要自主地对市场供

求、竞争和价格变化做出灵敏的反应。自主性体现为拥有独立的商品生产经营自主权，也就是指企业享有生产经营决策权、产品、劳务定价权、产品销售权、物资采购权、进出口权、投资决策权和人事管理权等权利。作为市场主体，应承担经营风险，具有市场交易的高度自主权。

（3）完整性

市场体系是相互联系的各类市场的有机统一体，包括生活资料市场、生产资料市场、劳动力市场、金融市场、技术市场、信息市场等，它们相互联系、相互制约，推动整个社会经济的发展。市场必须具有比较完善的市场体系，才能有效发挥资源配置的功能。完善的市场体系是供求、竞争和价格机制发挥调节作用的前提。完善的市场体系应具有齐全的商品市场和生产要素市场、众多的买者和卖者、全国范围内的统一市场、价格能真实反映资源稀缺状况、与国际市场密切联系等条件。

（4）开放性

在市场经济条件下，建立起了各种市场，形成了统一开放的市场体系，由市场形成价格，保证各种商品和生产要素的自由流动，保证各种性质、规模和形式的企业都可以自由地参与市场活动。开放的市场是资源合理流动的必要条件，是市场有效发挥作用的前提条件。

（5）竞争性

市场经济实质上是一种竞争经济，竞争是市场运行的突出特点。市场主体平等进入市场，从事交易活动，凭借自身的技术、经济实力开展全方位竞争，经过公平竞争，实现优胜劣汰。

4. 市场的功能

市场功能是指市场机体所具有的客观作用。从市场活动的基本内容来看具有以下五大功能。

（1）交换功能

市场活动的中心内容是商品交换，市场是实现交换的场所，是人们彼此进行交换活动和发生经济联系的场所，是实现商品的使用价值和价值转移的场所。

（2）调节功能

调节功能是指市场在内在机制作用下，自动调节社会经济的运行过程和社会资源在国民经济各部门、各地区、各企业之间的分配，即按照市场要求组织生产经营活动。市场调节功能是通过价值规律、供求规律、竞争规律和价格机制来实现的。

（3）信息导向功能

市场向商品生产经营者、需求者发布各种信息，直接指导其经济活动。市场是最重要、最灵敏的经济信息源和汇集点。市场发布的信息主要有供求信息、价格信息、信贷信息和利率信息等。

（4）资源配置功能

社会资源以市场机制为基础自动实现优化配置。这是由于商品生产者要按市场需求组织生产经营活动，生产资料需求过多，导致价格上涨，使商品生产成本增加、商品售价提高。这就抑制了商品需求。如此反复，实现了供求平衡。

(5) 经济联动功能

市场是国民经济的桥梁和纽带，它将各部门、各行业、各地区、各企业联系在一起，使各行业的生产、服务与最终的居民消费形成良好的链条结构，以保证国民经济正常运转。市场也是国际社会经济活动交往和汇集的场所，从而推动经济全球化。

5. 市场的规则

市场规则是国家为了保证市场有序运行而依据市场运行规律所制定的规范市场主体活动的各种规章制度，包括法律、法规、契约和公约等。市场规则可以有效地约束和规范市场主体的市场行为，使其有序化、规范化和制度化，保证市场机制正常运行并发挥应有的优化资源配置的作用。没有一个好的市场规则，市场秩序就无从建立，市场难以发挥它在资源配置中的基础作用，有效的市场经济体制也不可能真正建立起来。市场规则可以分为市场进出规则、市场竞争规则、市场交易规则和市场仲裁规则等四种。

1.1.2 建筑市场概述

1. 建筑市场的概念

建筑市场是指进行建筑商品及相关要素交换的市场，是市场体系中的重要组成部分，它是以建筑产品的承发包活动为主要内容的市场，是建筑产品和有关服务的交换关系的总和。

建筑市场有广义和狭义之分。狭义的建筑市场是指以建筑产品为交换内容的市场，是建设项目的建设单位和建筑产品的供给者通过招标投标的方式进行承发包的商品交换关系。广义的建筑市场除了以建筑产品为交换内容外，还包括与建筑产品的生产和交换密切相关的勘察设计市场、劳动力市场、建筑生产资料市场、建筑资金市场和建筑技术服务市场等。

2. 建筑市场的特征

建筑市场不同于其他市场，这是因为建筑市场的主要商品——建筑产品是一种特殊的商品。因此，建筑市场具有不同于其他产业市场的特征。

1) 建筑市场交换关系的复杂性

建筑商品的形成过程涉及买方、地质勘察方、设计方、施工方、分包商、中介机构等单位的经济利益；建筑产品的位置、施工和使用影响到城市的规划、环境和人身安全。这就要求用户、设计和施工等单位按照基本建设程序和国家的法律法规组织实施，确保利益实现。

2) 建筑市场交易的直接性

在一般的商品市场中，由于交换的产品具有间接性、可替换性和可移动性，供给者可以预先进行生产然后通过批发、零售环节进入市场。建筑产品则不同，只能按照客户的具体要求，在指定的地点为其建造某种特定的建筑物。因此，建筑市场上的交易只能由需求者和供给者直接见面，进行预先订货式的交易，先成交，后生产，无法经过中间环节。

3) 建筑产品交易的长期性

一般商品的交易基本上是"一手交钱，一手交货"，交易过程较短。由于建筑产品的周期长，价值巨大，供给者也无法以足够资金投入生产，大多采用分阶段按实施进度付款，待交货后再结清全部款项的方式。因此，双方在确立交易条件时，重要的是确立关于分期付款与分期交货的条件。

4）建筑市场有着显著的地区性

这一特点是由建筑产品的地域特性所决定的。对于建筑产品的供给者来说，大规模的流动必然会造成生产成本的增加，他们通常会选择一个相对稳定的地理区域内经营。这使得供给者和需求者之间的选择具有一定的局限性，通常只能在一定范围内确定相互之间的交易关系。

5）建筑市场交易的特殊性

（1）主要交易对象的单件性。由于建筑产品的多样性使建筑产品不能实现批量生产、建筑市场不可能出现相同的建筑商品，因而建筑商品在交易中没有挑选机会，单件交易。

（2）交易对象的整体性和分部分项工程的相对独立性。无论住宅小区、配套齐全的工厂、功能完备的大楼，都是不可分割的整体，所以建筑产品交易是整体的，但施工中需要对分部分项工程验收、评定质量、分期拨付工程进度款，因而建筑市场交易中分部分项工程具有相对独立性。

（3）交易价格的特殊性。建筑产品的单件性要求每件定价，定价形式多样，如单价制、总价制等。由于建筑产品价值量大，少则数十万元，多则上百亿元，因此价格结付方式多样，如预付制、按月结算、竣工后一次性结算、分阶段结算等。

（4）交易活动的不可逆转性。建筑市场交易关系一旦形成，设计、施工等承包必须按约定履行义务，工程竣工后则不能再退换。

6）建筑市场的风险较大

建筑市场不仅对供给者有风险，对需求者也有风险。

（1）从建筑产品供给者方面来看，建筑产品的市场风险主要表现在以下几个方面。

① 定价风险。由于建筑市场中的供给方面的可替代性较大，故市场的竞争主要表现为价格的竞争，定价过高就意味着竞争失败，招揽不到生产任务；定价过低则可能导致企业亏损，甚至破产。

② 建筑产品是先价格，后生产，生产周期长，不确定因素多。例如，气候、地质、环境的变化，需求者的支付能力，以及国家的宏观经济形势等，都可能对建筑产品的生产产生不利的影响，甚至是严重的不利影响。

③ 需求者支付能力的风险。建筑产品的价值巨大，其生产过程中的干扰因素可能使生产成本和价格升高，从而超过需求者的支付能力；或因贷款条件变化而使需求者筹措资金发生困难。上述种种情况，都有可能出现需求者对生产者已完成的阶段产品或部分产品拖延支付，甚至中断支付的情况。

（2）从建筑产品需求者方面来看，建筑市场的风险主要表现在以下几个方面。

① 价格与质量的矛盾。如上所述，建筑产品的需求者往往希望在产品功能和质量一定的条件下价格尽可能低。从而可能使需求者和供给者对最终产品的质量标准产生理解上的分歧，而当建筑产品的内容更复杂时，分歧的概率更大。

② 价格与交货时间的矛盾。建筑产品的需求者往往对建筑产品生产周期中的不确定因素估计不足，提出的交货日期有时并不现实。而供给方为达成交易，当然也接受这一不公平条件，但却会有相应的对策，如抓住发包人未能完全履行合同义务的漏洞，从而竭力将合同条件变得有利于己。

③ 预付工程款的风险。由于建筑产品的价值巨大，且多为转移价值部分，供给者一般无力垫付巨额生产资金。需求者向供给者预付一笔工程款已形成一种惯例和制度。这可能给那些既无信誉又无经营实力的企业带来可乘之机，从而给需求者带来严重的经济损失。

7) 建筑市场竞争激烈

由于建筑业生产要素的集中程度远远低于资金、技术密集型产业，因此，在建筑市场中，建筑产品生产者之间的竞争较为激烈。而且，由于建筑产品具有不可替代性，生产者基本上是被动地去适应需求者的要求，需求者相对而言处于主导地位，甚至处于相对垄断地位，这自然加剧了建筑市场竞争的激烈程度。

3. 建筑市场的运行机制

建筑市场运行机制是指建筑市场中经济活动关系的总和。建筑市场由工程建设发包方、承包方和中介服务机构组成市场主体，各种形态的建筑商品及相关要素（如建筑材料、建筑机械、建筑技术和劳动力）构成市场客体。建筑市场的主要竞争机制是通过招标投标制度，运用法律法规和监管体系保证市场秩序，保护建筑市场主体的合法权益。

1.2 建筑市场的组成

建筑市场是由许多基本要素组成的有机整体，这些要素之间相互联系和相互作用，推动市场有效运转。

1.2.1 建筑市场的主体

建筑市场的主体是指参与建筑生产交易的各方。我国建筑市场的主体主要包括发包人（又称为建设单位或业主）、承包商（勘察、设计、施工、材料供应）、为市场主体服务的各种中介机构（咨询、监理）等。

1. 发包人

发包人是指具有工程发包主体资格和支付工程价款能力的当事人以及取得该当事人资格的合法继承人。发包人有时称为发包单位、建设单位或业主、项目法人。它是指既有进行某项工程建设的需求，又具有该项工程建设相应的建设资金和各种准建手续，在建筑市场中发包工程项目的咨询、设计、施工监理等建设任务，并最终得到建筑产品，达到其投资目的的法人、其他组织和自然人。发包人可以是各级政府、专业部门、政府委托的资产管理部门，也可以是学校、医院、工厂、房地产开发公司等企事业单位，还可以是个人和个人合伙。

发包人是由投资方代表组成，对建设项目从筹划、筹资、设计、建设实施直至生产经营、归还贷款及债券本息等全面负责并承担风险的项目管理班子。发包人必须承担建设项目的全部责任和风险,对建设过程中的各个环节进行统筹安排,实现责、权、利的统一。

【特别提示】

目前我国项目发包人产生的方式有以下几种。

(1) 企业或单位。如果某工程为企事业单位投资的新建、扩建、改建工程,则该企业或事业单位即为项目发包人。

(2) 联合投资董事会。由不同投资方参股或共同投资的项目,其发包人是共同投资方组成的董事会或管理委员会。

(3) 各类开发公司。开发公司自行融资或由投资方协商组建或委托开发的工程管理公司也可成为发包人。

2. 承包商

承包商是具有一定生产能力、技术装备、流动资金,具有承包工程建设任务的营业资格,在建筑市场中能够按照发包人的要求,提供不同形态的建筑产品,并获得工程价款的建筑企业。

按照生产主要形式的不同,承包商可分为勘察、设计单位,建筑安装企业,混凝土预制构件、非标准件制作等生产厂家,商品混凝土供应站,建筑机械租赁单位,以及专门提供劳务的企业等。按其所从事的专业可分为土建、水电、道路、港湾、铁路、市政工程等专业公司。

3. 中介机构

中介机构是指具有一定注册资金和相应的专业服务能力,持有从事相关业务的资质证书和营业执照,能对工程建设提供估算测量、管理咨询、建设监理等智力型服务或代理,并取得服务费用的咨询服务机构和其他为工程建设服务的专业中介组织。国际上一般将中介机构称为咨询公司,咨询任务可以贯穿于从项目立项到竣工验收乃至使用阶段的整个项目建设过程,也可只限于其中某个阶段。

中介机构作为政府、市场、企业之间联系的纽带,具有政府行政管理不可替代的作用。发达市场的中介机构是市场体系成熟和市场经济发达的重要表现。

目前,建筑市场的中介机构主要有以下几种。

(1) 协调和约束市场主体行为的自律性组织,主要是建筑业协会及其下属的专业分会,包括工程建设质量监督分会、建筑安全分会、建筑机械管理与租赁分会、深基础施工分会、建筑防水分会、材料分会、建筑企业经营管理专业委员会和建筑施工技术开发专业委员会等。

(2) 保证公平交易、公平竞争的公证机构,如各种专业事务所、资产和资信评估机构、公证机构、合同纠纷的调解仲裁机构等。

(3) 咨询代理机构,是指为促进建筑市场降低交易成本、提供各种服务的咨询代理机构,如建设工程交易中心、监理公司等。

(4) 检查认证机构,是监督建筑市场活动,维护市场正常秩序的检查认证机构,如建筑产品质量检测、鉴定机构、ISO 9000 认证机构等。

(5) 公益机构,包括为保证社会公平、市场竞争秩序正常的以社会福利为目的的基金会、保险机构等。它们既可以为企业意外损失承担风险,又可以为安定职工情绪提供保障。

1.2.2 建筑市场的客体

1. 建筑市场的客体

建筑市场的客体一般称为建筑产品,它包括有形的建筑产品——建筑物、构筑物以及无形的产品——咨询、监理等各种智力型服务。建筑产品凝聚着承包商的劳动,发包人(业主)以投入资金的方式取得它的使用价值。在不同的生产交易阶段,建筑产品表现为不同的形态。它可以是中介机构提供的咨询报告、咨询意见或其他服务;可以是勘察设计单位提供的设计方案、设计图纸、勘察报告;可以是生产厂家提供的混凝土构件、非标准预制件等产品;也可以是施工企业提供的最终产品——各种各样的建筑物和构筑物。

2. 建筑产品的特点

这里的建筑产品是指施工企业提供的建筑物和构筑物。在商品经济条件下,建筑企业生产的产品大多是为了交换而生产的,建筑产品即商品,但其具有以下与其他商品不同的特点。

(1) 建筑产品的固定性

与工农业产品不同,建筑产品一旦开始生产就只能在建造地点发挥作用。它的基础与作为地基的土地直接发生关系,以大地作为基础的地基,如房屋、桥梁等建成后不能移动;还有一些建筑业产品本身就是土地不可分割的一部分,如油气田、地下铁路、水库等。

(2) 建筑产品的多样性

建筑产品的功能要求是多种多样的,使每个建筑或构筑物都有其独特的形式和独特的结构,因而需要单独设计。即使功能要求相同,建筑类型相似,但由于地形、地质、水文、气象等自然条件不同以及交通运输、材料供应等社会条件不同,在建造时,往往也需要对设计图纸及施工方法、施工组织等作相应的修改。由于建筑产品具有多样性,因而可以说建筑产品具有单件性的特点。

(3) 建筑产品的体积庞大性

建筑产品在建造过程中所消耗的材料是十分惊人的,不仅数量大,而且品种繁多,规格繁多。同时,使用者还要在建筑产品内部布置各种生产和生活需要的设备与用具,并且要在其中进行生产与生活活动,因而同一价值的建筑产品和其他产品相比,其所占的空间要大得多。

(4) 建筑生产的不可逆性

建筑产品一旦进入生产阶段,其产品不可能退换,也难以重新建造。否则双方都将承受极大的损失。所以,建筑生产的最终产品质量是由各阶段成果的质量决定的。设计、施工必须按照规范和标准进行,才能保证生产出合格的建筑产品。

(5) 建筑产品的投资数额大,生产周期和使用周期长

由于建筑产品工程量巨大,消耗的人力和物力极多。建筑材料消耗量占社会总消耗量的比例约为:钢材30%、水泥70%、玻璃60%、塑料制品25%、运输8%等。人力大致为每平方米房屋建筑面积4个工日。建设工程的生产周期长达数月甚至数年,使庞大的资金滞留在生产过程中,只有投入,没有产出。在如此之长的时间内,投资可能受到物价涨落、国内国际形势等影响,因而投资管理也越加重要。基于这一特点,建筑市场与国民经济的发展息息相关。

(6) 建筑产品的整体性和施工生产的专业性

在建筑产品技术含量越来越高的情况下,需要由土建、安装和装饰等专业化施工企业分包来完成整个工程,因而产生了总包和分包的承包形式。

1.2.3 建筑市场的资质管理

1. 建筑市场从业企业资质管理

资质管理是指对从事建设工程的单位进行审查,以保证建设工程质量和安全符合我国相关法律法规的规定。从事建筑活动的建筑施工企业、勘察单位、设计单位和工程监理单位,按照其拥有的注册资本、专业技术人员、技术装备和已完成的建筑工程业绩等资质条件,划分为不同的资质等级,经资质审查合格,取得相应等级的资质证书后,方可在其资质等级许可的范围内从事建筑活动。

1) 工程勘察、设计企业资质管理

从事建设工程勘察、工程设计活动的企业,应当按照其拥有的注册资本、专业技术人员、技术装备和勘察、设计业绩等条件申请资质,经审查合格,取得建设工程勘察、工程设计资质证书后,方可在资质许可的范围内从事建设工程勘察、工程设计活动。我国勘察、设计企业的资质及业务范围有关规定见表1-1。

表1-1 我国勘察、设计企业的资质及业务范围

企业类别	资质分类	资质等级	承揽业务范围
工程勘察企业	综合资质	甲级	可在全国范围内承接各专业(海洋工程勘察除外)、各等级工程勘察业务
	专业资质(分专业设立)	甲级	本专业工程勘察业务范围和地区不受限制
		乙级	可承担本专业工程勘察中小型工程项目,承担工程勘察业务的地区不受限制
		丙级	可承担本专业小型工程项目,承担工程勘察业务限定在省、自治区、直辖市所辖行政区范围内(设置丙级勘察资质的地区经住房城乡建设部批准后方可设置)
	劳务资质	不分等级	可以承接岩土工程治理、工程钻探、凿井等工程勘察劳务业务,地区不受限制

续表

企业类别	资质分类	资质等级	承揽业务范围
工程设计企业	综合资质（21个行业）	甲级	可承担各行业建设工程项目主体工程及其配套工程的设计，其范围和规模不受限制
	行业资质（分行业设立）	甲级	可承担本行业建设工程项目主体工程及其配套工程的设计，其范围和规模不受限制
		乙级	可承担本行业中小型建设工程项目的主体工程及其配套工程的工程设计业务
		丙级	可承担本行业小型建设项目的工程设计任务
	专业资质（分专业设立）	甲级	可承担行业相应设计类型建设工程项目主体工程及其配套工程的设计，其范围和规模不受限制（设计施工一体化资质除外）
		乙级	可承担行业相应设计类型中小型建设工程项目的主体工程及其配套工程的工程设计任务
		丙级	可承担相应行业设计类型小型建设项目的工程设计任务
		丁级	个别专业承担本专业的小型建设项目的工程设计任务（边远地区及经济不发达地区各省、自治区、直辖市建设行政主管部门报住房城乡建设部同意后可批准设置）
	专项资质（根据行业需要设置）	甲级	以建筑装饰工程为例，可承担建筑装饰工程项目的主体工程及其配套工程设计，其设计范围和规模不受限制
		乙级	以建筑装饰工程为例，可以承担1000万元以下的建筑装饰主体工程和配套工程设计
		丙级	以建筑装饰工程为例，可以承担500万元以下的建筑装饰工程（仅限住宅装饰装修）的设计与咨询

2）建筑企业资质管理

建筑企业是指从事土木工程、建筑工程、线路管道设备安装工程、装修工程的新建、扩建、改建等活动的企业。建筑企业资质分为施工总承包、专业承包和劳务分包企业。经审查合格的建筑业企业，由资质管理部门颁发《建筑业企业资质证书》。《建筑业企业资质证书》由国务院建设行政主管部门统一印制，分为正本和副本，具有同等法律效力。我国建筑业企业资质及承包工程范围见表1-2。

表1-2 建筑业企业资质及承包工程范围

企业类别	资质等级	承包工程范围
施工总承包企业（十二类）	特级	可承担本类别各等级工程施工总承包、设计及开展工程总承包和项目管理业务；以房屋建筑工程为例，限承担施工单项合同额3000万元以上的房屋建筑工程
	一级	以房屋建筑工程为例，可承担单项建安合同额不超过企业注册资本金5倍的下列房屋建筑工程的施工：①40层及以下、各类跨度的房屋建筑工程。②高度240m及以下的构筑物。③建筑面积20万 m^2 及以下的住宅小区或建筑群体

续表

企业类别	资质等级	承包工程范围
施工总承包企业（十二类）	二级	以房屋建筑工程为例，可承担单项建安合同额不超过企业注册资本金 5 倍的下列房屋建筑工程的施工：①28 层及以下、单跨跨度 36m 及以下的房屋建筑工程。②高度 120m 及以下的构筑物。③建筑面积 12 万 m^2 及以下的住宅小区或建筑群体
施工总承包企业（十二类）	三级	以房屋建筑工程为例，可承担单项建安合同额不超过企业注册资本金 5 倍的下列房屋建筑工程的施工：①14 层及以下、单跨跨度 24m 及以下的房屋建筑工程。②高度 70m 及以下的构筑物。③建筑面积 6 万 m^2 及以下的住宅小区或建筑群体
专业承包企业（六十类）	一级	以地基与基础工程为例，可承担各类地基与基础工程的施工
专业承包企业（六十类）	二级	以地基与基础工程为例，可承担工程造价 1000 万元及以下各类地基与基础工程的施工
专业承包企业（六十类）	三级	以地基与基础工程为例，可承担工程造价 300 万元及以下各类地基与基础工程的施工
劳务分包企业（十三类）	一级	以木工作业为例，可承担各类工程的木工作业分包业务，但单项业务合同额不超过企业注册资本金的 5 倍
劳务分包企业（十三类）	二级	以木工作业为例，可承担各类工程的木工作业分包业务，但单项业务合同额不超过企业注册资本金的 5 倍

3）工程咨询单位资质管理

为了规范建筑市场，我国对工程咨询单位也实施资质管理。主要实施资质管理的工程咨询单位如下。

（1）工程建设项目招标代理机构。工程建设项目招标代理机构是指工程招标代理机构接受招标人的委托，从事工程的勘察、设计、施工、监理以及与工程建设有关的重要设备（进口机电设备除外）、材料采购招标的代理业务。工程招标代理机构资格分为甲级、乙级和暂定级 3 个级别资格。

（2）工程监理单位。工程监理企业资质分为综合资质、专业资质和事务所资质。其中，专业资质按照工程性质和技术特点划分为若干工程类别。专业资质分为甲级、乙级；其中，房屋建筑、水利水电、公路和市政公用专业资质可设立丙级。综合资质和事务所资质不分级别。

（3）工程造价咨询企业。工程造价咨询企业是指接受委托，对建设项目投资、工程造价的确定与控制提供专业咨询服务的企业。工程造价咨询企业资质等级分为甲级、乙级两级。工程造价咨询企业可以对建设项目的组织实施进行全过程或者若干阶段的管理和服务。

2. 建筑市场专业人员职业资格管理

专业技术人员职业资格是对从事某一职业所必备的学识、技术和能力的基本要求，职业资格包括从业资格和执业资格。

从业资格是政府规定专业技术人员从事某种专业技术性工作的学识、技术和能力的起点标准，从业资格确认工作由各省、自治区、直辖市人事（职改）部门会同当地业务主管部门组织实施。

执业资格是政府对某些责任较大，社会通用性强，关系公共利益的专业技术工作实行的准入控制，是专业技术人员依法独立开业或独立从事某种专业技术工作学识、技术和能力的必备标准。

在建设行业里，通常把取得执业资格证书的工程师称为专业人士。目前，我国已经确定的专业人士的种类有注册建筑师、勘察设计注册工程师、注册监理工程师、房地产估价师、注册资产评估师、注册造价工程师、注册城市规划师、注册咨询工程师（投资）以及注册建造师等。各专业的资格取得和注册条件基本上都为大专以上学历、参加全国统一考试和注册条件，具体要求见表1-3。

表1-3 各专业人士资格证书制度建立情况、报考条件一览表

序号	名称	建制时间	报考条件（学历与工作年限）	主管部门	文号	法律、法规依据

注：1. 表中所列的各执业资格为全国范围内有效，其报考条件为大致要求，具体条件规定包括免试条件以报考文件为准，考试的种类将逐步增加。

2. 表中所列的各学历及工作年限范围是指：本专业为最低年限、相近专业为中间年限、其他工科或非工科类专业为最高年限，个别专业的学历须经过权威机构评估。报考年限计算为取得规定学历或职称以后，从事本专业工作到报考的当年年底。

3. 各执业资格所对应的本专业及相近专业的范围有严格的界定，以各相关的法律及其暂行规定和行业要求为准。

《中华人民共和国建筑法》（以下简称《建筑法》）第十四条规定，从事建筑活动的专业技术人员，应当依法取得相应的执业资格证书，并在执业资格证书许可的范围内从事建筑活动。在这一方面我国管理制度还有待完善，以便逐步与国际接轨。

1.3 建筑市场法律法规

建设法规是指国家立法机关或其授权的行政机关制定的，旨在调整国家及其有关机构、企事业单位、社会团体、公民之间在建设活动中或建设行政管理活动中发生的各种社会关系的法律和法规的统称。

1.3.1 建设法规的作用

1. 规范指导建设行为

建设活动应该遵循一定的行为规范即建设法律规范。建设法规对人们建设行为的规范性表现在：必须进行的一定的建设行为，如建设项目的立项申报、建设过程中各种强制性法规的执行；禁止进行的一定的建设行为，如违法分包、投标过程中的违法行为等。

2. 保护合法建设行为

建设法规的作用不仅在于对建设主体的行为加以规范和指导，还应对所有符合法规

的建设行为给予确认和保护。这种确认和保护性规定一般是通过建设法规的原则规定反映的。

3. 处罚违法建设行为

建设法规要实现对建设行为的规范和指导作用，除了保护合法的建设行为，还必须对违法建设行为给予应有的处罚。一般的建设法规都有对违法建设行为的处罚规定。如住房城乡建设部于2022年5月1日起施行的《住房和城乡建设行政处罚程序规定》就是为了保障和监督住房和城乡建设行政执法机关有效实施行政处罚，保护公民、法人和其他组织的合法权益，促进建设行政执法工作程序化、规范化制定的。

1.3.2 建设法规体系

1. 建设法规体系的概念

法规体系指由一个国家的全部现行法律规范分类组合为不同的法律部门而形成的有机联系的统一整体。建设法规体系是指把已经制定和需要制定的建设法律、建设行政法规和建设部门规章衔接起来，形成一个相互联系、相互补充、相互协调的完整统一的框架结构。就广义的建设法规体系而言，还应包括地方性法规和规章。

【特别提示】

根据法制统一原则，建设方面的法律必须与宪法和相关的法律保持一致，行政法规、部门规章和地方性法规、规章不得与宪法、法律以及上一层次的法规相抵触。

2. 建设法规体系的构成

我国建设法规体系采用的是梯形结构形式，由以下五个层次组成。

（1）建设法律。如《建筑法》是国务院建设行政主管部门对全国的建筑活动实施统一监督管理的法律，还有从2008年1月1日起施行的《中华人民共和国城乡规划法》。

（2）建设行政法规。如2000年1月30日国务院为了加强对建设工程质量的管理，保证建设工程质量，保护人民生命和财产安全，根据《建筑法》制定的《建设工程质量管理条例》，此外还有《建设工程安全生产管理条例》《建筑工程设计招标投标管理办法》《建设工程勘察设计管理条例》《生产安全事故报告和调查处理条例》等。

（3）建设部门规章。它是指住房城乡建设部根据国务院规定的职责范围，依法制定并颁布的各项规章，或由住房城乡建设部与国务院有关部门联合制定并发布的规章，如住房城乡建设部发布的《建筑业企业资质管理规定》等。

（4）地方性建设法规。它是指由省、自治区、直辖市人大及其常委会制定并发布的建设方面的法规，如《天津物业管理条例》等。

（5）地方建设规章。它是指由省、自治区、直辖市以及省会城市和经国务院批准市人民政府，根据法律和国务院的行政法规制定并颁布的建设方面的规章，如《哈尔滨市城市房屋拆迁管理暂行办法》《上海市房地产登记条例实施若干规定》等。

1.4 建设工程交易中心

1.4.1 建设工程交易中心的设立

随着改革开放的日益深入和扩大内需战略的实施，我国住宅、交通、通信、水利、电力等基础设施建设在全国各地全面展开，无数高楼大厦拔地而起，使整个建设工程市场格外活跃。但由于管理体制滞后等原因，工程建设市场越红火、竞争越激烈，也越容易出现一些漏洞和问题，集中体现在施工、招投标等市场行为不规范、拖欠工程款和肢解发包等现象没有完全根除，建设领域商业贿赂、职务犯罪等案件时有发生。

那么，如何使建筑工程承发包交易活动"从无形到有形""从无序到有序"，从而有效维护建筑市场的经济秩序呢？关键就是建立起一套适合我国国情的有形建筑市场规范运作体系。建设工程交易中心（即有形建筑市场）应国家建筑市场发展形势所需，于1995年起在全国各地陆续开始建立，它把管理和服务有效地结合起来，初步形成以招标投标为龙头，相关职能部门相互协作的具有"一站式"管理和"一条龙"服务特点的建筑市场监督管理新模式。

1.4.2 建设工程交易中心的性质和职能

1. 建设工程交易中心的性质

建设工程交易中心是服务性机构，它是独立法人机构，不是政府管理部门，与政府有关部门及其管理机构实行机构分设，职能分离，也不是政府授权的监督机构，本身并不具备监督管理职能，但建设工程交易中心又不是一般意义上的服务机构，它是服务与管理有机结合的机构。其设立需得到政府或政府授权主管部门的批准，并非任何单位和个人可随意成立。它不以营利为目的，旨在为建立公开、公正、平等竞争的招投标制度服务，只可经批准收取一定的服务费。

2. 建设工程交易中心的职能

交易中心作为建筑市场管理和服务的一种新形式，主要是为创造统一、开放、竞争、有序和公开、公平、公正的市场机制发挥着不可替代的作用。建设工程交易中心职能如下。

（1）贯彻执行建筑市场和建设工程管理的法律、法规和规章，按照交易规则及时收集发布信息。

（2）为进场交易各方提供服务。

（3）配合进场各部门调解交易过程中发生的纠纷。

（4）向政府有关部门汇报活动中发现的违法违纪行为。

（5）负责建设工程交易活动中产生的有关资料、原始记录的保存。

1.4.3 建设工程交易中心的基本功能

我国的建设工程交易中心是按照三大功能进行构建的，即场所服务、信息服务和集中办公功能，具体服务内容或场所见表 1-4。

表 1-4　建设工程交易中心三大功能的服务内容或场所

功能	服务内容或场所	功能	服务内容或场所	功能	服务内容或场所
场所服务	(1) 信息发布大厅； (2) 洽谈室； (3) 开标室； (4) 封闭评标室； (5) 计算机室； (6) 中心办公室； (7) 资料室； (8) 其他	信息服务	(1) 工程信息； (2) 法律法规； (3) 造价信息； (4) 建材价格； (5) 承包商信息； (6) 专业和劳务分包信息； (7) 咨询单位和专业人士信息； (8) 中标公示； (9) 违规曝光和处罚公告； (10) 其他	集中办公	(1) 建设项目报建； (2) 招标登记； (3) 承包商资质审查； (4) 合同登记； (5) 质量报监； (6) 安全报建； (7) 发放施工许可证； (8) 其他

1.4.4　建设工程交易中心的运行原则

为了保证建设工程交易中心能够有良好的运行秩序和市场功能的充分发挥，必须坚持市场运行的一些基本原则。

1. 信息公开原则

建设工程交易中心必须充分掌握政策法规，工程发包商、承包商和咨询单位的资质、造价指数、招标规则、评标标准、专家评委库等各项信息，并保证市场各方主体均能及时获得所需要的信息资料。

2. 依法管理原则

建设工程交易中心应严格按照法律、法规开展工作，尊重建设单位依照法律规定选择投标单位和选定中标单位的权利。尊重符合资质条件的建筑业企业提出的投标要求和接受邀请参加投标的权利。避免规避招标、擅自采取邀请招标、围标、串标现象，以及招标代理机构虚假代理、串通招投标、高价出售招标文件等违法违规行为的发生。

3. 公平竞争原则

建立公平竞争的市场秩序是建设工程交易中心的一项重要原则。进驻的有关行政监督管理部门应严格监督招标、投标单位的行为，防止行业、部门垄断和不正当竞争，不得侵犯交易活动各方的合法权益。

4. 属地进入原则

按照我国有形建筑市场的管理规定，一个中心城市原则上只建立一个统一的建设工程交易中心，不应在一个城市建立不同层次的交易中心。建设工程交易中心实行属地进入原则，对于跨省、自治区、直辖市的铁路、公路、水利等工程，可在政府有关部门的监督下，通过公告由项目法人组织招标、投标。

5. 办事公正原则

建设工程交易中心是政府建设行政主管部门批准建立的服务性机构。须配合进场各行政管理部门做好相应的工程交易活动的管理和服务工作。要建立监督制约机制，公开办事规则和程序，制定完善的规章制度和工作人员守则。发现建设工程交易活动中的违法违规行为，应当向政府有关管理部门报告，并协助进行处理。

1.4.5 建设工程交易中心运作程序

按照有关规定，建设项目进入建设工程交易中心后，一般按下列程序运行。

（1）建设单位拟建工程经批准立项后，到交易中心办理报建备案手续。

（2）交易中心对已完成报建手续的建设项目公开发布信息。

（3）对建设单位管理建设项目的资格进行审查，凡不符合资格的均须委托具有相应资格的招标代理机构组织招标。

（4）报建工程由招标监督部门依据《中华人民共和国招标投标法》（以下简称《招标投标法》）和有关规定确认招标方式，核定工程类别。

（5）招标人在建设工程交易中心统一发布招标公告，招标公告应当载明招标人的名称和地址，招标项目的性质、数量、实施地点和时间以及获取招标文件的办法等事项。

（6）经审查凡符合资质条件的投标企业，可根据交易中心发布的建设工程信息，在交易中心申请参加工程交易。

（7）采取公开招标的建设工程，招标单位对提出参加交易申请投标的企业进行资格预审，并将预审结果公开发布，符合条件的投标企业可参加交易活动；采取邀请招标的建设工程，被邀请且符合资质条件的投标企业应不少于三家。

（8）建设工程招标投标活动必须遵循《招标投标法》等有关法律、法规、规章，在交易中心开展开标、评标、定标活动，并服从招标投标管理机构的管理和接受招标投标管理机构的监督。

（9）建设单位与中标单位应在中标通知书签发后立即签订施工合同，合同主要条款必须依据招标文件、投标文件、答疑纪要、中标通知书等内容签订，并在交易中履行合同审查、办理质监、意外保险、领取施工许可证等相关程序，依据规定缴纳相关费用。

1.4.6 电子招标投标交易平台

为了规范电子招标投标活动，促进电子招标投标健康发展，根据《招标投标法》《中华人民共和国招标投标法实施条例》（以下简称《招标投标法实施条例》），2013年5月，国家发展和改革委员会会同有关部门制定了《电子招标投标办法》及其技术规范。

依法设立的招标投标交易场所、招标人、招标代理机构以及其他依法设立的法人组织可以按行业、专业类别，建设和运营电子招标投标交易平台。国家鼓励电子招标投标交易平台平等竞争。

电子招标投标系统根据功能的不同，分为交易平台、公共服务平台和行政监督平台。

交易平台是以数据电文形式完成招标投标交易活动的信息平台。公共服务平台是满足交易平台之间信息交换、资源共享需要，并为市场主体、行政监督部门和社会公众提供信息服务的信息平台。行政监督平台是行政监督部门和监察机关在线监督电子招标投标活动的信息平台。

电子招标投标系统的开发、检测、认证、运营应当遵守《电子招标投标办法》（以下简称本办法）及所附《电子招标投标系统技术规范》（以下简称技术规范）。电子招标投标交易平台运营机构不得以技术和数据接口配套为由，要求潜在投标人购买指定的工具软件。

电子招标投标交易平台应当按照本办法和技术规范规定，具备下列主要功能：
(1) 在线完成招标投标全部交易过程；
(2) 编辑、生成、对接、交换和发布有关招标投标数据信息；
(3) 提供行政监督部门和监察机关依法实施监督和受理投诉所需的监督通道；
(4) 本办法和技术规范规定的其他功能。

目前，各地方政府主导建立的公共资源交易中心或者建设工程交易中心都会自行建设运营交易平台，依法必须进行招标项目的电子招标投标必须使用交易中心自行建设运营的电子交易平台。招标人、招标代理机构、投标人均应当按照有关规定通过电子交易平台入口客户端免费进行实名注册登记，产生唯一的主体和项目身份注册编码，绑定CA证书。

1.5 建设工程招标投标概述

1.5.1 建设工程招标投标的概念

建设工程招标投标是在市场经济条件下，国内外的工程承包市场上为买卖特殊商品而进行的由一系列特定环节组成的特殊交易活动。

上述概念中的"特殊商品"是指建设工程，既包括建设工程实施又包括建设工程实体形成过程中的建设工程技术咨询活动。

"特殊交易活动"的特殊性表现在两个方面，一是欲买卖的商品是未来的，并且还未开价；二是这种买卖活动是由一系列特定环节组成，即招标、投标、开标、评标、授标和中标以及签约和履约等环节。

电子招标投标活动是指以数据电文形式，依托电子招标投标系统完成的全部或者部分招标投标交易、公共服务和行政监督活动。数据电文形式与纸质形式的招标投标活动具有同等法律效力。

1.5.2 建设工程招标投标的目的

建设工程招标投标的目的是将工程项目建设任务委托纳入市场管理，在工程建设中引入竞争机制，通过竞争择优选定勘察、设计、设备安装、施工、装饰装修、材料设备供应、监理和工程总承包等单位，达到保证工程质量、缩短建设周期、控制工程造价、提高投资效益的目的。

1.5.3 建设工程招标投标的特点

(1) 平等性。招标投标是独立法人之间的经济活动，按照平等、自愿、互利的原则和规范的程序进行，双方享有同等的权利和义务，受到法律的保护和监督。招标方应为所有投标人提供同等的条件，让他们展开公平竞争。

（2）竞争性。招标投标的核心是竞争，按规定每一次招标必须有三家以上的投标，这就形成了投标人之间的竞争，他们以各自的实力、信誉、服务、报价等优势，战胜其他的投标人。此外，在招标人与投标人之间也展开了竞争，招标人可以在投标人中间"择优选择"，有选择就有竞争。

（3）开放性。正规的招标活动，必须在公开发行的报纸杂志上刊登招标公告，打破行业、部门、地区，甚至国别的界限，打破所有制的封锁、干扰和垄断，最大限度地让所有符合条件的投标人前来投标，进行自由竞争。

1.5.4 建设工程招投标的分类

1. 按照基本建设程序分类

按照我国工程建设基本程序，一个项目要经过决策、勘察设计、实施等几个阶段。根据建设过程内容的不同，可以将建设工程招投标分为项目可行性研究招标投标、项目勘察设计招标投标、项目工程施工招标投标和项目设备采购招标投标。

基本建设的每个阶段都形成了基本建设中的一个行业，如工程投资咨询行业、工程勘察设计行业、工程施工行业、工程监理行业、材料及设备供应行业、招投标代理行业等，所以按照基本建设程序分类就是在按照建设行业进行分类。

2. 按专业分类

建设项目所涉及的专业非常多，按现阶段的管理体制和项目本身的特点，主要分为房屋建筑工程、冶炼工程、矿山工程、化工石油工程、水利水电工程、电力工程、农林工程、铁路工程、公路工程、港口与航道工程、航天航空工程、通信工程、市政公用工程、机电安装工程等大类。招投标也可按照以上专业来分类。

3. 按建设项目的组成分类

按建设项目的组成可划分为建设项目招标投标、单项工程招标投标、单位工程招标投标、分部分项工程招标投标。

4. 按工程承包的范围分类

按工程承包的范围可划分为建设工程总承包招标投标、工程分承包招标投标、工程专项承包招标投标。

5. 按工程涉外因素分类

按工程涉外因素可划分为国内工程招标投标和国际工程招标投标两类。

另外，按照招标的组织方式还可将招标分为招标人自行招标和委托代理机构招标两种；按照招标的标的内容可分为工程招标、货物招标和服务招标；按照招标的竞争程度可分为公开招标和邀请招标；按照招标的阶段划分可分为一阶段招标和两阶段招标。

1.5.5 建设工程招标投标活动的原则

1. 公开原则

公开原则是指招标投标活动应有较高的透明度，招标人应当将招标信息公布于众，以招引投标人做出积极响应。在招标采购制度中，公开原则要贯穿于整个招标投标程序中。具体表现在建设工程招标投标信息公开、条件公开、程序公开和结果公开。公开原则的意义在于使每一个投标人获得同等的信息，知悉招标的一切条件和要求，避免"暗箱操作"。

2. 公平原则

公平原则要求招标人或评标委员会严格按照规定的条件和程序办事，平等地对待每一个投标竞争者，不得对不同的投标竞争者采用不同的标准。招标人不得以任何方式限制或者排斥本地区、本系统以外的法人或者其他组织参加投标。

3. 公正原则

公正原则公正是指招投标活动要按照招标文件中的统一标准实事求是地进行评标和决标，不偏袒任何一方。

4. 诚实信用原则

诚实信用原则招标投标当事人应以诚实、守信的态度行使权利，履行义务，以保护双方的利益。诚实是指真实合法，不可用歪曲或隐瞒真实情况的手段去欺骗对方。违反诚实原则的行为是无效的，且应承担由此带来的损失和损害责任。信用是指遵守承诺，履行合同，不弄虚作假，损害他人、国家和集体的利益。

综合应用案例

【案例概况】

某档案馆装修工程招标，某公司以529万元的最低报价排在第一名。但因该投标人投标文件的电子文档格式不符合标准，导致评标系统无法正常读取投标文件中的相关文件，调查中还发现，投标人采用的"××市建设工程投标文件编制与管理软件"为2004年7月使用的1.0版本，现在的版本已经为6.0，该公司没有及时更新换代。新版本具有的自行检查功能没有被该投标人使用。评标委员会将其作无效标处理。该公司认为评标委员会所作决定不合理，于是要求该市的建设工程交易中心判定该公司投标书为有效标。

在该工程的招标文件中，明确提出了未提交或提交的电子文档不符合要求的为无效标。因此，该市建设工程交易中心最后给出的处理意见是：评标专家采用的依据没有错误，评标的结论正确，应维持评标委员会的结论。

但通过该项事件，该市建设工程交易中心也发现了在管理制度中存在的不足和缺陷。因此，在原有建设工程交易中心职能上做出了如下改进。

（1）加强对用户的宣传和培训，特别是参加投标的外地施工企业和没有招标经验的建设单位一定加强培训。

（2）重新设计招标书和投标书编制软件，大幅度简化操作，降低使用难度，使用户能够通过熟悉、简便的方法编写招标书、投标书，减少用户出错概率。

（3）加强标书编制软件对数据的检查功能，即在标书制作生成时由用户自己先把关，保障电子标书文档的有效性。投标单位在使用投标书编制软件生成电子标书时，由软件自动进行严格地按照预定规则的数据检查，如果数据与要求不一致，则软件不会生成电子标书，软件自动提示用户进行问题检查，或者向服务单位咨询。

（4）对招标文件示范文本中的相关条款进行修改，力求规范准确。

【案例评析】

由于该市建设工程交易中心在为评标提供服务时，系统对投标文件编制版本要求较高，无法识别该公司的投标文件，导致该公司虽以最低报价排名第一，却最终被判定为无效标。这一实例反映了是由于该建设工程交易中心管理制度存在的不足和缺陷。建设工程交易中心在实施服务的过程中应该系统宣传、贯彻、执行国家及本地区有关工程建设的法律、法规和方针、政策，并紧密结合当地建设实际情况，制定各项建设工程进场交易的具体规则或制度。建设工程交易中心应负责建设工程交易分中心的业务指导、检查和管理工作。

本章小结

市场的概念有狭义和广义之分，狭义的市场是指商品交换的场所，是有形市场；广义的市场为商品交换关系的总和，包括有形市场和无形市场。

建筑市场是市场体系中的重要组成部分，却又不同于其他市场。建筑市场主体包括发包人（业主）、承包商以及各种中介机构等，其中应加强对从业企业资质和专业人员职业资格的管理；建筑市场客体包括有形的建筑产品（建筑物、构筑物）和无形的建筑产品（咨询、监理等各种智力型服务）。建设工程交易中心是保障建筑市场公开、公正、公平交易，维护建筑市场秩序，确保建设工程质量的有形建筑市场。

思考与练习题

一、单选题

1.《中华人民共和国招标投标法》于（　　）起开始实施。
A. 2000 年 7 月 1 日　　　　　　B. 2000 年 1 月 1 日
C. 1999 年 8 月 30 日　　　　　 D. 1999 年 10 月 1 日

2. 九届全国人大一次会议上，李鹏同志指出"过去的五年我国经济发展保持良好势头，国家经济实力显著增强……城乡市场副食品供应充足……"。这里的"市场"是指（　　）。

A. 狭义的市场，只是指固定的交易场所
B. 广义的市场，指的是商品交换关系的总和
C. 无形市场，即商品交易的现实过程
D. 有形市场

3. 市场经济具有平等性的特征。这里的"平等性"是指（　　）。
①商品交换双方地位的平等。②商品交换的平等必须以交换双方社会地位的平等为前提。③商品交换的双方必须遵循等价交换的原则。④市场经济活动者之间的平等关系。
  A. ①②③   B. ①③④
  C. ②③④   D. ①②③④

4. 全部使用国有资金投资，依法必须进行施工招标的工程项目，应当（　　）。
  A. 进入有形建筑市场进行招标投标活动
  B. 进入无形建筑市场进行招标投标活动
  C. 进入有形建筑市场进行直接发包活动
  D. 进入无形建筑市场进行直接发包活动

5. 下列与工程建设有关的法律、法规、部门规章中，（　　）属于行政法规范畴。
  A. 建筑法
  B. 建造师执业资格制度暂行规定
  C. 建设工程安全生产管理条例
  D. 建筑业企业资质等级标准

6. 按照《建造师执业资格制度暂行规定》，二级建造师可担任（　　）。
  A. 二级及以下资质的建筑企业承包范围的建设工程施工的项目经理
  B. 二级及以上资质的建筑企业承包范围的建设工程施工的项目经理
  C. 建设工程项目的项目经理
  D. 建设工程项目施工的项目经理

7. 《中华人民共和国建筑法》规定，从事建筑活动的专业技术人员，应当依法取得相应的（　　）证书，并在其许可的范围内从事建筑活动。
  A. 技术职称   B. 执业资格
  C. 注册   D. 岗位

8. 国际上把建设监理单位所提供的服务归为（　　）服务。
  A. 工程咨询   B. 工程管理
  C. 工程监督   D. 工程策划

9. 某甲于2005年参加并通过了一级建造师执业资格考试，下列说法正确的是（　　）。
  A. 他肯定会成为项目经理了
  B. 只要经所在单位聘任，他马上就可以成为项目经理了
  C. 只要经过注册，他就可以成为项目经理了
  D. 只要经过注册，他就可以以建造师名义执业了

10. 下面对施工总承包企业资质等级划分正确的是（　　）。
  A. 一级、二级、三级
  B. 特级、一级、二级、三级
  C. 一级、二级、三级、四级
  D. 特级、一级、二级

11. 获得（　　）资质的企业，可以承接施工总承包企业分包的专业工程或者建设

单位按照规定发包的专业工程。

  A. 劳务分包   B. 专业承包

  C. 技术承包   D. 技术分包

12. 下列关于建筑业企业资质管理制度的说法中，正确的是（ ）。

  A. 建筑业企业资质分为施工总承包和专业承包两类

  B. 建筑业企业资质是指企业的建设业绩、人员素质、管理水平、资金数量、技术装备等

  C. 建筑业企业资质年检合格，可申请晋升上一个资质等级

  D. 建筑业企业不允许超出所核定的承包工程范围承揽工程

13. 下列建筑产品中，属于生产性建筑产品的是（ ）。

  A. 学校教学楼   B. 体育中心田径场

  C. 长途客车停车场   D. 医院门诊大楼

14. 建筑市场的进入，是指各类项目的（ ）进入建设工程交易市场，并展开建设工程交易活动的过程。

  A. 业主、承包商、供应商

  B. 承包商、供应商、交易机构

  C. 业主、承包商、中介机构

  D. 承包商、供应商、中介机构

15. 根据《建设工程勘察设计企业资质管理规定》，下列选项中不属于工程勘察资质分类的是（ ）。

  A. 工程勘察综合资质   B. 工程勘察专项资质

  C. 工程勘察专业资质   D. 工程勘察劳务资质

二、多选题

1. 从事建筑活动的建筑施工企业应当具备的条件，下列说法正确的有（ ）。

  A. 有符合国家规定的注册资本

  B. 有与其从事的建筑活动相适应的具有法定执业资格的专业技术人员

  C. 有向发证机关申请的资格证书

  D. 有从事相关建筑活动应有的技术装备

  E. 法律、行政法规规定的其他条件

2. 我国的建筑业企业分为（ ）。

  A. 工程监理企业   B. 施工总承包企业

  C. 专业承包企业   D. 劳务分包企业

  E. 工程招标代理机构

3. 获得专业承包资质的企业，可以（ ）。

  A. 对所承接的工程全部自行施工

  B. 对主体工程实行施工承包

  C. 承接施工总承包企业分包的专业工程

  D. 承接建设单位按照规定发包的专业工程

E. 将劳务作业分包给具有劳务分包资质的其他企业

4. 《中华人民共和国建筑法》规定，必须取得相应等级的资质证书，方可从事建筑活动的单位或企业包括（　　）。
A. 工程总承包企业　　　　　　B. 建筑施工企业
C. 勘察单位　　　　　　　　　D. 设计单位
E. 设备生产企业　　　　　　　F. 工程监理单位

5. 获得施工总承包资质的企业，可以（　　）。
A. 对工程实行施工总承包
B. 对主体工程实行施工承包
C. 对所承接的工程全部自行施工
D. 将劳务作业分包给具有相应资质的企业
E. 将主体工程分包给其他企业

6. 从事建筑活动的建筑业企业按照其拥有的（　　）等资质条件，划分为不同的资质等级，经资质审查合格，取得相应等级的资质证书后，方可在其资质等级许可的范围内从事建筑活动。
A. 技术装备　　　　　　　　　B. 注册资本
C. 专业技术人员　　　　　　　D. 已完成的建筑工程的优良率

7. 我国法律的形式主要有（　　）。
A. 宪法　　　　　　　　　　　B. 法律
C. 行政法规　　　　　　　　　D. 部门规章

8. 建设工程交易的基本功能有（　　）。
A. 场所服务功能　　　　　　　B. 信息服务功能
C. 集中办公功能　　　　　　　D. 监督管理功能

9. 工程设计资质可以分为（　　）。
A. 工程设计综合资质　　　　　B. 工程设计行业资质
C. 工程设计专业资质　　　　　D. 工程设计专项资质

10. 以下各项中，可以作为我国建筑市场主体的有（　　）。
A. 工业和信息化部　　　　　　B. 某有限责任公司
C. 某协会　　　　　　　　　　D. 社会团体

三、简答题

1. 简述建筑市场的概念。

2. 简述建筑市场的主体、客体。

3. 什么是建筑市场的资质管理？

4. 简述建设工程交易中心的基本功能。

5. 与建筑企业经营管理关系密切的法律法规有哪些？

6. 建设工程交易中心的性质和主要工作是什么？

7. 建设工程交易中心的运行原则有哪些？

8. 简述建设工程交易中心的性质和作用。

2　建设工程招标

|教学目标|

本章主要讲解了建设工程项目招标和可以不进行招标的建设项目范围，建设工程招标的条件及组织形式，建设工程项目招标方式，建设工程项目招标流程，工程项目报建，招标组织形式，招标方式，招标发承包模式，施工招标发包范围和分类，资格审查的分类、主要内容、方法与程序，资格审查文件的编制，招标文件的作用、编制依据和原则，招标文件的主要内容，招标文件编制的注意事项，建设工程施工招标标底的概念与类型、作用，招标标底的编制依据、内容和编制程序，建设工程施工招标标底的计价办法，建设工程施工招标控制价的概念和编制等知识，要求了解建设工程项目招标范围，招标条件和招标方式，了解施工招标的主要工作程序和步骤，掌握资格预审文件和招标文件范本的内容，并能依据范本编制相关文件；理解《招标投标法》《工程建设项目施工招标投标办法》及其他相关法律法规的内容，以及标底和控制价的概念和编制。

|思政目标|

通过招标的范围、方式、流程和编制等理论知识，引导和教育学生深刻理解并遵守招标法律法规，时刻树立法律意识和规则意识，培养学生招标工作中应具备的职业精神，深化职业理想和职业道德教育；增强学生在实习和工作岗位上的职业责任感，培养遵纪守法、爱岗敬业、无私奉献、诚实守信、公道办事、开拓创新的职业品格和行为习惯。

|教学重点|

建设工程资格审查文件的编制和建设工程招标文件的编制。

|教学难点|

建设工程招标文件的编制，根据掌握的建设工程招投标知识进行具体案例分析。

|学法指导|

以最新的法律条款为依据，熟悉相关法律法规和规定；以课本为基础，深入学习课本知识，完成课后练习题目，夯实理论基础；以案例为载体，将所学知识运用到案例中去，并从案例中总结正确的理论和实践。

【案例引入】

某建设工程的建设单位自行办理招标事宜。由于该工程技术复杂且需采用大型专用施工设备，经有关主管部门批准，建设单位决定采用邀请招标，共邀请A、B、C三家国有特级施工企业参加投标。

投标邀请书中规定：6月1日至3日9：00—17：00在该单位总经济师室出售招标文件。

招标文件中规定：6月30日为投标截止日；投标有效期到7月30日为止；招标控制价为4000万元；投标保证金统一定为100万元；评标采用综合评估法，技术标和商务标各占50%。

在评标过程中，鉴于各投标人的技术方案大同小异，建设单位决定将评标方法改为经评审的最低投标价法。评标委员会根据修改后的评标方法，确定的评标结果排名顺序为A公司、C公司、B公司。建设单位于7月8日确定A公司中标，于7月15日向A公司发出中标通知书，并于7月18日与A公司签订了合同。在签订合同过程中，经审查，A公司所选择的设备安装分包单位不符合要求，建设单位遂指定国有一级安装企业D公司作为A公司的分包单位。建设单位于7月28日将中标结果通知了B、C两家公司，并将投标保证金退还给B、C两家公司。建设单位于7月31日向当地招标投标管理部门提交了该工程招标投标情况的书面报告。

【工作任务】

通过上述案例，请思考以下问题：

1. 招标人自行组织招标需具备什么条件？要注意什么问题？
2. 对于必须招标的项目，在哪些情况下经有关主管部门批准可以采用邀请招标？
3. 该建设单位在招标工作中有哪些不妥之处？请逐一说明理由。

2.1 建设工程招标概述

2.1.1 建设工程项目招标范围

我国工程招投标活动实行强制招投标制度，根据《招标投标法》第三条规定，在中华人民共和国境内进行下列工程建设项目包括项目的勘察、设计、施工、监理以及与工程建设有关的重要设备、材料等的采购，必须进行招标：

(1) 大型基础设施、公用事业等关系社会公共利益、公众安全的项目；
(2) 全部或者部分使用国有资金投资或者国家融资的项目；
(3) 使用国际组织或者外国政府贷款、援助资金的项目。

根据《招标投标法》规定，2000年经国务院批准发布《工程建设项目招标范围和规模标准规定》，明确了必须招标的工程建设项目的具体范围和规模标准。

1. 按工程性质划分

1) 关系社会公共利益、公众安全的基础设施项目的范围包括：
(1) 煤炭、石油、天然气、电力、新能源等能源项目；
(2) 铁路、公路、管道、航空以及其他交通运输业等交通运输项目；
(3) 邮政、电信枢纽、通信、信息网络等邮电通信项目；
(4) 防洪、灌溉、排涝、引（供）水、滩涂治理、水土保持、水利枢纽等水利项目；
(5) 道路、桥梁、地铁和轻轨交通、污水排放及处理、垃圾处理、地下管道、公共停车场等城市设施项目；

（6）生态环境保护项目；

（7）其他基础设施项目。

2）关系社会公共利益、公众安全的公用事业项目的范围包括：

（1）供水、供电、供气、供热等市政工程项目；

（2）科技、教育、文化等项目；

（3）体育、旅游等项目；

（4）卫生、社会福利等项目；

（5）商品住宅，包括经济适用住房；

（6）其他公用事业项目。

3）使用国有资金投资项目的范围包括：

（1）使用各级财政预算资金的项目；

（2）使用纳入财政管理的各种政府性专项建设基金的项目；

（3）使用国有企业事业单位自有资金，并且国有资产投资者实际拥有控制权的项目。

4）国家融资项目的范围包括：

（1）使用国家发行债券所筹资金的项目；

（2）使用国家对外借款或者担保所筹资金的项目；

（3）使用国家政策性贷款的项目；

（4）国家授权投资主体融资的项目；

（5）国家特许的融资项目。

5）使用国际组织或者外国政府资金的项目的范围包括：

（1）使用世界银行、亚洲开发银行等国际组织贷款资金的项目；

（2）使用外国政府及其机构贷款资金的项目；

（3）使用国际组织或者外国政府援助资金的项目。

2. 按工程招标的项目规模划分

各类工程建设项目，包括项目的勘察、设计、施工、监理以及与工程建设有关的重要设备、材料等的采购，达到下列规模标准之一的，必须进行招标。

（1）施工（含土建施工、设备安装、装饰装修等）单项合同估算价在 200 万元人民币以上的；

（2）重要设备、材料等货物的采购，单项合同估算价在 100 万元人民币以上的；

（3）勘察、设计、监理等服务的采购，单项合同估算价在 50 万元人民币以上的；

（4）单项合同估算价低于第（1）、（2）、（3）项规定的标准，但项目总投资额在 3000 万元人民币以上的。

只要项目总投资在 3000 万元人民币以上的，其施工单项合同、货物单项合同、勘察设计、监理等单项合同的估算价无论是多少，都必须进行招标投标。

2.1.2 可以不进行招标的建设项目范围

《招标投标法》第六十六条规定，涉及国家安全、国家秘密、抢险救灾或者属于利用扶贫资金实行以工代赈、需要使用农民工等特殊情况，不适宜进行招标的项目，按照国家有关规定可以不进行招标。具体包括以下几种情况。

（1）涉及国家安全、国家秘密的项目。所谓涉及国家安全的项目，是指国防、尖端科技、军事装备等涉及国家安全、会对国家安全造成重大影响的项目。所谓国家秘密，是指关系国家安全和利益，依照法定程序确定，在一定时间内只限一定范围的人知悉的事项。

（2）抢险救灾的项目。抢险救灾项目具有很强的时效性，需要在短时间内采取迅速、果断的行动，以排除险情、救济灾民。

（3）利用扶贫资金实行以工代赈、需要使用农民工的项目。所谓以工代赈，是指国家利用扶贫资金建设扶贫工程项目，吸纳扶贫对象参加该工程的建设或成为建成后项目的工作人员，以工资和工程项目的经营收益达到扶贫目的的一种政策。由于以工代赈项目有明确的服务对象，所以无须招标。

（4）建设项目的勘察设计，采用特定专利或者专有技术的，或者其建筑艺术造型有特殊要求的，经项目主管部门批准，可以不进行招标。

（5）停建或者缓建后恢复建设的单位工程，且承包人未发生变更的。

（6）施工企业自建自用的工程，且该施工企业资质等级符合工程要求的。

（7）在建工程追加的附属小型工程或者主体加层工程，且承包人未发生变更的。

（8）法律、法规、规章规定的其他情形。

违反《招标投标法》相关规定，必须进行招标的项目而不招标的，将必须进行招标的项目化整为零，或者以其他任何方式招标的，责令限期改正，可以处项目合同金额千分之五以上千分之十以下的罚款；对全部或者部分使用国有资金的项目，可以暂停项目执行或者暂停资金拨付；对单位直接负责的主管人员和其他直接责任人员依法给予处分。

2.1.3 建设工程招标的条件及组织形式

1）根据《工程建设项目施工招标投标办法》，依法必须招标的工程建设项目，应当具备下列条件才能进行施工招标。

（1）按照国家有关规定需要履行项目审批手续的，已经履行审批手续。

（2）工程资金或者资金来源已经落实。

（3）有满足施工招标需要的设计文件及其他技术资料。

（4）法律、法规、规章规定的其他条件。

2）建设工程招标投标组织形式

（1）自行组织招标

《招标投标法》规定，招标人具有编制招标文件和组织评标能力的，可以自行办理招标事宜。任何单位和个人不得强制其委托招标代理机构办理招标事宜。依法必须进行招标的项目，招标人自行办理招标事宜的，应当向有关行政监督部门备案。

招标人自行办理招标事宜，应当具有编制招标文件和组织评标的能力，具体包括以下几点。

① 具有项目法人资格（或者法人资格）。

② 具有与招标项目规模和复杂程度相适应的工程技术、概预算、财务和工程管理等方面专业技术力量。

③ 有从事同类工程建设项目招标的经验。

④ 设有专门的招标机构或者拥有 3 名以上专职招标业务人员。

⑤ 有组织编制招标文件、审查投标单位资质的能力，有组织开标、评标、定标的能力。

⑥ 熟悉和掌握我国《招标投标法》及有关法规规章。

不具备上述②～⑥条件的，须委托具有相应资质的咨询、监理等单位代理招标。如建设单位具备自行招标的条件，也可以委托招标代理机构代理招标。

(2) 委托招标代理机构组织招标

① 招标代理机构的性质

招标代理机构属于中介服务机构。中介服务机构是指受当事人委托，向当事人提供有偿服务，以代理人的身份，为委托方（即被代理人）与第三方进行某种经济行为的社会组织。如咨询监理公司、会计师事务所、资产评估公司都属于中介服务机构。

② 招标代理机构的资质

工程招标代理机构接受招标人的委托，可以从事工程勘察、设计、施工、监理以及与工程建设有关的重要设备（进口机电设备除外）、材料采购招标的代理业务。工程招标代理机构资格分为甲级、乙级和暂定级三种级别。甲级工程招标代理机构可以承担各类工程的招标代理业务。乙级工程招标代理机构只能承担工程总投资 1 亿元人民币以下的工程招标代理业务。暂定级工程招标代理机构，只能承担工程总投资 6000 万元人民币以下的工程招标代理业务。

③ 招标代理机构应具备的条件

a. 依法设立的中介组织，具有独立法人资格。

b. 与行政机关和其他国家机关没有行政隶属关系或者其他利益关系。

c. 有固定的营业场所和开展工程招标代理业务所需设施及办公条件。

d. 有健全的组织机构和内部管理的规章制度。

e. 具备编制招标文件和组织评标的相应专业力量。

f. 具有可以作为评标委员会成员人选的技术、经济等方面的专家库。

g. 法律、行政法规规定的其他条件。

④ 工程招标代理机构的特征

a. 工程招标代理机构是社会中介组织。招标投标是一项具有高度组织性、规范性、制度性及专业性的活动。要使招标投标的效果得到充分的体现，就要求招标人具有系统的信息、专业化运作水平、准确科学的决策和周到的服务。随着社会经济的发展，社会分工不断细化，对招标活动的专业化要求越来越高，招标人凭借自己力量进行招标将越来越困难，因此，工程招标代理机构将在建筑市场中发挥越来越重要的作用。工程招标代理机构不是政府机构，不具备政府的行政职能，它是社会服务性组织，它以自己的专业能力和专业水平为社会提供服务。

b. 工程招标代理机构提供的是代理服务。代理人必须以被代理人（招标人或投标人)的名义办理招标或投标事务。工程招标代理机构的行为必须符合代理委托授权范围，超出委托授权范围的代理行为属于无权代理。被代理人对代理人的无权代理行为有拒绝权和追认权。如被代理人知道中介机构以其名义做了无权代理行为而不做否认表示时，则视为被代理人同意。在被代理人不追认和不视为同意的情况下，无权代理行为即成为无效代理行为，且代理人应负民事法律责任，并赔偿损失。建设工程招标投标代理行为的效果由被代理人承担。招标投标代理人是以其专业知识和经验为被代理人提供高智能的服务，招标投标代理人应具有独立意思表示的职能，应独立开展工作，这样才能使招标投标正常进行。

c. 工程招标代理是一种自愿行为。招标代理并非我国《招标投标法》规定的法定程序，不具有强制性，是建立在委托人与招标代理人双方完全自愿的基础上。由于招标人委托招标代理机构代理招标，一般在自己不具备相应条件时发生，因此，与招标人相比，招标代理机构具备更多的招标经验和知识，招标人也应充分尊重招标代理机构的建议。

2.1.4　建设工程项目招标方式

目前国内外市场上使用的建设工程项目招标形式主要有以下几种。

1. 公开招标

公开招标是指招标人通过报刊、广播、电视、网络或其他媒介，公开发布招标公告，招揽不特定的法人或其他组织参加投标的招标方式。公开招标形式一般对投标人的数量不做限制，故也被称为"无限竞争性招标"。

国内依法必须进行公开招标的项目，依据《招标投标法》相关规定，应当通过国家指定的报刊、信息网络或者其他媒介发布，如《中国建设报》《中国日报》和中国招标投标网等。此外，除在省、自治区、直辖市人民政府指定的媒介发布外，在招标人自愿的前提下，可以同时在其他媒介发布。任何单位和个人不得违法指定或者限制招标公告的发布地点和发布范围。对非法干预招标公告发布活动的，依法追究主管人和其他直接责任人责任。在指定媒介发布依法必须招标项目的招标公告，不得收取费用。

招标公告应当载明招标人的名称和地址，招标项目的性质、数量，实施地点和时间以及获取招标文件的办法等事项。

2. 邀请招标

邀请招标是指招标人以投标邀请书的方式直接邀请特定的法人或者其他组织参加投标的招标方式。由于投标人的数量是由招标人确定的，所以又被称为"有限竞争性招标"。被邀请的投标人通常考虑以下几个因素。

(1) 该单位有与该项目相应的资质，并且有足够的力量承担招标工程的任务。

(2) 该单位近期内成功地承包过与招标工程类似的项目，有较丰富的经验。

(3) 该单位的技术装备、劳动者素质、管理水平等均应符合招标工程的要求。

(4) 该单位当前和过去财务状况良好。

(5) 该单位有较好的信誉。

总之，被邀请的投标人必须在资金、能力、信誉等方面都能胜任该招标工程。

公开招标方式与邀请招标方式各具特色，具体存在以下几方面的差异。

（1）招标信息发布方式不同。公开招标是利用招标公告发布招标信息，而邀请招标则是向三家以上具备实施能力的投标人发出投标邀请书，请他们参与投标竞争。

（2）对投标人资格审查的时间不同。公开招标由于潜在投标人较多，为确保投标人具备相应的实施能力，缩短评标时间，减少评标时的工作量，通常设置资格预审程序。而邀请招标由于竞争范围小，且招标人对被邀请对象的各方面状况有所了解，不需要再进行资格预审，但在评标阶段还要对各投标人的资格和能力进行审查和比较，通常被称为"资格后审"。

（3）潜在投标人的范围不同。公开招标中，所有对通过招标公告发布的招标项目感兴趣的法人或其他组织都可以参加投标竞争，招标人事先并不知道潜在投标人的数量；而邀请招标时，仅限接到邀请书的建筑企业可以投标，缩小了招标人的选择范围。通常情况下，被邀请的潜在投标人数目在3～10个。

（4）花费时间和费用不同。由于公开招标是无限竞争性招标，竞争相当激烈，使招标人有充分的选择余地，因此，易于招标人选择出质量好、工期短、价格合理的投标人承建工程。但这也增加了公开招标的工作量、工作时间和费用支出。邀请招标时，由于被邀请的投标人都是经招标人预先筛选过的，而且被邀请的投标人数量有限，因此邀请招标能比公开招标时间更短、费用更少地结束招标投标过程。但也就不利于招标人获得最合理的报价。

招标人可根据上述不同特点的对比，并根据建设项目特点和国家规定选择相应的招标方式。

3. 议标

《招标投标法》明确规定，招标分为公开招标和邀请招标。但由于工程项目的实际特点，在工程项目发包过程中，还经常运用议标的形式。

议标是指招标人直接选定工程承包人，通过谈判，达成一致意见后直接签约。由于工程承包人在谈判之前一般就明确，不存在投标竞争对手，因此，也被称为"非竞争性招标"。

由于议标没有体现出招标投标"竞争性"这一本质特征，其实质是一种谈判。因此，在《招标投标法》中，没有将议标作为招标方式，并且规定了议标的适用范围和程序。对不宜公开招标和邀请招标的特殊工程，应报主管机构，经批准后才可议标。参加议标的单位一般不得少于两家。议标也必须经过报价、比较和评定阶段，业主通常采用多家议标，"货比三家"的原则，择优录取。

根据国际惯例和我国现行法规，议标的招标方式通常限定在紧急工程、有保密性要求的工程、价格很低的小型工程、零星的维修工程和潜在投标人很少的特殊工程。

4. 电子招标

招标人或者其委托的招标代理机构应当在其使用的电子招标投标交易平台注册登记，选择使用除招标人或招标代理机构之外第三方运营的电子招标投标交易平台的，还应当与电子招标投标交易平台运营机构签订使用合同，明确服务内容、服务质量、服务费用等权利和义务,并对服务过程中相关信息的产权归属、保密责任、存档等依法做出约定。

招标人或者其委托的招标代理机构应当在资格预审公告、招标公告或者投标邀请书中载明潜在投标人访问电子招标投标交易平台的网络地址和方法。依法必须进行公开招标项目的上述相关公告应当在电子招标投标交易平台和国家指定的招标公告媒介同步发布。

招标人或者其委托的招标代理机构应当及时将数据电文形式的资格预审文件、招标文件加载至电子招标投标交易平台,供潜在投标人下载或者查阅。

数据电文形式的资格预审公告、招标公告、资格预审文件、招标文件等应当标准化、格式化,并符合有关法律法规以及国家有关部门颁发的标准文本的要求。

除《电子招标投标办法》和技术规范规定的注册登记外,任何单位和个人不得在招标投标活动中设置注册登记、投标报名等前置条件限制潜在投标人下载资格预审文件或者招标文件。

在投标截止时间前,电子招标投标交易平台运营机构不得向招标人或者其委托的招标代理机构以外的任何单位和个人泄露下载资格预审文件、招标文件的潜在投标人名称、数量以及可能影响公平竞争的其他信息。

招标人对资格预审文件、招标文件进行澄清或者修改的,应当通过电子招标投标交易平台以醒目的方式公告澄清或者修改的内容,并以有效方式通知所有已下载资格预审文件或者招标文件的潜在投标人。

2.1.5 建设工程项目招标流程

建设工程施工招投标一般需经历招标准备阶段、招标投标阶段和决标成交阶段。与邀请招标相比,公开招标在招标准备阶段增加了发布招标公告、进行资格预审两项内容。建设工程施工招标与投标工作见表2-1。

表2-1 建设工程施工招标与投标工作

阶段	主要工作步骤	主要工作内容	
		招标人	投标人
招标准备	申请审批、核准招标	将施工招标范围、招标方式、招标组织形式报项目审批、核准部门审批、核准	组成投标小组;进行市场调查;准备投标资料;研究投标策略
	组建招标组织	自行建立招标组织或招标代理机构	
	策划招标方案	划分施工工段、确定合同类型	
	招标公告或投标邀请	发布招标公告(资格预审公告)或发出投标邀请函	
	编制标底或确定招标控制价	编制标底或确定招标控制价	
	准备招标文件	编制资格预审文件和招标文件	
资格审查与投标	发售资格预审文件	发售资格预审文件	购买资格预审文件;填报资格预审材料

续表

阶段	主要工作步骤	主要工作内容	
		招标人	投标人
资格审查与投标	进行资格预审	分析评价资格预审材料； 确定资格预审合格者； 通知资格预审结果	回函收到资格预审结果
	发售招标文件	发售招标文件	购买招标文件
	现场踏勘、标前会议	组织现场踏勘和标前会议； 进行招标文件的澄清和补遗	参加现场踏勘和标前会议； 对招标文件提出质疑
	投标文件的编制、递交和接收	接收投标文件（包括投标保函）	编制投标文件； 递交投标文件（包括投标保函）
开标、评标与授标	开标	组织开标会议	参加开标会议
	评标	投标文件初评； 要求投标人提交澄清资料（必要时）； 编写评标报告	提交澄清资料（必要时）
	授标	确定中标人； 发出中标通知书（退回未中标者的投标保函）； 进行合同谈判； 签订施工合同	进行合同谈判； 提交履约保函； 签订施工合同

招标准备阶段、招标投标阶段的主要工作如下。

1. 招标准备阶段的主要工作

招标准备阶段的工作由招标人单独完成，投标人不参与。其主要工作包括以下四个方面：①招标组织工作；②选择招标方式、范围；③申请招标；④编制招标有关文件。

2. 招标投标阶段的主要工作

公开招标从发布招标公告开始，邀请招标从发出投标邀请书开始，到投标截止日期为止的期间称为招标投标阶段。其主要工作包括以下五个方面：①发布招标公告或者发出投标邀请书；②资格预审；③发售招标文件；④组织现场考察；⑤标前会议。

2.2 建设工程招标活动

2.2.1 工程建设项目报建

按照《工程建设项目报建管理办法》规定，工程建设项目由建设单位或其代理机构在工程项目可行性研究报告或其他立项文件被批准后，须向当地建设行政主管部门或其授权机构进行报建。

工程建设项目报建范围包括：各类房屋建筑、土木工程、设备安装、管线路敷设、装饰装修等固定资产投资的新建、扩建及技改等建设项目。凡在我国境内投资兴建的工程建设项目，都必须实行报建制度，接受当地建设行政主管部门或其授权机构的监督管理。

1) 工程建设项目的报建主要包括以下内容：

(1) 工程名称；

(2) 建设地点；

(3) 投资规模；

(4) 资金来源；

(5) 当年投资额；

(6) 工程规模；

(7) 开工、竣工日期；

(8) 发包方式；

(9) 工程筹建情况。

2) 办理工程报建时应交验的文件资料如下：

(1) 立项批准文件或年度投资计划；

(2) 固定资产投资许可证；

(3) 建设工程规划许可证；

(4) 资金证明。

3) 主要报建程序如下：

(1) 建设单位到建设行政主管部门或其授权机构领取《工程建设项目报建表》；

(2) 按报建表的内容及要求认真填写；

(3) 向建设行政主管部门或其授权机构报送《工程建设项目报建表》，并按要求进行招标准备。

工程建设项目的投资和建设规模有变化时，建设单位应及时到建设行政主管部门或其授权机构进行补充登记，筹建负责人变更时，应重新登记。

2.2.2 确定招标组织形式

招标分为自行招标和委托招标两种组织形式。招标人有权自行选择招标代理机构，委托其办理招标事宜，任何单位和个人不得以任何方式为招标人指定招标代理机构。

1. 自行招标

招标人自行办理招标事宜的，应当具有编制招标文件和组织评标的能力，具体包括：

(1) 具有项目法人资格（或者法人资格）；

(2) 具有与招标项目规模和复杂程度相适应的工程技术、概预算、财务和工程管理等方面专业技术力量；

(3) 有从事同类工程建设项目招标的经验；

(4) 拥有3名以上取得招标职业资格的专业招标业务人员；

(5) 熟悉和掌握《招标投标法》及有关法规规章。

依法必须进行招标的项目，招标人自行办理招标事宜的，应当向有关行政监督部门备案。

2. 委托招标

招标代理机构是依法设立、从事招标代理业务并提供相关服务的社会中介组织，其性质不是一级行政机关，而是从事生产经营的企业。招标代理机构应当具备下列条件：

（1）有从事招标代理业务的营业场所和相应资金；

（2）有能够编制招标文件和组织评标的相应专业力量。

2020年8月28日，住房城乡建设部、工业和信息化部等九部门联合印发《关于加快新型建筑工业化发展的若干意见》。《意见》指出，发展全过程工程咨询，需大力发展以市场需求为导向、满足委托方多样化需求的全过程工程咨询服务，培育具备勘察、设计、监理、招标代理、造价等业务能力的全过程工程咨询企业。总体来说，推进工程建设全过程项目管理咨询服务是深化工程建设项目组织实施方式改革，提高工程建设管理和咨询服务水平，保证工程质量和投资效益的重要举措。

为深入推进工程建设领域"放管服"改革，2021年6月3日，国务院印发《关于深化"证照分离"改革进一步激发市场主体活力的通知》，自2021年7月1日起实施。在政府采购、工程建设项目审批中，不得再对工程造价咨询企业提出资质方面的要求。企业取得营业执照即可自主开展经营。

2.2.3 选择招标方式

招标人应按照《招标投标法》等相关法律法规的规定，结合工程建设项目本身的特点确定采取何种招标方式。

根据《招标投标法实施条例》《工程建设项目施工招标投标办法》的相关规定，国有资金占控股或者主导地位的依法必须进行招标的项目，应当公开招标；但有下列情形之一的，可以邀请招标：

（1）技术复杂、有特殊要求或者受自然环境限制，只有少量潜在投标人可供选择；

（2）采用公开招标方式的费用占项目合同金额的比例过大；

（3）涉及国家安全、国家秘密或者抢险救灾，适宜招标但不宜公开招标。

前述邀请招标中的第（2）种情形，由项目审批、核准部门在审批、核准项目时做出认定；其他项目由招标人申请有关行政监督部门做出认定。

全部使用国有资金投资或者国有资金投资占控股或者主导地位的并需要审批的工程建设项目的邀请招标，应当经项目审批部门批准，但项目审批部门只审批立项的，由有关行政监督部门批准。

2.2.4 划分施工标段

招标项目需要划分标段的，招标人应当合理划分标段。一般情况下，一个项目应当作为一个整体进行招标。标段的划分是招标活动中较为复杂的一项工作，应当综合考虑以下因素。

1. 标段划分的大小

标段大小的划分应有利于竞争。对于大型的项目，作为一个整体进行招标将大大降低招标的竞争性，因为符合招标条件的潜在投标人数量太少。这样就应当将招标项目划分成若干个标段分别进行招标。但不能将标段划分得太小，太小的标段将失去对实力雄厚的潜在投标人的吸引力。如建设项目的施工招标，一般可以将一个项目分解为单位工程及特殊专业工程分别招标，但不允许将单位工程肢解为分部、分项工程进行招标。

2. 招标项目的专业要求

如果招标项目的几部分内容专业要求接近，则该项目可以考虑作为一个整体进行招标。如果该项目的几部分内容专业要求相距甚远，则应当考虑划分为不同的标段分别招标。如对于一个项目中的土建和设备安装两部分内容就可分别招标。

3. 招标项目的管理要求

划分标段时应充分考虑施工过程中不同承包单位同时施工时可能产生的交叉干扰，以利于对工程项目的管理。如果招标标段划分得太多，会使现场协调工作难度加大，应当避免产生平面或立面交接、工作责任不清的情况。如果建设项目各项工作的衔接、交叉和配合少，责任清楚，则可考虑分别发包；反之，则应考虑将项目作为一个整体发包给一个承包人，因为此时由一个承包人进行协调管理更容易做好衔接工作。

4. 资金的准备情况

一个项目作为一个整体招标，有利于承包人的统一管理，人工、机械设备、临时设施等可以统一使用，又可降低费用。如果资金准备充分，可整体招标；如果资金分段到位，则可根据资金的情况划分标段。因此，应当具体情况具体分析。

2.2.5 招标发承包模式

工程发承包模式的选择取决于工程技术复杂程度、建设工期的要求以及设计图纸深度等因素，目前工程项目常见的发承包模式有以下五大类。

1. 项目管理委托的模式

国际上，项目管理咨询公司（咨询事务所，或称顾问公司）可以接受业主方、设计方、施工方、供货方和建设项目工程总承包方的委托，提供代表委托方利益的项目管理服务。项目管理咨询公司所提供的这类服务的工作性质属于工程咨询（工程顾问）服务。

在国际上业主方项目管理的方式主要有以下三种：

（1）业主方自行项目管理；

（2）业主方委托项目管理咨询公司承担全部业主方项目管理的任务；

（3）业主方委托项目管理咨询公司与业主方人员共同进行项目管理，业主方从事项目管理的人员在项目管理咨询公司委派的项目经理的领导下工作。

2. 设计任务委托的模式

工业发达国家设计单位的组织体制与我国有区别，多数设计单位是专业设计事务所，而不是综合设计院，如建筑师事务所、结构工程师事务所和各种建筑设备专业工程师事务所等，设计事务所多数规模较小，因此其设计任务委托的模式与我国不同。对工业与民用建筑工程而言，在国际上建筑师事务所起着主导作用，其他专业设计事务所则配合建筑师事务所从事相应的设计工作。

我国业主方主要通过设计招标的方式选择设计方案和设计单位有以下两种模式：

(1) 业主方委托一个设计单位或由多个设计单位组成的设计联合体或设计合作体作为设计总负责单位，设计总负责单位视需要再委托其他设计单位配合设计。

(2) 业主方不委托设计总负责单位，而平行委托多个设计单位进行设计。

3. 工程总承包的模式

建设项目工程总承包（以下简称工程总承包）。建筑工程的发包单位可以将建筑工程的勘察、设计、施工、设备采购一并发包给一个工程总承包单位，也可以将建筑工程勘察、设计、施工、设备采购的一项或者多项发包给一个工程总承包单位，但不得将应当由一个承包单位完成的建筑工程肢解成若干部分发包给几个承包单位。

建设项目工程总承包主要有以下两种方式：

(1) 设计—施工总承包（简称DB）。该方式是指工程总承包企业按照合同约定，承担工程项目设计和施工，并对承包工程的质量、安全、工期、造价全面负责。

(2) 设计—采购—施工总承包（简称EPC）。该方式是指工程总承包企业按照合同约定，承担工程项目的设计、采购、施工、试运行服务等工作，并对承包工程的质量、安全、工期、造价全面负责。

4. 施工任务委托的模式

施工任务的委托主要有以下三种模式：

(1) 业主方委托一个施工单位或由多个施工单位组成的施工联合体或施工合作体作为施工总承包单位，施工总承包单位根据需要再委托其他施工单位作为分包单位配合施工。

(2) 业主方委托一个施工单位或由多个施工单位组成的施工联合体或施工合作体作为施工总承包管理单位，业主方另委托其他施工单位作为分包单位进行施工。

(3) 业主方不委托施工总承包单位，也不委托施工总承包管理单位，而平行委托多个施工单位进行施工。

5. 物资采购的模式

工程建设物资指的是建筑材料、建筑构配件和设备。在国际上业主方工程建设物资采购有以下三种模式：

(1) 业主方自行采购。

(2) 与承包商约定某些物资为指定供货商。

(3) 承包商采购等。

《建筑法》对物资采购有这样的规定："按照合同约定，建筑材料、建筑构配件和设备由工程承包单位采购的，发包单位不得指定承包单位购入用于工程的建筑材料、建筑构配件和设备或者指定生产厂、供应商。"

2.2.6 施工招标发包范围和分类

1. 确定施工发包范围应考虑的因素

招标发包的数量要根据招标人合同管理能力，工程项目的特点和现场条件等多种因素，具体应考虑以下几个方面。

（1）施工内容的专业要求

如专业要求不强，技术不复杂的中小型通用项目可采用总包的形式。大型复杂性项目，可以按专业分包，并采用不同招标方式。例如，将土建施工和设备安装分别招标，土建施工可采用公开招标的形式，在较广泛的范围内选择技术水平高、管理能力强、报价合理的投标人实施。设备安装工作由于专业技术要求高，可采用邀请招标的方式。

（2）施工现场条件

划分合同标段时应考虑施工过程中不同承包商同时施工时发生的交叉干扰。基本原则是施工现场尽可能避免平面和不同高程的作业干扰。而且还应考虑各合同实施过程中在时间和空间上的衔接，避免两个合同交叉带来的工作责任推诿或扯皮，以及关键线路上的施工内容划分在不同标段时如何保证施工总进度计划目标的实现。

（3）对工程总投资的影响

只发一个合同包便于投标人进行合理的施工组织，并合理规划使用人工、施工机械和临时设施，减少窝工、机械的闲置等现象；但大型复杂项目的工程总承包，由于参与竞争的投标人较少，且报价中往往计入分包管理费，会导致中标的合同价较高。划分多个合同包时，各投标书的报价中都要考虑动员准备费、施工机械闲置费、施工干扰的风险费等。

（4）招标人的状况

全部施工内容若只作为一个合同包发包，最终招标人仅与一个中标人签订合同，施工合同关系简单，管理工作不复杂，但有能力参与竞争的投标人较少。如果招标人有相应的管理能力，也可以将全部施工内容分解成若干个单位工程或专业工程发包。这样，不仅可以发挥投标人的专业特长而且每个独立合同要比总承包合同更容易落实和控制。

（5）其他因素的影响

工程项目的施工是个复杂的系统工程，影响合同包的因素很多，如建设资金筹措到位的时间、施工图完成的计划进度、工期要求等条件。

2. 施工招标的发包工作范围

1）按施工招标发包工作范围可分为：

（1）全部工程招标。即将项目建设的所有土建、安装等施工工作内容一次性发包。

（2）单位工程招标。

（3）特殊专业工程招标。例如，装饰工程、特殊地基处理工程、设备安装工程都可以作为单独的合同包招标。

2）按施工阶段的承包方式可分为：

（1）包工包料。即承包方承包工程在施工过程中的全部劳务和全部材料的供应。例如，某些小型工程由于使用的材料和设备都属于通用性的，在市场上易于采购，就可以采用这种承包方式。

（2）包工部分包料。即承包方只负责提供承包工程在施工过程中全部劳务和一部分材料供应，其余部分材料由发包方或总承包负责供应。某些大型复杂工程由于建筑材料用量大，尤其是某些材料有特殊材质要求，永久性工程设备大型化、技术复杂，往往采用这种形式。

（3）包工不包料。实质上是劳务承包，承包方只提供劳务而不承担任何材料供应义务。这种形式一般在中小型工程中采用。

2.2.7 确定合同计价方式

在实际工程中，合同计价方式有许多种。目前国内外通常采用的合同计价方式主要有单价合同、总价合同、成本加酬金合同三大类。《建设工程施工合同（示范文本）》（GF—2017—0201）第12.1条提出，发包人和承包人应当在合同协议书中选择单价合同、总价合同和其他价格形式中的一种。因此，在正式进行招标工作之前，招标人应结合项目自身特点以及拟采用的发承包模式等共同确定项目的合同计价方式。

2.3 建设工程招标资格审查

招标人可以根据招标项目本身的特点和需要，要求潜在投标人或者投标人提供满足其资格要求的文件，对潜在投标人或者投标人进行资格审查。

1. 资格审查的分类

资格审查分为资格预审和资格后审。

资格预审是指在投标前对潜在投标人进行的资格审查。资格预审是在招标阶段对申请投标人第一次筛选，目的是审查投标人的企业总体能力是否适合招标工程的需要。只有在公开招标时才设置此程序。

资格后审是指在开标后对投标人进行的资格审查。进行资格预审的，一般不再进行资格后审，但招标文件另有规定的除外。资格后审适用于工期紧迫、工程较为简单的建设项目，审查的内容与资格预审基本相同。

2. 资格审查的主要内容

资格审查应主要审查潜在投标人或者投标人是否符合下列条件。

（1）具有独立订立合同的权利。

（2）具有履行合同的能力，包括专业、技术资格和能力，资金、设备和其他物质设施状况，管理能力，经验、信誉和相应的从业人员。

（3）没有处于被责令停业，投标资格被取消，财产被接管、冻结，破产状态。

（4）在最近3年内没有骗取中标和严重违约及重大工程质量问题。

（5）国家规定的其他资格条件。

对于大型复杂项目，尤其是需要有专门技术、设备或经验的投标人才能完成时，则应设置更加严格的条件。如针对工程所需的特别措施或工艺专长、专业工程施工经历和资质及安全文明施工要求等内容。标准不应定得过高，否则会使合格投标人过少影响竞争；也不应定得过低，否则可能让实际不具备能力的投标人获得合同而导致不能按预期目标完成建设项目。

具体审查指标可参考《标准施工招标资格预审文件》（2007年版）第三章内容，有一项因素不符合审查标准的，不能通过资格预审。

3. 资格审查的方法与程序

1）资格审查的方法

资格审查办法一般分为合格制和有限数量制两种。合格制即不限定资格审查合格者数量，凡通过各项资格审查设置的考核因素和标准者均可参加投标。有限数量制则预先限定通过资格预审的人数，依据资格审查标准和程序，将审查的各项指标量化，最后按得分由高到低的顺序确定通过资格预审的申请人。通过资格预审的申请人不得超过限定的数量。

2）资格审查的程序

（1）初步审查。初步审查是一般符合性审查。

（2）详细审查。通过第一阶段的初步审查后，即可进入详细审查阶段。审查的重点在于投标人财务能力、技术能力和施工经验等内容。

（3）资格预审申请文件的澄清。

在审查过程中，审查委员会可以以书面形式，要求申请人对所提交的资格预审申请文件中不明确的内容进行必要的澄清或说明。申请人的澄清或说明应采用书面形式，并不得改变资格预审申请文件的实质性内容。申请人的澄清和说明内容属于资格预审申请文件的组成部分。招标人和审查委员会不接受申请人主动提出的澄清或说明。

通过资格预审的申请人除应满足初步审查和详细审查的标准外，还不得存在下列任何一种情形。

（1）不按审查委员会要求澄清或说明的。

（2）在资格预审过程中弄虚作假、行贿或有其他违法违规行为的。

（3）申请人存在下列情形之一的：

① 为招标人不具有独立法人资格的附属机构（单位）；

② 为本标段前期准备提供设计或咨询服务的，但设计施工总承包的除外；

③ 为本标段的监理单位；

④ 为本标段的代建人；

⑤ 为本标段提供招标代理服务的；

⑥ 与本标段的监理单位或代建人或招标代理机构同为一个法定代表人的；

⑦ 与本标段的监理单位或代建人或招标代理机构相互控股或参股的；

⑧ 与本标段的监理单位或代建人或招标代理机构相互任职或工作的；

⑨ 被责令停业的；

⑩ 被暂停或取消投标资格的；

⑪ 财产被接管或冻结的；

⑫ 在最近3年内有骗取中标或严重违约或重大工程质量问题的。

(4) 提交审查报告。

按照规定的程序对资格预审申请文件完成审查后，确定通过资格预审的申请人名单，并向招标人提交书面审查报告。

通过资格预审申请人的数量不足3个的，招标人重新组织资格预审或不再组织资格预审而直接招标。

资格预审评审报告一般包括工程项目概述、资格预审工作简介、资格评审结果和资格评审表等附件内容。

4. 资格审查文件的编制

1) 资格审查文件编制目的

招标人利用资格预审程序可以较全面地了解申请投标人各方面的情况，并将不合格或竞争能力较差的投标人淘汰，以节省评标时间。一般情况下，招标人只通过资格预审文件了解申请投标人的各方面情况，不向投标人当面了解，所以资格预审文件编制水平直接影响后期招标工作。在编制资格预审文件时应结合招标工程的特点突出对投标人实施能力要求所关注的问题，不能遗漏某一方面的内容。

2) 资格审查文件的内容

根据《关于做好标准施工招标资格预审文件和标准施工招标文件贯彻实施工作的通知》（发改法规〔2007〕3419号）要求，为规范招标文件的编制，进一步规范招标投标活动，由国务院九部门在总结现有行业施工招标文件范本实施经验，针对实践中存在的问题，并借鉴世界银行、亚洲开发银行做法的基础上编制的《标准施工招标资格预审文件》和《标准施工招标文件》。现就该文件内容做简要说明和介绍。

(1)《标准施工招标资格预审文件》和《标准施工招标文件》适用范围

《标准施工招标资格预审文件》和《标准施工招标文件》在政府投资项目中试行。国务院有关部门和地方人民政府有关部门可选择若干政府投资项目作为试点，由试点项目招标人按本规定使用该文件。试点项目招标人结合招标项目具体特点和实际需要，按照公开、公平、公正和诚实信用原则编写施工招标资格预审文件。行业标准施工招标文件和试点项目招标人编制的施工招标资格预审文件、施工招标文件，应不加修改地引用《标准施工招标资格预审文件》中的"申请人须知"（申请人须知前附表除外）、"资格审查办法"（资格审查办法前附表除外）。

(2)《标准施工招标资格预审文件》内容

《标准施工招标资格预审文件》包括资格预审公告、申请人须知、资格预审办法、资格预审申请文件格式和项目建设概况等五章。

第一章资格预审公告。包括招标条件、项目概况与招标范围、申请人资格要求、资格预审方法、资格预审文件的获取、资格预审申请文件的递交、发布公告的媒介和联系方式几个部分。

第二章申请人须知。

① 申请人须知前附表

前附表编写内容及要求如下。

a. 招标人及招标代理机构的名称、地址、联系人和电话。

b. 工程建设项目基本情况，包括项目名称、建设地点、资金来源、出资比例、资金落实情况、招标范围、计划工期、质量要求等。

c. 申请人资格条件。告知申请人必须具备的工程施工资质、近年类似业绩、财务状况、拟投入人员、设备等技术力量等资格能力要素条件和近年发生诉讼、仲裁等履约信誉情况以及是否接受联合体投标等要求。

d. 时间安排。明确申请人提出澄清资格预审文件要求的截止时间，招标人澄清、修改资格预审文件的截止时间，申请人确认收到资格预审文件澄清和修改的时间，使申请人知悉资格预审活动的时间安排。

e. 申请文件的编写要求。明确申请文件的签字和盖章要求、申请文件的装订及文件份数，使申请人知悉资格预审申请文件的编写格式。

f. 申请文件的递交规定。明确申请文件的密封和标识要求、申请文件递交的截止时间及地点、资格审查结束后资格预审申请文件是否退还，以使投标人能够正确递交申请文件。

g. 简要写明资格审查采用的方法，以及资格预审结果的通知时间及确认时间。

② 总则

总则编写要把招标工程建设项目概况、资金来源和落实情况、招标范围和计划工期及质量要求叙述清楚，声明申请人资格要求，明确申请文件编写所用的语言，以及参加资格预审过程的费用承担。

③ 资格预审文件

a. 资格预审文件的组成。资格预审文件由资格预审公告、申请人须知、资格审查办法、资格预审申请文件格式、项目建设概况以及对资格预审文件的澄清和修改构成。

b. 资格预审文件的澄清。要明确申请人提出澄清的时间、澄清问题的表达形式，招标人的回复时间和回复方式，以及申请人对收到答复的确认时间及方式。

c. 资格预审文件的修改。明确招标人对资格预审文件进行修改、通知的方式及时间，以及申请人确认的方式及时间。

d. 资格预审申请文件的编制。招标人应在本处明确告知申请人，资格预审申请文件的组成内容、编制要求、装订及签字盖章要求。

e. 资格预审申请文件的递交。招标人一般在这部分明确资格预审申请文件应按统一的规定要求进行密封和标识，并在规定的时间和地点递交。对于没有在规定地点、截止时间前递交的申请文件，应拒绝接收。

f. 资格审查。国有资金占控股或者主导地位的依法必须进行招标的项目，由招标人依法组建的资格审查委员会进行资格审查；其招项目可由招标人自行进行资格审查。

g. 通知和确认。明确审查结果的通知时间及方式，以及通过资格预审申请人的回复方式及时间。

h. 纪律与监督。对资格预审期间的纪律、保密、投诉及对违纪的处置方式进行规定。

第三章资格审查办法。

① 选择资格审查办法

资格审查方法包括合格制和有限数量制两种，一般情况下应采用合格制，潜在投标人过多的,可采用有限数量制。

② 审查标准

审查标准包括初步审查标准和详细审查标准两种,采用有限数量制时的评分标准。

③ 审查程序

审查程序包括资格预审申请文件的初步审查、详细审查、申请文件的澄清及有限数量制的评分等内容和规则。

④ 审查结果

资格审查委员会完成资格预审申请文件的审查,确定通过资格预审的申请人名单,向招标人提交书面审查报告。

第四章资格预审申请文件格式。

资格预审申请文件格式具体包括以下内容:

① 资格预审申请函;
② 法定代表人身份证明或其授权委托书;
③ 联合体协议书;
④ 申请人基本情况表;
⑤ 近年财务状况表;
⑥ 近年完成的类似项目情况;
⑦ 正在施工和新承接的项目情况表;
⑧ 近年发生的诉讼及仲裁情况;
⑨ 其他材料。

第五章项目建设概况。

建设项目概况应包括项目说明、建设条件、建设要求和其他需说明的情况。

① 项目说明:包括工程项目批准情况、项目投资人、投资比例、项目的建设地点、计划工期等。

② 建设条件:主要描述建设项目所处位置的水文气象条件、工程地质条件、地理位置及交通条件等。

③ 建设要求:概要介绍工程施工技术规范、标准要求,工程建设质量、进度、安全和环境管理等要求。

④ 其他需要说明的情况:需结合项目的工程特点和项目业主的具体管理要求提出。

2.4 建设工程招标文件的编制

2.4.1 招标文件的作用

招标文件的编制是招标准备工作中最重要的环节,其重要性体现在两个方面。

(1) 招标文件是提供给投标人的投标依据

施工招标文件中应清楚无误地向投标人介绍实施工程项目的有关内容和要求,包括工程基本情况、预计施工期、工程质量要求、支付规定等方面的信息,以便投标人据此编制投标书。

(2) 招标文件的主要内容是签订合同的基础

招标文件中除投标须知以外的绝大多数内容，都将构成今后合同文件的有效组成部分。尽管在招标过程中，招标人可能对招标文件中的某些内容或要求提出补充和修改意见，投标人也会对招标文件提出一些修改要求或建议，但招标文件中对工程施工的基本要求不会有太大变动。由于合同文件是工程实施过程中双方都应该严格遵守的规则，也是发生纠纷时进行判断和裁决的标准，所以招标文件不仅决定了发包方在招标期间能否选择一个优秀的承包方，还关系到工程施工能否顺利实施，以及发包方与承包方双方的经济利益。编制一份好的招标文件可以减少合同履行过程中的变更和索赔等情况的发生，意味着工程管理和合同管理已成功一半。

2.4.2 招标文件的编制依据和原则

1. 编制依据

(1) 严格遵守《招标投标法》、《中华人民共和国合同法》(以下简称《合同法》)、《中华人民共和国保险法》(以下简称《保险法》)、《中华人民共和国环境保护法》、《建筑法》《建设工程质量管理条例》、《建设工程安全生产管理条例》等与工程建设有关的现行法律法规，不得做任何突破或超越。

(2) 各行业的行业标准。

(3)《标准施工招标资格预审文件》(包括资格预审公告、申请人须知、资格审查办法、资格预审申请文件格式、项目建设概况共五章)。

(4)《标准施工招标文件》(包括招标公告或投标邀请书、投标人须知、评标办法、合同条款及格式、工程量清单、图纸、技术标准和要求、投标文件格式共八章)。

2. 编制原则

建设工程招标文件是编制投标文件的重要依据，也是评标的依据。招标文件的编制必须做到系统、完整、准确、明晰，即提出明确的要求和目标，使投标人一目了然。编制招标文件的依据和原则如下。

(1) 确定建设单位和建设项目是否具备招标条件。不具备条件的须委托具有相应资质的咨询、监理单位代理招标。

(2) 必须遵守《招标投标法》及有关法律的要求。因为招标文件是中标者签订合同的基础。按《合同法》规定，凡违反国家法律、法规和有关规定的合同属于无效合同。招标文件必须符合国家《招标投标法》《合同法》等多项有关法规、法令等。

(3) 应公正、合理地处理招标人与投标人的关系，保护双方的利益。如果招标人在招标文件中不恰当地、过多地将风险转移给投标人一方，势必迫使投标人加大风险费用，提高投标报价，最终还是招标人一方增加支出。

(4) 招标文件应正确、详尽地反映项目的客观真实情况，这样才能使投标人在客观可靠的基础上投标，减少签约、履约的争议。

(5) 招标文件各部分的内容必须统一。这一原则是为了避免备份文件之间的矛盾。

招标文件涉及投标人须知、合同条件规范、工程量表等多项内容。如果文件各部分之间存在矛盾，就会给投标工作和履行合同的过程中带来争端，甚至影响工程的施工。

2.4.3 建设工程招标文件的主要内容

招标文件既是投标人编制投标书的依据，也是招标阶段招标人的行为准则。由于招标工程的规模、专业特点、发包的工作范围不同，因此其内容有繁有简。为了能使投标人在招标阶段明确自己的义务、合理预见实施阶段的风险，招标文件应包含以下几个方面的内容：

1. 招标公告或投标邀请书

招标公告或投标邀请书是招标文件的首要组成部分。

招标公告主要包括：招标条件，项目概况与招标范围，投标人资格要求，招标文件的获取，投标文件的递交，发布公告的媒介等。

投标邀请书主要包括：招标条件，项目概况与招标范围，投标人资格要求，招标文件的获取，投标文件的递交、确认等。

2. 投标人须知

投标人须知是对投标人投标时的注意事项的书面阐述和告知，投标人须知包括两个部分，第一部分是投标须知前附表，是投标人须知正文部分的概括和提示，放在投标人须知文前面，有利于引起投标人注意和便于查阅检索。第二部分是投标须知正文，主要内容包括对总则、招标文件、投标文件、开标、评标、合同授予等方面的说明和要求。

3. 评标标准和方法

所谓评标，是依据招标文件的规定和要求，对投标文件进行审查、评审和比较。评标是审查确定中标人的必经程序，是保证招标成功的重要环节。

在招标文件中，招标人列明了评标的标准与办法，目的就是让各潜在的投标人知道这些标准和办法，从而达到公正、公平的原则。

招标文件中的评标主要包括选择评标方法、确定评审因素和标准、确定评标程序三方面内容。

1) 评标方法。最低投标价法，综合评估法和法律、行政法规允许的其他评标方法。

2) 评审因素和标准。招标文件应针对初步评审和详细评审分别制定相应的评审因素和标准。

3) 评标程序。评标工作一般包括初步评审、详细评审、投标文件的澄清和补正以及评标结果等具体程序。

（1）初步评审。按照初步评审因素和标准评审投标文件，进行废标认定和投标报价算术错误修正。

（2）详细评审。按照详细评审因素和标准分析、评定投标文件。

（3）投标文件的澄清和补正。初步评审和详细评审阶段，评标委员会可以书面形式要求投标人对投标文件中不明确的内容进行书面澄清和说明，或者对细微偏差进行补正。

（4）评标结果。对于最低投标价法，评标委员会按照经评审的评标及由低到高的顺序推荐中标候选人；对于综合评估法，评标委员会按照得分由高到低的顺序推荐中标候选人。评标委员会按照招标人授权，可以直接确定中标人。评标委员会完成评标后，应当向招标人提交书面评标报告。

4. 合同条款

《标准施工合同示范文本》由合同协议书、通用合同条款和专用合同条款三部分组成。

合同协议书集中约定了合同当事人基本的合同权利义务。《标准施工合同示范文本》合同协议书共计13条，主要包括：工程概况、合同工期、质量标准、签约合同价和合同价格形式、项目经理、合同文件构成、承诺以及合同生效条件等重要内容，集中约定了合同当事人基本的合同权利义务。

通用合同条款是合同当事人根据《建筑法》《合同法》等法律法规的规定，就工程建设的实施及相关事项，对合同当事人的权利义务做出的原则性约定。通用合同条款共计20条，具体条款分别为：一般约定、发包人、承包人、监理人、工程质量、安全文明施工与环境保护、工期和进度、材料与设备、试验与检验、变更、价格调整、合同价格、计量与支付、验收和工程试车、竣工结算、缺陷责任与保修、违约、不可抗力、保险、索赔和争议解决。前述条款安排既考虑了现行法律法规对工程建设的有关要求，也考虑了建设工程施工管理的特殊需要。

专用合同条款是对通用合同条款原则性约定的细化、完善、补充、修改或另行约定的条款。合同当事人可以根据不同建设工程的特点及具体情况，通过双方的谈判、协商对相应的专用合同条款进行修改补充。

5. 采用工程量清单招标的，应当提供工程量清单

《建设工程工程量清单计价规范》（GB 50500—2013）规定，工程量清单是表现拟建工程实体性项目和非实体性项目名称和相应数量的明细清单，以满足工程建设项目具体量化和计量支付的需要。

实践中常见的有单价合同和总价合同两种主要合同形式。采用单价合同形式的工程量清单是合同文件必不可少的组成内容，其中的清单工程量具备合同约束力。招标时的工程量是暂估价，工程款结算时按照实际计量的工程量进行调整。总价合同形式中，已标价工程量清单中的工程量不具备合同约束力，实际施工和计算工程变更的工程量均以合同文件的设计图纸所示内容为准。

工程量清单是招标文件的重要组成部分，是对招标工程的全部项目按统一的工程量计算规则、项目划分和计量单位计算出的工程数量列出的表格。包括：工程量清单封面、总说明、分部分项工程量清单、措施项目清单、其他项目清单、规费税金清单。

6. 设计施工图纸

图纸是招标文件和合同的重要组成部分，是编制工程量清单以及投标报价的重要依据，也是进行施工及验收的依据。通常，招标时的图纸并不是工程所需的全部图纸，在投标人中标后还会陆续颁发新的图纸以及对招标时的图纸进行修改。因此，在招标文件中，除了附招标图纸外，还应该列明图纸目录。图纸目录一般包括序号、图名、图号、版本、出图日期等。图纸目录以及相对应的图纸将对施工过程的合同管理以及争议发挥重要作用。

7. 技术条款

技术条款是投标人编制施工规划和计算施工成本的依据。一般有三个方面的内容：一是供现场的自然条件，二是现场施工条件，三是本工程采用的技术规范。

8. 投标文件格式

投标文件格式是由招标人在招标文件中提供，由投标人按照招标文件提供统一规定的格式无条件填写的，用以表达参与招标工程投标意愿的文件。

招标人在招标文件中所提供的统一的投标文件格式平等对待所有的投标人，若投标人不按此格式进行投标文件的编制，则视为未实质性响应招标文件而判为投标无效，或称为废标。

9. 投标辅助材料

投标辅助材料主要包括项目经理简历表、主要施工管理人员表、主要施工机构设备表、项目拟分包情况表、劳动力计划表、近三年的资产负债表和损益表、施工方案或施工组织设计、施工进度计划表、临时设施布置及临时用电表等。

招标人应当在招标文件中规定实质性要求和条件，应以醒目的方式标明。

综上所述，一个完整的工程招标文件应当包括招标公告或投标邀请书、投标人须知、评标办法、合同条款、工程量清单、技术规范、图纸、技术标准和要求、投标文件格式、投标辅助材料等。这些部分的具体内容可能因具体的招标项目而有所不同，但它们共同构成了一个全面的招标文件，为潜在的投标人提供了进行投标所需的所有信息。

2.4.4 建设工程施工招标文件编制的注意事项

建筑工程施工招标文件编制的注意事项包括以下几点。

（1）评标原则和评标办法细则，尤其是计分方法在招标文件中要明确。

（2）投标价格中，一般结构不太复杂或工期在 12 个月以内的工程，可以采用固定价格，考虑一定的风险系数。结构复杂或大型工程工期在 12 个月以上的，应采用调整价格。价格的调整方法和调整范围应在招标文件中明确规定。

（3）在招标文件中应明确投标价格计算依据。

（4）质量标准必须达到国家施工验收规范合格标准，对于要求质量达到优良标准的，计取补偿费用，补偿费用的计算办法应按照国家或地方的有关文件规定执行，并在招标文件中加以明确。

（5）招标文件中的建筑工期应该参照国家或地方颁发的工期定额来确定，如果要求的工期比工期定额缩短 20% 以上（含 20%）的，应计算赶工措施费。赶工措施费如何计取应在招标文件中加以明确。由于施工单位的原因造成不能按照合同工期竣工时，已计取赶工措施费的需扣除，同时还应该承担给建筑单位带来的损失。损失费用的计算方法或规定应在招标文件中加以明确。

（6）如果建筑单位要求按合同工期提前竣工交付使用，应该考虑计取提前工期奖，提前工期奖的计算方法应在招标文件中加以明确。

（7）招标文件中应明确投标准备时间。即从开始发放招标文件之日起，至投标截止时间的期限，最短不得少于 20 天。

（8）在招标文件中应明确投标保证金数额，一般投标保证金数额不超过投标总价的 2%，投标保证金的有效期应超过投标有效期。

（9）中标单位应按规定向招标单位提交履约担保，履约担保可采用银行保函或履约担保书。履约担保比率一般为：银行出具的银行保函为合同价格的 5%；履约担保书为合同价格的 10%。

（10）投标有效期的确立应视工程情况确定，结构不太复杂的中小型工程投标有效期可定为 28 天以内，结构复杂的大型工程投标有效期可定为 56 天。

（11）材料或设备采购、运输、保管的责任应在招标文件中明确。如果建设单位提供材料或设备，应列明材料或设备名称、品种或型号、数量，以及提供日期和交货地点等。此外，还应该在招标文件中明确招标单位提供的材料或设备计价和结算退款的方式。

（12）关于工程量清单，招标单位按照国家有关规定，根据施工图纸计算工程量，提供给投标单位作为投标报价的基础。结算拨付工程款时，以实际工程量为依据。

（13）合同专用条款的编写。招标单位在编制招标文件时，应根据《合同法》《建设工程施工合同管理办法》的规定和工程具体情况确定"招标文件合同专用条款"的内容。

（14）投标单位在收到招标文件后，若有问题需要澄清，应于收到招标文件后以书面形式向招标单位提出，招标单位将以书面形式或投标预备会的方式予以解答，答复将发送给所有获得招标文件的投标单位。

（15）招标人对已经发出的招标文件进行必要的澄清或修改的，应当在招标文件要求提交投标文件截止时间至少 15 天前，以书面形式通知所有招标文件收受人。该澄清或修改内容为招标文件的组成部分。

【知识链接】

建设工程施工招标文件案例

在建设工程施工招标过程中，应按照招标文件范本及工程实际编制招标文件，对招标文件进行全面审核把关，下面节选了某老年大学新建工程招标文件的部分内容，供学习和编写招标文件时参考。

建设工程施工招标文件的封面
招标文件

项目名称：某老年大学新建工程
招标编号：NO. 20213003

甲省政府采购中心
2021 年 4 月 20 日

1. 建设工程施工招标文件的目录

（略）

2. 建设工程施工招标文件的正文

    第一部分 投标须知、合同条件及合同格式
      投标邀请书
      ……
     第一章 投标人须知及前附表
      ……
      投标人须知
      ……
     第二章 合同条件
      ……
     第三章 合同协议条款
      ……
     第四章 合同协议书格式及履约保函格式
      ……
      第二部分
     第五章 技术规范
      技术规范
      ……
     第三部分 投标文件
      ……
     第四部分 图纸
      ……

2.5 建设工程招标标底和控制价

2.5.1 建设工程施工招标标底

1. 标底价格的概念与类型

标底是工程施工招标人为了实现工程施工发包而提出的招标价格。它是招标方的预期购买价格或拟控制的价格。

《招标投标法》中，对招标工程是否一定要编制标底未做明确规定，但在评标的相关内容中做出了"设有标底的，应当参考标底"，中标人的投标应"能够满足招标文件的实质性要求，并且经评审的投标价格最低；但是投标价格低于成本的除外"的相关说明。标底的类型很多，应根据招标图纸的深度、工程复杂程度、招标文件对投标报价的要求等进行选择。

（1）如果招标文件提供了施工图设计，标底应按施工图以及施工图预算为基础进行编制。

（2）如果招标文件仅提供了技术设计或初步设计，标底应以概算为基础或以扩大综合定额为基础来编制。

（3）如果招标时只有方案图或初步设计，标底可用平方米造价指标或单元指标进行编制。

2. 标底价格的作用

招投标制度的本质就是竞争，而价格的竞争是投标竞争的最重要因素之一。因此，在国际工程项目招标过程中，尤其是亚洲开发银行、世界银行贷款项目，如果其他各项条件均满足招标文件的要求，大都明确要求价格最低的报价中标。但目前我国各施工企业大多采用常规方法施工，拥有专利施工技术、工艺的单位较少，同一资质等级的企业在施工能力方面差异不大。而且，目前我国建筑业行业竞争激烈，处于"僧多粥少"的状况，为防止投标人以低于成本的报价展开恶性竞争，因此，我国一般工程项目施工招标中大多设置标底。

具体来说，招标标底在招标过程中具有以下作用。

（1）标底价格可以使发包人预先了解自己在拟建工程中应承担的经济义务，是发包人筹款、用款的客观依据。

（2）标底价格是发包人选择投标人的参考价或基准价。它是衡量投标单位价格行为的准绳，是评标的重要尺度，是决标的重要依据。

在一般情况下，是根据标底的价格对投标价格进行评分，而投标价格在决标总分所占比重达 40%～70%，是决标权重值最大的一项。有的规定在以标底价格为中心的偏差幅度内的报价为有效标，超过此范围的为废标；有的不设上下界限，越接近标底的报价得分越高；有的规定比标底价越低的报价得分越高，比标底价越高的报价得分越低等。招标人可以以标底为基础，上浮合理的幅度设立拦标价，以拒绝投标中的过高报价。例如《北京市工程建设项目施工招标标底编制和使用的若干规定》（京发改〔2007〕537号），规定了招标人可以将标底下浮合理的幅度作为本工程最低工程造价的预警线，施工总承包招标的标底下浮幅度一般不超过 6%；对低于该幅度的报价，评标委员会应对其投标报价详细分析并予以质询。

3. 建设工程施工招标标底的编制依据

标底文件编制主要包括以下内容。

（1）国家有关的法律、法规和部门规章。

（2）统一的工程计量规则、基础定额和国家各部门、建设部门提供的各种相关定额、取费标准或国家或地方价格调整文件等。人工、材料、设备、机械台班等要素的市场价格。

（3）招标文件的有关部门条文的规定。招标文件中的投标须知、协议书、合同通用条款和专用条款、投标书、技术规范等，都对投标报价、合同取费内容、取费计算及工程量清单，做出了详细规定。

（4）施工现场地质、水文、勘察资料及现场环境等资料。由于建筑产品的单件性，不同的工程处于不同的地点，有不同的地质水文条件，周边的地形、环境、交通、公用条件等诸多条件都将影响建设项目的实施，都会对建筑产品最终的价格造成影响，是投标人投标报价必须考虑的因素，所以标底价格中必须实事求是地进行预计并计入标底价格之中。

（5）设计文件及其他依据。设计文件确定工程的规则、构造，以及由此确定的施工方案，对工程量、价格均起到了决定作用。

总之，为了获得质优价廉的建筑产品，保证建筑市场健康发展，招标人编制标底时必须遵循市场规律，克服轻视编制依据、主观进行假定和计算、盲目压价，不切实际地"节约"的不良倾向，将标底价格编制成有利于发包人和承包人双方，有利于竞争、有利于提高投资效益的价格。

4. 建设工程施工招标标底的内容和编制程序

1）标底文件主要包括以下内容。

（1）标底的综合编制说明。

（2）标底价格审定书、标底价格计算书、带有价格的工程量清单、现场因素、各种施工措施费的测算明细以及采用固定价格工程的风险系数测算明细等。

（3）主要人工、材料、机械设备用量表。

（4）标底附件。如各项交底会议纪要，各种材料及设备的价格来源，现场的地质、水文、地上情况的有关资料，编制标底价格所依据的施工方案或施工组织设计等。

（5）标底价格编制的有关表格。

2）标底的编制程序包括以下内容。

（1）招标文件相关条款一经确定，即可进入标底价格编制阶段。即确定了标底计价内容计算方法、工程量清单、材料设备清单、施工方案或施工组织设计、临时设施布置、临时用表、工程类别取费标准等。

（2）为保证标底体现出合理的价格竞争水平，编制标底的人员应参加现场踏勘和标前答疑会，对招标文件的澄清、修改和补充内容都应在编制标底过程中予以考虑。

（3）编制标底。应在投标截止日期前适当的时间完成标底的编制工作，应留给发包人审核和批准标底的时间。

（4）审核标底。发包人结合现场因素、施工图纸、施工方法、施工措施测算明细、材料设备清单、工程量清单、标底价格计算书、标底价格汇总表等多方面材料进行标底的审核。具体内容包括：

① 标底价格计价内容；

② 标底价格组成内容；

③ 标底价格相关费用。

（5）在开标前应做好标底保密工作。

5. 建设工程施工招标标底的计价办法

招标标底由成本（直接费、间接费）、利润和税金构成，其编制可以采用以下计价方法。

(1) 工料单价法

工料单价法即定额计价法。分部分项工程量的单价为直接费。直接费以人工、材料、机械的消耗及其相应价格确定。间接费、利润、税金按照有关规定另行计算。工料单价法的计算程序分为三种：以直接费为计算基础、以人工费和机械费为计算基础、以人工费为计算基础。

(2) 综合单价法

综合单价是指由完成一个规定计价单位工程所需的全部费用；包括人工费、材料费、机械使用费、管理费和利润等。综合单价应考虑风险因素。各分项工程量乘以综合单价的合价汇总后，再加计规费和税金，便可生成建筑或安装工程造价。

2.5.2 建设工程施工招标控制价

1. 招标控制价的概念

招标控制价又称拦标价、预算控制价、最高投标限价，是具有编制能力的招标人，或受其委托具有相应资质的工程造价咨询人，根据国家或省级、行业建设主管部门颁发的有关计价依据和办法，以及拟定的招标文件和招标工程量清单，结合工程具体情况编制的招标工程的最高投标限价。

2. 招标控制价的编制依据和计价规定

1) 在编制招标控制价时，通常依据以下资料进行。

(1)《建设工程工程量清单计价规范》（GB 50500—2013）；

(2) 国家或省级、行业建设主管部门颁发的计价定额和计价办法；

(3) 建设工程设计文件及相关资料；

(4) 拟定的招标文件及招标工程量清单；

(5) 与建设项目相关的标准、规范、技术资料；

(6) 施工现场情况、工程特点及常规施工方案；

(7) 工程造价管理机构发布的工程造价信息，工程造价信息没有发布的，参照市场价；

(8) 其他相关资料。

2) 按招标控制价的计价特点编制招标控制价时，应注意以下事项。

(1) 使用的计价标准、计价政策应符合国家或省级、行业建设主管部门颁布的计价定额和相关政策规定；

(2) 采用的材料价格应是工程造价管理机构通过工程造价信息发布的材料单价，若工程造价信息未发布材料单价的材料，其材料价格应通过市场调查确定；

(3) 国家或省级、行业建设主管部门对工程造价计价中费用或费用标准有规定的，应按规定执行。费用或费用标准的规定有幅度的，应按幅度的上限执行。

3. 招标控制价的内容

工程招标控制价文件应按照《建设工程工程量清单计价规范》（GB 50500—2013）附录中给出的规范格式进行编写，主要包括以下内容。

(1) 工程计价文件封面和扉页。

(2) 工程计价总说明。

(3) 工程计价汇总表。包括：建设项目招标控制价汇总表、单项工程招标控制价汇总表、单位工程招标控制价汇总表、建设项目竣工结算汇总表、单项工程竣工结算汇总表、单位工程竣工结算汇总表等。

(4) 分部分项工程和措施项目计价表。包括：分部分项工程和单价措施项目清单与计价表、综合单价分析表、综合单价调整表、总价措施项目清单与计价表等。

(5) 其他项目计价表。包括：其他项目清单与计价汇总表、暂列金额明细表、材料（工程设备）暂估单价及调整表、专业工程暂估价及结算价表、计日工表、总承包服务费计价表、索赔与现场签证计价汇总表、费用索赔申请（核准）表、现场签证表等。

(6) 规费、税金项目计价表。

(7) 主要材料、工程设备一览表。包括：发包人提供材料和工程设备一览表、承包人提供主要材料和工程设备一览表和承包人提供主要材料和工程设备一览表。

不同省、地区对招标控制价的编制方法与内容要求均有详细的规定，对招标控制价公布的时间也有相应的要求。

4. 招标控制价的编制方法

采用工程量清单计价时，招标控制的编制内容包括：分部分项工程费、措施项目费、其他项目费、规费和税金。

1) 分部分项工程量清单与计价表的编制

分部分项工程综合单价＝人工费＋材料费＋机械使用费＋企业管理费＋利润。

(1) 确定计算基础。计算基础主要包括消耗量的指标和生产要素单价。应根据拟定的施工方案确定完成清单项目需要消耗的各种人工、材料、机械台班的数量。计算时，应采用国家、地区、行业定额，并通过调整来确定清单项目的人、材、机单位用量。各种人工、材料、机械台班的单价，则应根据询价的结果和市场行情综合确定。

(2) 计算工程内容的工程数量与清单单位的含量时，每一项工程内容应根据所选定额的工程量计算规则计算其工程数量，当定额的工程量计算规则与清单的工程量计算规则相一致时，可直接以工程量清单中的工程量作为工程内容的工程数量。当采用清单单位含量计算人工费、材料费、机械使用费时，还需要计算每一计量单位的清单项目所分摊的工程内容的工程数量，即清单单位含量。

(3) 分部分项工程人工、材料、机械使用费的计算是以完成每一计量单位的清单项目所需的人工、材料、机械用量为基础计算，再根据预先确定的各种生产要素的单位价格，计算出每一计量单位清单项目的分部分项工程的人工费、材料费与机械使用费。

(4) 计算综合单价管理费和利润的计算可按照人工费、材料费、机械费之和按照一定的费率取费计算。例如：

管理费＝（人工费＋材料费＋机械使用费）×管理费费率

利润＝（人工费＋材料费＋机械使用费＋管理费）×利润率

将各项费用汇总并考虑合理的风险后，即可得到分部分项工程量清单综合单价。根据计算出的综合单价，可编制分部分项工程量清单与计价分析表。

2) 措施项目费的编制

措施项目费应根据招标文件中的措施项目清单按规定计价。措施项目清单计价应根据拟建工程的施工组织设计，可以计算工程量的措施项目，应按分部分项工程量清单的方式采用综合单价计价；无法计算工程量的措施项目可以"项"为单位的方式计价，应包括除规费、税金外的全部费用。措施项目清单中的安全文明施工费应依据国家或省级、行业建设主管部门的规定计价，不得作为竞争性费用。

凡可精确计量的措施清单项目宜采用综合单价方式计价，其余的措施清单项目采用以"项"为计量单位的方式计价。

3）其他项目费的编制

（1）暂列金额应根据工程特点，按有关计价规定估算。在招标控制价的编制中需估算一笔暂列金额。暂列金额可根据工程的复杂程度、设计深度、工程环境条件（包括地质、水文、气候条件等）进行估算，一般可以按照分部分项工程费的 10%～15% 为参考。

（2）暂估价中的材料单价应根据工程造价信息或参照市场价格估算，暂估价中的专业工程金额应分不同专业，按有关计价规定估算；暂估价中的检验试验费应根据分部分项工程费和措施项目费合计数乘以规定的费率估算。

（3）根据工程特点和有关计价依据计算。计日工包括人工、材料和施工机械费用。计日工综合单价应含管理费、利润，但不含规费、税金。在编制招标控制价时，对计日工中的人工单价和施工机械台班单价，按行业建设主管部门或其授权的工程造价管理机构公布的单价计算；材料价格按当地工程造价管理机构发布的市场信息计算，对于未发布市场价格信息的材料，其价格按市场调查确定的价格计算。

（4）总承包服务费。编制招标控制价时，总承包服务费应按照省级或行业建设主管部门的规定计算，或参考标准估算。

（5）检验试验费。应根据分布分项工程费和措施项目费合计数乘以规定费率计算。

4）税前项目费的编制

税前项目费在计价时，可直接通过当地工程造价管理机构发布的税前项目市场报价或自行确定报价，该项目已含除税金以外的全部费用。

5）规费和税金的编制

规费和税金必须按国家或省级、行业建设主管部门的有关规定计算，不得作为竞争性费用。

5. 汇总编制资料

汇总各专业造价文件，形成初步成果，完善"编制说明"；征询有关各方的意见并汇总，根据意见对成果文件进行修正。

6. 招标控制价编制的注意事项

（1）严格依据有关规定编制招标控制价

客观、合理、合法的招标控制价编制，是工程招标公平、公正的前提。招标控制价不仅要依据招标文件和发布的工程量清单编制，还要全面、正确地使用行业和地方的计价定额和价格信息，准确计算不可竞争的税费。对于竞争性措施费用，不仅要采用竞争性费用，还要采用专家论证的方案合理确定。

（2）一个招标工程只能设立一个招标控制价

一个建设项目由一个或多个单项工程组成，一个单项工程由一个或多个单位工程组成，如一般的民用建筑工程通常包括建筑装饰装修工程、给排水工程、电气工程、消防工程、通风空调工程、智能化工程六个单位工程。在编制招标控制价时，为了减少篇幅，建议如无特殊情况，不需按照每个单位工程各自设置一套工程量清单，可以根据需要将某栋楼的给排水、电气、通风空调、消防、智能化等单位工程合并成一个单位工程，再与建筑装饰装修单位工程合并成一个单项工程编制一套招标控制价。

（3）封面签字不得遗漏

招标控制价封面需按要求签字、盖章，不得有任何遗漏。其中，工程造价咨询人需盖单位资质专用章；编制人和复核人需要同时签字和盖专用章，且两者不能为同一人，复核人必须是造价工程师。当一套招标控制价涉及多个专业的造价人员编制时，每个专业都要有一名编制人在封面相应处签字盖章。

（4）编制说明内容应尽可能地详尽

编制说明内容应包括：工程概况、招标和分包范围、具体的计价依据（如施工图号、具体的定额名称及参考的信息价等）及其他有关问题说明，不能过于简化。装饰工程及安装工程部分材料价格品牌差异大，因此对于这两个专业的材料总说明内容少的可在清单名称描述中注明，应分别写明各种主要材料的品牌、档次，未注明的则按普通档次产品定价。

（5）招标控制价应当反映招标控制价编制期的市场价格水平

招标控制价编制单位和编制人员不得在编制过程中有意抬高、压低价格或者提供虚假招标控制价编制报告。

（6）招标控制价的投诉处理

有关人员对招标控制价进行投诉，行政监督部门认为必要的，可以责成招标人和投诉人同委托具有相应工程造价咨询资质的中介机构对招标控制价进行鉴定。

综合应用案例

【案例概况】

某招标项目属于大型基础设施，关系到社会公共利益，根据《招标投标法》必须进行招标。因某种原因，该项目的招标人希望A单位中标。但如果通过正常途径进行招标，招标人无法掌控招标的结果。于是，招标人利用了公告发布这一环节：招标人将招标公告只发布在某一发行量不大的不知名的地方报纸上。结果只有少数几家单位来投标，除了A单位，其他两家投标单位的实力比较弱。在评标时，评委推荐A单位中标，招标人如愿以偿地让自己事先内定的A单位中标。

【问题】

该项目施工招标存在哪些问题或不妥之处？

【案例评析】

根据相关法律法规，该项目招标存在以下问题：

基于招标活动应有的公开性，标准评价内容的第一项规定即为招标公告的公开方式评价，即审查招标公告的公开方式是否能够达到相应的公开要求，能否为招标活动的充分竞争提供基本的信息公开基础。如果招标公告的公开方式不能满足标准的要求，其评定等级将被直接限定在不可信级别。

本章小结

建设工程施工招标是建设工程招标投标中重要类型之一。在施工招标工作中，招标人应首先合理划分招标标段，编制详细合理的资格审查文件和招标文件，具体可以参照国家颁布的《标准施工招标资格预审文件》和《标准施工招标文件》的内容。另外，编制合理的标底也直接影响施工招标工作效果。目前，编制标底的方法主要有工料单价法和综合单价法。

思考与练习题

一、单选题

1. 甲、乙两个工程承包单位组成施工联合体投标，参与竞标某房地产开发商的住宅工程，则下列说法错误的是（　　）。
   A. 甲、乙两个单位以一个投标身份参与投标
   B. 如果中标，甲、乙两个单位应就中标项目向该房地产开发商承担连带责任
   C. 如果中标，甲、乙两个单位应就各自承担部分与该房地产开发商签订合同
   D. 如在履行合同中乙单位破产，则甲单位应当承担原应由乙单位承担的工程任务

2. 下列关于建设工程招投标的说法，正确的是（　　）。
   A. 在投标有效期内，投标人可以补充、修改或者撤回其投标文件
   B. 投标人在招标文件要求提交投标文件的截止时间前，可以补充、修改或者撤回投标文件
   C. 投标人可以挂靠或借用其他企业的资质证书参加投标
   D. 投标人之间可以先进行内部竞价，内定中标人，然后再参加投标

3. 招标人对已发出的招标文件进行必要的澄清或者修改的，应当在招标文件要求提交投标文件截止时间至少（　　）天前，以书面形式通知所有招标文件收受人。
   A. 20　　　　B. 10　　　　C. 15　　　　D. 7

4. 甲、乙工程承包单位组成施工联合体参与某项目的投标，中标后联合体接到中标通知书，但未与招标人签订合同，联合体投标时提交了5万元投标保证金。此时两家单位认为该项目盈利太少，于是放弃该项目，对此，《招标投标法》的相关规定是（　　）。
   A. 5万元投标保证金不予退还
   B. 5万元投标保证金退还一半
   C. 若未给招标人造成损失，投标保证金可全部退还
   D. 若未给招标人造成损失，投标保证金退还一半

5. 《招标投标法》规定，依法必须招标的项目自招标文件开始发出之日起至投标人提交投标文件截止之日止，最短不得少于（　　）天。

A. 20　　　　　B. 30　　　　　C. 10　　　　　D. 15

6. 甲、乙两个工程承包单位组成施工联合体投标，甲单位为施工总承包一级资质，乙单位为二级资质，则该施工联合体应按（　　）资质确定等级。

A. 一级　　　　B. 二级　　　　C. 三级　　　　D. 特级

7. 下列不属于招标文件内容的是（　　）。

A. 投标邀请书　　　　　　　B. 设计图纸

C. 合同主要条款　　　　　　D. 财务报表

8. 招标文件发售后，招标人要在招标文件规定的时间内组织投标人踏勘现场，了解工程现场和周围环境情况，并对潜在投标人针对（　　）及现场提出的问题进行答疑。

A. 设计图纸　　　　　　　　B. 招标文件

C. 地质勘察报告　　　　　　D. 合同条款

9. 《招标投标法》第二十八条规定："招标人收到了投标文件后，应当（　　），不得开启。在招标文件要求提交投标文件的截止时间后送达的投标文件，招标人应当拒收。"

A. 登记备案　　　　　　　　B. 签收送审

C. 集中上报　　　　　　　　D. 签收保存

10. 资格预审程序中应首先进行（　　）。

A. 资格预审资料分析　　　　B. 发出资格预审通知书

C. 发布资格预审通告　　　　D. 发售资格预审文件

11. 招标程序有：①成立招标组织。②发布招标公告或发出招标邀请书。③编制招标文件和标底。④组织投标单位踏勘现场，并对招标文件答疑。⑤对投标单位进行资质审查，并将审查结果通知各申请投标者。⑥发售投标文件。则下列招标程序排序正确的是（　　）。

A. ①②③④⑤⑥　　　　　　B. ①③②⑥⑤④

C. ①③②⑤⑥④　　　　　　D. ①⑤⑥②③④

12. 工程量清单是招标单位按国家颁布的统一工程项目划分、统一计量单位和统一工程量计算规则，根据施工图纸计算工程量，提供给投标单位作为投标报价的基础。结算拨付工程款时以（　　）为依据。

A. 工程量清单　　　　　　　B. 实际工程量

C. 承包方报送的工程量　　　D. 合同中的工程量

13. 我国施工招标文件部分内容的编写应遵循的规定是（　　）。

A. 明确投标有效期不超过18天

B. 明确评标原则和评标方法

C. 招标文件的修改，可用各种形式通知所有招标文件接收人

D. 明确评标委员会成员名单

14. 不属于施工投标文件的内容是（　　）。
   A. 投标函　　　　　　　　　B. 投标报价
   C. 拟签订合同的主要条款　　D. 施工方案

15. 根据相关规定，对招标文件或者资格预审文件的收费应当合理，不得以营利为目的。对于所附的设计文件，招标人可以向投标人酌收（　　）。
   A. 押金　　B. 成本费　　C. 手续费　　D. 租金

二、多选题

1. 在施工招标中，进行合同数量的划分应考虑的主要因素有（　　）。
   A. 施工内容的专业要求　　　B. 施工现场条件
   C. 投标人的财务能力　　　　D. 对工程总投资的影响
   E. 投标人的所在地

2. 某省地税局办公楼扩建工程项目招标，十多家单位参与竞标，根据《招标投标法》关于联合体投标的规定，下列说法正确的有（　　）。
   A. A单位资质不够，可以与别的单位组成联合体参与竞标
   B. B、C两个单位组成联合体投标，它们应当签订共同投标协议
   C. D、E两个单位构成联合体，它们签订的共同投标协议应当提交招标人
   D. F、G两个单位构成联合体，它们各自对招标人承担责任
   E. H、I两个单位构成联合体，两家单位对投标人承担连带责任

3. 依照相关规定，建设项目（　　），经项目主管部门批准，可以不进行招标。
   A. 与科技、教育、文化相关的
   B. 涉及生态环境保护的
   C. 建筑艺术造型有特殊要求的
   D. 勘察、设计采用特定专利的
   E. 勘察、设计采用专有技术的

4. 招标文件应当包括（　　）等所有实质性要求和条件以及拟签订合同的主要条款。
   A. 招标工程的报批文件　　　B. 招标项目的技术要求
   C. 对投标人资格审查的标准　D. 投标报价要求
   E. 评标标准

5. 在招标准备阶段，招标人的主要工作包括（　　）。
   A. 组织现场踏勘　　　　　　B. 编制招标文件
   C. 选择招标方式　　　　　　D. 进行资格预审
   E. 对招标文件澄清

6. 招标人甲欲完成一项招标工作，则依据我国《招标投标法》规定，以下（　　）活动是必须的。
   A. 招标人甲发布招标公告或寄送招标邀请书
   B. 招标人甲编制相应的招标文件
   C. 招标人甲组织潜在投标人踏勘项目现场

D. 招标人甲要求潜在投标人提供有关资质证明文件和业绩情况，并对潜在投标人进行资格审查

E. 计算出标底并报招标主管部门审定

7. 建筑业企业资质分为（　　）3个序列，每个序列各有其相应的等级。

A. 施工总承包　　　　　　　B. 专业承包
C. 劳务分包　　　　　　　　D. 施工承包
E. 分包

8. 采用工料单价法编制标底时，各分项工程的单价中应包括（　　）。

A. 人工费　　　　　　　　　B. 材料费
C. 机械使用费　　　　　　　D. 其他直接费
E. 间接费

9. 编制标底应遵循的原则有（　　）。

A. 工程项目划分、计量单位、计算规则统一
B. 按工程项目类别计价
C. 应包括不可预见费、赶工措施费等
D. 应考虑市场变化
E. 应考虑招标人的资金状况

10. 招标人出现（　　）行为的，责令改正，可以处1万元以上5万元以下的罚款。

A. 对潜在投标人实行歧视待遇
B. 强制要求投标人组成联合体共同投标
C. 招标人以不合理的条件限制或者排斥潜在投标人
D. 不具备招标条件
E. 限制投标人之间竞争

三、案例题

政府投资的某工程，采用无标底公开招标方式选定施工单位。工程实施中发生了下列事件。

事件1：工程招标时，A、B、C、D、E、F、G共7家投标单位通过资格预审，并在投标截止时间前提交了投标文件。评标时，发现A投标单位的投标文件虽加盖了公章，但没有投标单位法定代表人的签字，只有法定代表人授权书中被授权人的签字（招标文件中对是否可由被授权人签字没有具体规定）；B投标单位的投标报价明显高于其他投标单位的投标报价，分析其原因是施工工艺落后造成的；C投标单位以招标文件规定的工期380天作为投标工期，但在投标文件中明确表示如果中标，合同工期按定额工期400天签订；D投标单位投标文件中的总价金额汇总有误。

事件2：评标委员会由5人组成，其中当地建设行政管理部门的招投标管理办公室主任1人、建设单位代表1人、政府提供的专家库中抽取的技术经济专家3人。

事件3：经评标委员会评审，推荐G、F、E投标单位为前3名中标候选人。在中标通知书发出前，建设单位要求监理单位分别找G、F、E投标单位重新报价，以价格低者为中标单位，按原投标报价签订施工合同后，建设单位与中标单位再以新报价签订协

议书作为实际履行合同的依据。监理单位认为建设单位的要求不妥,并提出了不同意见,建设单位最终接受了监理单位的意见,确定 G 投标单位为中标单位。

事件 4:在中标通知书发出后第 45 天,与 G 投标单位签订了合同。

事件 5:开工前,总监理工程师组织召开了第一次工地会议,并要求 G 单位及时办理施工许可证,确定工程水准点、坐标控制点,按政府有关规定及时办理施工噪声和环境保护等相关手续。

【问题】

1. 分别指出事件 1 中 A、B、C、D 投标单位的投标文件是否有效?说明理由。
2. 事件 2 中,评标委员会组成的不妥之处,说明理由,并写出正确做法。
3. 事件 3 中,建设单位的要求违反了招标投标有关法规的哪些具体规定?
4. 指出事件 4 中的不妥之处,并说明理由。
5. 指出事件 5 中的不妥之处,并说明正确做法。

【答题提示】

1. A 单位的投标文件有效。招标文件对此没有具体规定,签字人有法定代表人的授权书。B 单位的投标文件有效,招标文件中对高报价没有限制。C 单位的投标文件无效。没有响应招标文件的实质性要求(或附有招标人无法接受的条件)。D 单位的投标文件有效。总价金额汇总有误属于细微偏差(或明显的计算错误允许补正)。

2. 评标委员会组成不妥,不应包括当地行业建设主管部门的招投标管理办公室主任。正确组成应为:评标委员会由招标人或其委托的招标代理机构熟悉相关业务的代表以及有关技术、经济等方面的专家组成,成员人数为 5 人以上的单数。其中,技术、经济等方面的专家不得少于成员总数的 2/3。

3. 确定中标人前,招标人不得与投标人就投标文件实质性内容进行协商;招标人与中标人必须按照招标文件和中标人的投标文件订立合同,不得再行订立背离合同实质性内容的其他协议。

4. 在中标通知书发出后第 45 天签订委托合同不妥,依照《招标投标法》,应于中标通知书发出后 30 天内签订合同。

5. 不妥之处之一:总监理工程师组织召开第一次工地会议,正确做法应由建设单位组织召开。

不妥之处之二:要求施工单位办理施工许可证。正确做法应由建设单位办理。

不妥之处之三:要求施工单位及时确定水准点与坐标控制点。正确做法应由建设单位(监理单位)确定。

四、综合实训题

【实训目标】

为提高学生实践能力,将施工招标理论知识转化编写施工招标文件的实际操作技能。

学生应以《标准施工招标文件》为范本练习编写施工招标文件。

【实训要求】

(1) 工程概况:某住宅小区二期工程施工招标(招标文件编号:KKHY07-002),

总建筑面积为 80000m²，建筑结构为框架剪力墙结构，工程总投资为 15000 万元，资金来源为自筹。其中第一标段为 1 号住宅楼（19 层），建筑面积为 25000m²；第二标段为 2～6 号住宅楼（11 层），1 号、2 号综合楼（1 号综合楼 11 层，2 号综合楼 8 层，建筑面积为 55000m²。

每个标段内容包括设计要求的全部施工内容。工程质量等级要求为合格。工期要求为 365 个日历天。投标单位资质要求，两个标段都要求具有独立法人资格并具有行业建设主管部门颁发的房屋建筑施工二级以上资质的企业。其他内容辅导教师可根据情况自行设定。

（2）编写内容：教师根据教学实际需要，指导学生根据范本编写资格预审文件及招标文件的部分章节。

（3）编写要求：教师可以将本部分实训教学内容分散安排在各节教学过程中，也可以在本章结束后统一安排。教师要指导学生按照教学内容编写，尽量做到规范化、标准化。

3 建设工程投标

| 教学目标 |

理解投标人、联合体投标等基本概念；熟悉投标的程序，掌握投标过程中的关键工作步骤及其时间要求；了解投标文件的编制与递交；能够根据招标公告的要求，确定企业是否能够参与投标竞争。

| 思政目标 |

积极主动承担工作任务，培养自主学习的意识；养成团队合作意识，培养统筹协作能力；培养务实求真、细致严谨的工作作风；通过案例的学习，树立学生法治意识，强化知法懂法、诚实守信的工匠精神。

| 教学重点 |

投标的程序，投标过程中的关键工作步骤及其时间要求。

| 教学难点 |

按照招标文件内容编制投标文件，培养务实求真、细致严谨的工作作风。

【案例引入】

某年5月8日，某县公路局作为招标人委托招标代理公司对涉案建设工程公开招标。招标文件对投标要求、综合单价、无效投标的认定、开标程序、评标办法、评标程序等内容均做了详细规定和说明。评标委员会在对A公司投标文件审核中发现其项目单价报价高于招标文件控制综合单价，并依据招标文件关于"投标文件没有对招标文件的实质性要求和条件作出响应"的规定，对A公司的投标作无效投标处理。6月7日，A公司向招标人提出异议，认为其应是第一中标候选人。招标人认为评标委员会对其投标作无效处理并无不妥。6月16日，A公司向监管部门提交《投诉申请书》。6月27日，监管部门做出《处理决定书》，认为A公司的投诉理由不成立，并维持了中标公示结果。A公司不服，向上级主管部门申请行政复议，请求撤销《处理决定书》。9月19日，上级主管部门做出《行政复议决定书》，维持该处理决定。

【工作任务】

通过上述案例，请思考以下问题：
投标文件是否未实质性响应招标文件的要求和条件？

3.1 投标的相关概念

3.1.1 建设工程投标

建设工程投标是投标人针对招标人的要约邀请,以明确的价格、期限、质量等具体条件,向招标人发出要约,通过竞争获得经营业务的活动。

投标企业实力包括:技术实力、经济实力、管理实力和信誉实力。

建设工程的投标人是建设工程招标投标活动中的另一方当事人,它是指响应招标,并按照招标文件的要求参与工程任务竞争的法人或者其他组织及个人。

建设工程投标人的范围:勘察设计单位、施工企业、建筑装饰装修企业、工程材料设备供应(采购)单位、工程总承包单位以及工程咨询、监理单位等。

3.1.2 投标人的基本条件和权利义务

1. 投标人应具备的条件

投标人在向招标人提出投标申请时,应附带有关投标资格的资料,以供招标人审查。包括:表明自己存在的合法地位、资质等级、技术与装备水平、资金与财务状况、近期经营状况及以前所完成的与招标工程项目有关的业绩等。

2. 投标人的权利

(1) 有权平等地获得利用招标信息。保证投标人平等地获得招标信息,这是招标人和政府主管部门的义务。对于投标人来说,首要的是信息获得的权利,因为招标信息是投标决策的基础和前提。根据《招标投标法》的规定,依法公开招标的项目,投标人一般通过国家及各级政府指定的发布招标信息的媒介获取招标信息。邀请招标的项目,投标人一般可以通过各级建设主管部门、各类勘察设计和工程咨询单位、建设单位、招标代理单位等获取项目招标信息。

(2) 有权按照招标文件的要求自主投标或组成联合体投标。投标人获取项目信息后,应结合自身资格能力条件对照分析是否符合要求,然后做出评价和判断,决定是否参与投标,以及如何组织投标。为了更好地把握机会、提高中标率,投标人可以自主决定是独自参加还是和其他投标人组成联合体。

(3) 有权委托代理机构进行投标,投标人可以委托专门从事投标代理业务的中介服务机构进行投标,但需要根据《招标投标法实施条例》第四十条第(二)款之规定,视为投标人相互串通投标,即不同投标人委托同一单位或者个人办理投标事宜。

(4) 有权要求招标人或招标代理人对招标文件中的有关问题进行答疑。对招标文件中不清楚的问题,投标人有权要求予以澄清,以利于准确领会、把握招标意图。对招标文件进行解释、答疑,既是招标人的权利,也是招标人的义务。

(5) 根据自己的经营情况和掌握的市场信息,有权确定自己的投标报价。投标人的投标报价,由投标人依法自主确定,任何单位和个人不得非法干预。投标人根据自身经营状况、利润率和市场行情,科学合理地确定投标报价,是整个投标活动中最关键的环节。

(6) 根据自己的经营情况有权参与投标竞争或放弃参与竞争。根据自己的经营情况有权参与投标竞争或放弃参与竞争。任何单位或个人不能强制、胁迫投标人参加投标，更不能强迫或变相强迫投标人"陪标"，也不能阻止投标人中途放弃投标。

(7) 有权控告、检举招标过程中的违法、违规行为。有权控告、检举招标过程中的违法、违规行为。投标人和其他利害关系人认为招标投标活动不合法的，有权向招标人提出异议或者依法向有关行政监督部门投诉。

3. 建设工程投标人的义务

(1) 遵守法律、法规、规章和方针、政策。

(2) 接受招标投标管理机构的管理和监督。

(3) 保证所提供的投标文件的真实性，提供投标保证金或其他形式的担保，投标人在投标活动中不得出现其他方式弄虚作假的行为。

(4) 按招标人或招标代理机构的要求对投标文件的有关问题进行答疑。

(5) 中标后与招标人签订合同并履行合同，不得转包合同，非经招标人同意不得分包合同。

(6) 履行依法约定的其他各项义务。

【知识链接】

联合体投标

在大型、结构复杂、多专业的工程建设项目招标采购过程中，招标人为提高竞争性、保证后期项目的实施质量，往往允许联合体共同参加投标。

1. 联合体投标的含义

根据《招标投标法》第三十一条规定，两个以上法人或者其他组织可以组成一个联合体，以一个投标人的身份共同投标。由法律规定可见，联合体是在投标过程中两个以上民事主体的组合。所以，联合体是一个临时性组织，不具有法人资格。

2. 联合体各方的资质要求

《招标投标法》第三十一条规定，联合体各方均应当具备承担招标项目的相应能力；国家有关规定或者招标文件对投标人资格条件有规定的，联合体各方均应当具备规定的相应资格条件。由同一专业的单位组成的联合体，按照资质等级较低的单位确定资质等级。

3. 联合体的属性

(1) 就低性

对于单一专业的招标采购项目，《招标投标法》第三十一条规定："由同一专业的单位组成的联合体，按照资质等级较低的单位确定资质等级。"从管理学角度来剖析，根据美国管理学家彼得提出的"木桶理论"，一个水桶无论有多高，它盛水的高度取决于最低的那块木板。同理，联合体的整体实力和竞争力不取决于资质高的联合体成员，而是取决于资质低的联合体成员。《建筑法》第二十七条规定："两个以上不同资质等级的单位实行联合共同承包的，应当按照资质等级低的单位的业务许可范围承揽工程。"法律之所以这样规定，是为了有效防止资质低的投标人假借联合体名义，超越自身业务承揽范围，越级承揽工程项目，以保证合同履行的质量。

(2) 互补性

对于涉及专业多的招标采购项目，《招标投标法》第三十一条规定："联合体各方均应当具备承担招标项目的相应能力；国家有关规定或者招标文件对投标人资格条件有规定的，联合体各方均应当具备规定的相应资格条件。"单个投标人无法满足多专业资质条件的情况下，联合体的真正意义就是鼓励投标人优势互补，提高整体的综合实力和竞争力，更好实现合同的履约目标，提高招标采购效能。

(3) 唯一性和排他性

对于联合体成员，《招标投标法实施条例》第三十七条规定："招标人接受联合体投标并进行资格预审的，联合体应当在提交资格预审申请文件前组成。资格预审后联合体增减、更换成员的，其投标无效。联合体各方在同一招标项目中以自己名义单独投标或者参加其他联合体投标的，相关投标均无效。"联合体成员在同一招标项目中只能出现一次，不能再与其他投标人组成联合体。所以在同一招标项目中，联合体具有临时的唯一性和固定的排他性。

4. 联合体的适用

(1) 招标人自主

《招标投标法》第三十一条规定："招标人不得强制投标人组成联合体共同投标，不得限制投标人之间的竞争。"《招标投标法实施条例》第三十七条规定："招标人应当在资格预审公告、招标公告或者投标邀请书中载明是否接受联合体投标。"所以，是否允许联合体投标的选择权属于招标人，由招标人自主决定。

国家法律法规并未规定哪些项目允许联合体投标、哪些项目不允许联合体投标。那么招标人如何判断项目是否允许联合体的形式招标呢？需根据以下两点做出科学选择：一是立足项目属性。招标人应根据采购项目的性质、复杂程度和专业资质要求合理设置资格条件，不能限制、排斥潜在投标人；二是依据市场调研。招标人应在采购前对潜在投标人情况进行摸底，了解潜在投标人的数量和资质情况，来判断是否接受联合体投标。若市场上可独立承接项目的单个投标人众多、竞争充分，招标人可不接受联合体投标，这样可预防多个投标人任意组合成联合体，减少投标人数，影响充分竞争的可能；反之，则可接受联合体投标。

(2) 投标人自愿

投标人则可根据招标文件的规定，结合自身的资质条件和生产资源，自愿与其他投标人组成联合体（图3-1）。

5. 联合体各方如何承担责任

《招标投标法》第三十一条规定："联合体各方应当签订共同投标协议，明确约定各方拟承担的工作和责任，并将共同投标协议连同投标文件一并提交招标人。联合体中标的，联合体各方应当共同与招标人签订合同，就中标项目向招标人承担连带责任。"联合体各方应当签订共同投标协议，明确约定各方拟承担的工作和责任，并将共同投标协议连同投标文件一并提交招标人。

```
              联合体投标协议书
_____、_____、_____、_____（所有成员单位名称）自愿组成_____（联合体名
称）联合体，共同参加_____（项目名称）工程总承包投标。现就联合体投标事宜订立如下协议内容：
    一、_____为_____（联合体名称）牵头人。
    二、联合体牵头人合法代表联合体各成员负责本招标项目资格预审申请文件、投标文件编制和合同谈判活
动，并代表联合体提交和接收相关的资料、信息及指示，并处理与之有关的切事务，负责合同实施阶段的主办、
组织和协调工作。
    三、联合体将严格按照资格预审文件和招标文件的各项要求，递交资格预审申请文件和投标文件，履行合
同，并对外承担连带责任。
    四、联合体各成员单位内部的职责分工如下：
    1._____
    2._____
    3._____
    ……
    五、本协议书自签署之日起生效，合同履行完毕后自动失效。
    六、本协议书一式_____份，联合体成员和招标人各执一份。
牵头人名称（公章）：_____
法定代表人或其委托代理人：_____
联合体各成员一名称（公章）：_____
法定代表人或其委托代理人：_____
联合体各成员一名称（公章）：_____
法定代表人或其委托代理人：_____
                                              _____年____月____日
```

图 3-1 联合体投标协议书

《工程建设项目施工招标投标办法》规定："联合体各方应当指定牵头人，授权其代表所有联合体成员负责投标和合同实施阶段的主办、协调工作，并应当向招标人提交由所有联合体成员法定代表人签署的授权书。""联合体投标的，应当以联合体各方或者联合体中牵头人的名义提交投标保证金。以联合体中牵头人名义提交的投标保证金，对联合体各成员具有约束力。"

6. 联合体投标的注意事项

（1）联合体参加资格预审的，联合体应当在提交资格预审申请文件前组成。资格预审后，联合体增减、更换成员的，其投标无效。

（2）投标文件中应附联合体投标协议书，资格预审的可提供复印件。联合体未在投标文件中附联合体协议的，投标无效。

（3）一般可由联合体各方或联合体牵头人提交投标保证金。如招标文件有规定，从其规定。

（4）联合体所有成员均应按照招标文件要求提交各自的资格证明材料。

（5）联合体各方在同一招标项目中以自己名义单独投标或参加其他联合体投标的，相关投标均无效。

3.2 建设工程投标的程序和基本要求

3.2.1 建设工程项目投标的一般程序

现阶段，我国市场经济体制在逐步完善，施工企业作为建筑市场竞争的主体参与招

投标是拿到工程的唯一途径。工程施工投标则是施工企业在激烈的竞争中，凭借本企业的实力和优势、经验和信誉以及投标水平和技巧获得工程项目承包任务的过程。企业的投标和招标是相对的概念，根据招标项目要求的不同，不同的投标程序是不一样的。基本上，建设工程项目投标的一般程序（图3-2）有以下几点。

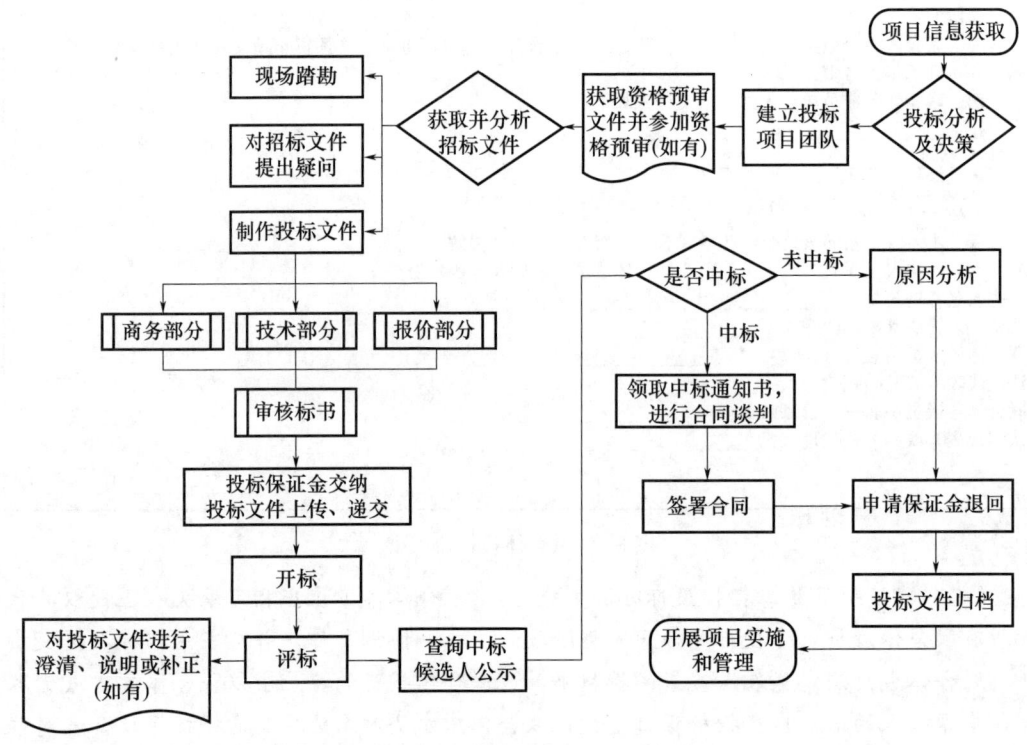

图 3-2　建设工程项目投标的一般程序

1. 项目信息获取

对于投标人来说，要想找到优质的项目首先要有靠谱的信息获取渠道，在众多竞争对手中首先获取招标信息就意味着占得先机。首先是政府部门的采购网，比如中国政府采购网、中央部委的政府采购网、全国公共资源交易平台以及县级以上公共资源交易中心网站，都可以免费获得一手的招标信息，很多国有企业也有自己的招标采购平台。由于信息比较分散，这就要求投标人安排专人及时关注，方可避免遗漏信息。其次是专门做招标信息收集的第三方网站，必须付费才能查看，有的网站还有一些特色服务供有需求的用户使用，比如"专题项目收集"是有专门的人员去帮你收集相应的招标信息，当然这些服务都是收费的。另外，还有很多招投标相关的App、小程序、公众号，其将网上的招投标项目信息通过技术手段进行搜索集中分类，再根据投标人的需要进行大数据分发，让有需要的人看到想看的信息。

2. 投标分析与决策

正确的投标决策是投标成败的前提。投标决策是指施工单位为实现经营目标，针对建设工程招标项目，决定寻求并实现最优化的投标行动方案的策略和办法。针对建设工程施工项目的投标，投标决策的任务主要有选择投标项目、投标风险分析和确定投标报价策略。决策前期，必须在购买投标人预审资料（资格预审文件或者招标文件）前后完成。决策的主要依据是招标文件，以及公司对招标工程、业主情况的调研和了解程度。必须对投标与否做出论证。决策后期是指从申报资格预审至投标报价前完成的决策研究阶段。主要研究倘若投标，是投什么性质的标以及投标中采用的策略问题。

投标工作中的报价策略有以下几项。

（1）不平衡报价法。指在建设工程项目总报价基本确定后，通过调整内部各个项目的报价，以期既不提高总报价、不影响中标，又能在结算时得到更理想的经济效益。

（2）突然袭击法。由于投标竞争激烈，为迷惑对方，可在整个报价过程中，仍然按照一般情况进行，甚至有意泄露一些虚假情况，如宣扬自己对该工程兴趣不大，不打算参加投标，表现出无利可图不干等假象，到投标截止前几小时，突然前往投标，并压低投标价（或加价），从而使对手措手不及而败北。

（3）多方案报价法。这种方法是指对于一些招标文件，如果发现工程范围不够明确，条款不清楚或很不公正或技术规范要求过于苛刻，则要在充分估计投标风险的基础上，按多方案报价法处理。也就是原招标文件报一个价，然后再提出如果某因素在按某种情况变动的条件下，报价可降低多少，由此可报出另一个较低的价格。

（4）增加建议方案报价法。有时招标文件中规定，可以对原方案提出某些建议。投标者这时应抓住机会，组织一批有经验的设计和施工人员对原招标文件的设计和施工方案仔细研究，提出更为合理的方案，或者可以降低总造价或是缩短工期，以吸引业主，促成自己方案中标。

3. 成立投标团队

投标团队成员包括经营管理类人才、专业技术人才、财经类人才。

4. 资格预审

如果是资格预审的项目，需要先参加资格预审，通过后才有资格购买标书。投标企业按照招标公告或投标邀请函的要求向招标企业提交相关资料。资格预审通过后，获取招标文件及相关资料。

5. 获取招标文件

《招标投标法实施条例》第十六条规定，资格预审文件或者招标文件的发售期不得少于5日。该条规定是为了更多地吸引潜在投标人参与投标，保证潜在投标人有足够的时间获取招标文件，以提高招标投标的竞争效果。因此，投标人要看清楚是通过电子平台进行获取招标文件，还是通过线下购买的方式。国家鼓励招标人进一步延长招标文件的可获取时间，便于潜在投标人获取招标文件，提高招标竞争度。招标文件的获取要详细阅读招标公告中规定的报名方式、报名所需提供的资料及报名费用等，且一定注意报名截止日期。

6. 现场踏勘

现场的考察（踏勘）是指招标人组织投标人对项目实施现场的地理、地质、气候等客观条件和环境进行的现场调查。投标人须知前附表注明了招标人是否进行现场踏勘，投标人可以根据自身情况决定是否参加。

值得一提的是，无论招标人是否组织投标人现场踏勘，作为投标人其实都应该亲自去现场踏勘。

现场踏勘的要点，有以下几部分。

1) 自然地理条件

（1）查看地理位置，交通是否便利，是否影响材料运输及场区布置，查看地形地貌及场地现状（农田、陡峭山地、浅丘陵、海滩、河滩，以及场内湖塘、堆土、建渣、农林作物等情况）、用地范围，是否可能遭受洪涝或受低洼地带影响。

（2）结合地勘报告，查看地下水位情况，是否需要降排水。

（3）结合地勘报告，查看地质情况（地质构造及特征），查看土质情况。

2) 周边环境

（1）是否有古墓、地下障碍物、地上管线（高压电、场地范围内有无遗留电线、电线杆等）及古树名木等，地下周边管线图是否提供。

（2）地表是否有建筑物、旧厂区、旧建筑物基础等，是否需要协调拆迁。

（3）周围是否有居民居住、学校、医院等敏感建筑，是否存在扰民投诉等风险。

（4）查看现场是否牵扯到市政绿化移植费用、占用绿地补偿费及红线外道路硬化费用、绿化带内的管线保护等。

（5）进行工程所在地人文环境调查，了解拟建工程当地的风土人情、经济发展情况。

3) 开工条件

（1）询问目前报规进度及出图进度，是否通过图审，是否满足进场施工的条件。

（2）查看现场施工进度，是否满足招标要求的开工时间。

（3）是否存在深基坑、高支模等重难点项目，需提前准备专家论证或第三方评审，影响项目开工。

（4）了解施工许可证办理进度，是否满足进场及开工条件，是否存在无证施工的情况。

4) 施工条件

（1）查看现场周围道路、是否影响材料运输（主要指大型车辆转弯）、是否存在交通限制情况。

（2）临时设施、工人生活区、工地大门是否有搭建场地、场地是否在红线外，建筑红线外是否临近大型建筑及道路。

（3）现场是否满足临时设施布置要求，是否需要租赁外部场地。

（4）施工现场道路、材料堆放、大型机械（塔式起重机、施工电梯等）、材料加工区等场地安排，是否存在多次倒运、迁移等情况。

（5）临时水情况，是否需要打井、临水接入点位置。

（6）临时电情况，是否设置发电机，电压是否满足施工需求、临时电接入点位置。

（7）查看现场是否现有施工围挡、临时路、洗车台等，如有，是否符合当地相关部门要求，是否需要二次拆改或迁移，是否需要在投标报价中扣除。

（8）了解当地政府对施工工地管控要素，包括夜间施工、大型机械、车辆限行等影响施工的条件。

(9) 如土石方、边坡支护及桩基为总承包单位施工，查看现场土方开挖如何倒运，边坡支护及桩基施工难易程度。

5) 其他

(1) 了解项目背景，了解建设单位的出资方、控股方、操盘方等，是否和本企业曾有过合作项目，参与投标的项目是否存在历史遗留问题。

(2) 了解项目工伤保险、农民工工资保证金、市政道路开口费等需甲方缴纳费用是否甲方已缴纳，是否需总包代缴。

(3) 临近询问周边土方、地材价格、人工价格等信息。

(4) 询问当地预售许可条件及甲方计划开盘时间，有无竣工备案后重新改造项目。

(5) 询问本项目是否为重点工程，是否在环保二级响应期间能正常施工。

7. 答疑

对招标文件提出疑问。经过现场踏勘和仔细阅读招标文件后，如有疑问和异议，应进行整理，在投标文件前附表规定的时间内按照要求提出。

8. 编制投标文件

《招标投标法》第二十七条规定："投标人应当按照招标文件的要求编制投标文件。投标文件应当对招标文件提出的实质性要求和条件作出响应。招标项目属于建设施工的，投标文件的内容应当包括拟派出的项目负责人与主要技术人员的简历、业绩和拟用于完成招标项目的机械设备等。"所以，编制投标首先要按照招标文件的要求进行编制，其次招标文件提出的实质性要求和条件需要在投标文件中做出响应。建设工程类的项目，投标文件中必须包括拟派项目成员的简历、业绩和拟用的机械设备。编制投标文件一般分为商务部分、技术部分和报价部分这三项。

(1) 商务部分，也称为商务文件或商务标，一般包括投标函及投标函附录、法定代表人身份证明、授权委托书、投标保证金、资格审查资料、其他资料等，要严格按照标书内容要求及顺序编写。

(2) 技术部分，也称为技术文件或技术标，一般以施工组织设计为主，是指导施工项目管理全过程的规划性的、全局性的技术经济文件。施工组织设计的基本任务就是指导施工准备和施工，协调施工企业项目管理的规划与组织、设计与施工、技术与经济、前方与后方、工程和环境等，以取得良好的经济效果。

(3) 报价部分，一般包括报价一览表和分部分项表，要按照招标文件要求逐一填写相应的报价，注意大小写，小数点后几位，汇总不要计算错误，不要缺漏项。

9. 审核标书

在投标过程中，除了标书的编写，标书的检查也是一项重要工作。如何检查标书，对于投标人来说也是一项至关重要的事情，一旦检查不到位，细节没有注意到，就有可能导致功亏一篑。

为了方便，一般检查投标文件可以借助投标文件检查单（表3-1）。

表 3-1　投标文件检查单

项目名称：			点检日期	
序号	检验内容	检验方法	确认	备注
一		主体检查		
1	项目编号与名称	投标文件整篇项目编号与名称是否正确	☐	
2	投标人名称	投标人名称与营业执照、资质证书、银行资信证明等证明证书一致	☐	
3	投标文件排版	检查文本格式、字体、行数、图片是否有模糊、歪斜,是否按招标文件要求编辑	☐	
4	投标文件目录	投标文件目录是否完整,页码是否一致	☐	
5	投标文件的完整性	对照目录进行逐项检查	☐	
6	投标内容	符合招标文件规定	☐	
7	页码、页眉、页脚	是否一致,有无重页和缺页	☐	
8	报价	注意货币单位,只能有一个有效报价(按招标文件要去提交备选投标方案的除外); 投标报价没有超过最高投标限价; 纸质版、电子版和上传内容一致	☐ ☐ ☐	
9	工程量清单	符合招标文件范围、数量,符合清单编制的要求	☐	
10	资质文件检查	顺序及完整性检查、有无复印不清楚或歪斜,检查证明材料是否齐全	☐	
11	营业执照、资质、质量认证证书、安全生产许可证	有合格的营业执照,且经营范围与招标项目一致,注册资金和资质符合法律法规和招标文件要求	☐	
12	总工期	总工期(总进度)响应、权利义务响应符合招标文件要求	☐	
13	投标有效期	投标有效期符合招标文件要求	☐	
14	偏差表	没有招标方不能接受的偏差内容	☐	
15	项目经理资格	满足法律法规及招标文件的要求	☐	
16	施工业绩	满足招标文件要求	☐	
17	工期(关键节点)	符合招标文件的规定	☐	
18	工程质量	符合招标文件及合同的规定	☐	
19	技术标准和要求	符合招标文件"技术标准和要求"规定	☐	
20	其他否决其投标条件	没有法律法规和招标文件规定的其他否决其投标的内容	☐	
二		分项检查		
1	投标文件	按照投标函格式要求逐页检查是否响应、漏页; 投标函中投标金额大小写检查; 单价与总价金额是否正确; 其他	☐ ☐ ☐	

续表

项目名称：			点检日期	
2	投标保证金	投标保证金是否符合要求，金额是否符合要求	☐	
3	商务部分	商务部分格式是否符合要求，逐页检查是否响应、漏页； 商务标书完整性检查； 商务标书资质证书是否在有效期内； 检查企业资质齐全、有无过期； 检查投标人员信息、证件对应； 其他	☐ ☐ ☐ ☐ ☐ ☐	
4	技术部分	按照技术部分格式是否符合要求，逐页检查是否响应、漏页； 施工主要机械安排； 施工范围、施工概况； 施工组织方案、现场组织机构； 安全保障体系及措施； 质量保障体系及措施； 本工程特点施工经历、同规模主体施工经历； 施工总平面布置； 施工网络进度计划； 项目经理情况； 主要技术负责人情况； 主要劳动力组织计划； 其他	☐ ☐ ☐ ☐ ☐ ☐ ☐ ☐ ☐ ☐ ☐ ☐ ☐	
5	电子光盘/U盘	按照招标文件要求检查所需导入文件，三台电脑是否可以读取； 填写信息是否正确	☐ ☐	
三		投标文件封装检查		
1	法定代表人签字和授权代表签字（盖章）检查	每页检查有无签字和盖章、签字是否正确，是否和授权人相符	☐	
2	封装方式及密封纸张检查	检查封装方式、封装纸张是否按照招标文件要求	☐	
3	封装包检查	是否按要求分装（正副本是否分开）； 封装包数量_____包	☐ ☐	
4	投标文件份数	根据招标文件要求，检查投标文件是否写上正本和副本、标书要求是_____正_____副（电子版_____份）	☐	
5	项目编号与名称	投标文件整篇项目编号与名称是否正确	☐	
6	人员名称	授权委托人、投标人名称	☐	
7	密封袋封面	是否按照内封、外封要求填写信息	☐	
8	签字、盖章检查	检查投标文件内需签字、盖章处是否签字、盖章	☐	
9	密封袋（暗标）特殊要求检查	检查招标文件对暗标的特殊要求	☐	
四		文件签署		
1	文件签署	投标函未加盖单位公章或无法定代表人（或委托代理）人签字的	☐	

续表

项目名称：				点检日期	
1	文件签署		其他投标文件未加盖单位公章或无法定代表人（或委托代理人）签字的	☐	
			如由委托代理人签字的，未附法定代表人授权委托书的	☐	
			法定代表人授权委托书未加盖单位公章和法定代表人签字的	☐	
			投标文件使用投标专用章替代单位公章，缺少投标专用章具备同等效力证明文件的	☐	
			投标文件未按规定的格式填写，内容不全或关键字迹模糊、无法辨认的	☐	
			是否加盖骑缝章，骑缝章是否覆盖每页	☐	
2	密封袋封面		是否按照内封、外封要求填写信息	☐	
3	签字、盖章检查		检查投标文件内需签字、盖章处是否签字、盖章	☐	
五			开标现场提供文件		
1	法定代表人授权委托书、委托代表人身份证		是否携带	☐	
2	投标文件递交登记表		是否携带	☐	
3	投保证金递交函原件		是否携带	☐	
4	无行贿犯罪记录告知函		是否携带	☐	
5	基本户开户许可证复印		是否携带	☐	
6	开标时间地点		是否明确	☐	

标书检验结果：
A、可以送出　　☐
B、重新修改　　☐　　修改原因：

10. 递交投标文件、投标保证金，参加开标会

《招标投标法》规定，投标截止时间即是开标时间。为了避免出现问题，谨慎做法通常是在投标截止时间前 2 小时内递交投标文件和投标保证金。

11. 对投标文件进行澄清、说明或补正

如评标过程中，评标委员会发现投标文件中有含义不明确的内容、明显文字或者计算错误，评标委员会认为需要投标人做出必要澄清、说明或者补正的，可以向投标人提出要求。投标人应当按照评标委员会的要求回复，并不得超出投标文件的范围或者改变投标文件的实质性内容。投标人拒不按照要求对投标文件进行澄清、说明或者补正的，评标委员会可否决其投标。

如果中标，对合同执行有影响的澄清、说明、补正文件应当作为合同文件的组成部分。

12. 中标公示

查询中标候选人公示。评标结束后，投标人可在招标公告发布的媒体上查询中标候选人公示。如成为中标候选人，可在公示结束后，在相同的媒体上查询中标结果公告。

13. 领取中标通知书（如中标）

中标人应按照有关规定领取中标通知书。

14. 签订合同（如中标）

招标人要求递交履约担保的，中标人应按照招标文件的规定递交履约担保，并按照中标通知书规定的时间、地点与招标人签订合同。

招标人无正当理由拒签合同的，由有关行政监督部门给予警告，责令改正。同时招标人向给中标人造成损失的，还应当依法赔偿损失。

15. 申请退回并查收投标保证金

招标人在中标结果公示期结束后的5日内，应通知中标候选人以外的投标人到投标保证金的收款单位办理投标保证金退还手续，同时通知投标保证金的收款单位开始退还投标保证金的日期、退还金额、退还的投标人名称，并退还现金投标保证金及银行同期存款利息。

招标人在与中标人签订合同后的5日内，将投标保证金退还中标人以及其他中标候选人。招标文件中规定中标人需提交履约担保的，招标人应当在与中标人签订合同且提交履约担保后的5日内，将投标保证金退还中标人。

3.2.2 建设工程投标的基本要求

1. 实质性响应招标文件

要实质性响应招标文件，必须先明确招标文件的实质性要求是什么，才可以有的放矢地编制投标文件的实质性内容。

（1）招标文件的实质性要求

招标文件的实质性要求是指在招标文件中约定的要求投标人必须满足的条件。《招标投标法》第十九条规定，招标文件应当包括招标项目的技术要求、对投标人资格审查的标准、投标报价要求和评标标准等所有实质性要求和条件以及拟签订合同的主要条款。根据招投标的相关法规和实务，招标文件的实质性要求从内容上主要可分为两类：通用型和专用型。

通用型实质性要求可包含招投标相关法规对投标、开标及评标等阶段的相关规定。例如，"投标人应当在招标文件要求提交投标文件的截止时间前将投标文件送达""单位负责人为同一人的不同单位不得参加同一标段投标"等，均可以作为实质性要求载入招标文件中。

专用型实质性要求应根据招标项目的具体特点和需要，对合同履行有重大影响的内容或因素进行设定。在《中华人民共和国招标投标法实施条例释义》（以下简称《招标投标法实施条例释义》）的说明中，招标文件应对招标项目的质量要求、工期（交货期）、技术标准和要求、合同主要条款等设置为实质性要求。

（2）投标文件的实质性内容

投标文件实质性内容是对招标文件提出实质性要求及其他做出的响应。《招标投标法》第二十七条规定，投标人应当按照招标文件的要求编制投标文件。投标文件对招标文件的实质性响应，可以达到或者优于招标文件的实质性要求，例如履约期限和工期目标、工程质量等，由此形成了投标文件的实质性内容。

此外，从合同的法律意义来说，投标文件属于要约，而中标通知书属于承诺。《中华人民共和国民法典》第四百八十八条："承诺的内容应当与要约的内容一致。受要约人对要约的内容作出实质性变更的，为新要约。有关合同标的、数量、质量、价款或者报酬、履行期限、履行地点和方式、违约责任和解决争议方法等的变更，是对要约内容的实质性变更。"因此该规定提及的各因素也可视为投标文件常规的实质性内容。

2. 建设工程投标的禁止性规定

在工程招标中，投标人与招标人的关系可能会影响到招标活动的公正性，所以建设工程投标有明确的禁止性规定。

1）施工招标，投标人不得存在下列情形之一：

（1）为招标人不具有独立法人资格的附属机构（单位）；

（2）为本标段前期准备提供设计或咨询服务的，但设计施工总承包的除外；

（3）为本标段的代建人；

（4）为本标段提供招标代理服务的；

（5）与本标段的监理人或代建人或招标代理机构相互控股或参股的；

（6）与本标段的监理人或代建人或招标代理机构相互任职或工作的；

（7）被暂停或取消投标资格的；

（8）财产被接管或冻结的；

（9）在最近三年内有骗取中标或严重违约或重大工程质量问题的；

（10）为本标段的监理人；

（11）被责令停业的；

（12）与本标段的监理人或代建人或招标代理机构同为一个法定代表人的。

2）材料、设备招标，投标人不得存在下列情形之一：

（1）与本招标项目其他投标人代理同一个制造商同一品牌同一型号的材料（设备）投标；

（2）为本招标项目提供过设计、编制技术规范和其他文件的咨询服务；

（3）为本工程项目的相关监理人，或者与本工程项目的相关监理人存在隶属关系或者其他利害关系；

（4）为招标人不具有独立法人资格的附属机构（单位）；

（5）为本招标项目的招标代理机构；

（6）为本招标项目的代建人；

（7）与本招标项目的监理人或代建人或招标代理机构同为一个法定代表人；

（8）与本招标项目的监理人或代建人或招标代理机构存在控股或参股关系；

（9）被依法暂停或者取消投标资格；

（10）被责令停产停业、暂扣或者吊销许可证、暂扣或者吊销执照；

（11）进入清算程序，或被宣告破产，或其他丧失履约能力的情形；

（12）被工商行政管理机关在全国企业信用信息公示系统中列入严重违法失信企业名单；

（13）被最高人民法院在"信用中国"网站或各级信用信息共享平台中列入失信被执行人名单；

（14）在近三年内投标人或其法定代表人拟委任的项目负责人有行贿犯罪行为的。

3）勘察、设计招标，投标人不得存在下列情形之一：

（1）为招标人不具有独立法人资格的附属机构（单位）；

（2）为本招标项目的代建人；

（3）为本招标项目的招标代理机构；

（4）与本招标项目的代建人或招标代理机构同为一个法定代表人；

（5）与本招标项目的代建人或招标代理机构存在控股或参股关系；

（6）被依法暂停或者取消投标资格；

（7）被责令停产停业、暂扣或者吊销许可证、暂扣或者吊销执照；

（8）进入清算程序，或被宣告破产，或其他丧失履约能力的情形；

（9）在最近三年内发生重大勘察（设计）质量问题（以相关行业主管部门的行政处罚决定或司法机关出具的有关法律文书为准）；

（10）被工商行政管理机关在全国企业信用信息公示系统中列入严重违法失信企业名单；

（11）被最高人民法院在"信用中国"网站或各级信用信息共享平台中列入失信被执行人名单；

（12）在近三年内投标人或其法定代表人拟委任的项目负责人有行贿犯罪行为的。

4）监理招标，投标人不得存在下列情形之一：

（1）为招标人不具有独立法人资格的附属机构（单位）；

（2）为本招标项目的代建人；

（3）为本招标项目的招标代理机构；

（4）与本招标项目的代建人或招标代理机构同为一个法定代表人；

（5）与本招标项目的代建人或招标代理机构存在控股或参股关系；

（6）与本招标项目的施工承包人以及建筑材料、建筑构配件和设备供应商有隶属关系或者其他利害关系；

（7）被依法暂停或者取消投标资格；

（8）被责令停产停业、暂扣或者吊销许可证、暂扣或者吊销执照；

（9）进入清算程序，或被宣告破产，或其他丧失履约能力的情形；

（10）在最近三年内发生重大监理质量问题（以相关行业主管部门的行政处罚决定或司法机关出具的有关法律文书为准）；

（11）被工商行政管理机关在全国企业信用信息公示系统中列入严重违法失信企业名单；

（12）被最高人民法院在"信用中国"网站或各级信用信息共享平台中列入失信被

执行人名单；

(13) 在近三年内投标人或其法定代表人拟委任的总监理工程师有行贿犯罪行为的。

3. 法律责任

1)《招标投标法》的规定

(1) 第五十三条：投标人相互串通投标或者与招标人串通投标的，投标人以向招标人或者评标委员会成员行贿的手段谋取中标的，中标无效，处中标项目金额千分之五以上千分之十以下的罚款，对单位直接负责的主管人员和其他直接责任人员处单位罚款数额百分之五以上百分之十以下的罚款；有违法所得的，并处没收违法所得；情节严重的，取消其一年至二年内参加依法必须进行招标的项目的投标资格并予以公告，直至由工商行政管理机关吊销营业执照；构成犯罪的，依法追究刑事责任。给他人造成损失的，依法承担赔偿责任。

(2) 第五十四条：投标人以他人名义投标或者以其他方式弄虚作假，骗取中标的，中标无效，给招标人造成损失的，依法承担赔偿责任；构成犯罪的，依法追究刑事责任。

依法必须进行招标的项目的投标人有前款所列行为尚未构成犯罪的，处中标项目金额千分之五以上千分之十以下的罚款，对单位直接负责的主管人员和其他直接责任人员处单位罚款数额百分之五以上百分之十以下的罚款；有违法所得的，并处没收违法所得；情节严重的，取消其一年至三年内参加依法必须进行招标的项目的投标资格并予以公告，直至由工商行政管理机关吊销营业执照。

(3) 第五十八条：中标人将中标项目转让给他人的，将中标项目肢解后分别转让给他人的，违反本法规定将中标项目的部分主体、关键性工作分包给他人的，或者分包人再次分包的，转让、分包无效，处转让、分包项目金额千分之五以上千分之十以下的罚款；有违法所得的，并处没收违法所得；可以责令停业整顿；情节严重的，由工商行政管理机关吊销营业执照。

(4) 第五十九条：招标人与中标人不按照招标文件和中标人的投标文件订立合同的，或者招标人、中标人订立背离合同实质性内容的协议的，责令改正；可以处中标项目金额千分之五以上千分之十以下的罚款。

(5) 第六十条：中标人不履行与招标人订立的合同的，履约保证金不予退还，给招标人造成的损失超过履约保证金数额的，还应当对超过部分予以赔偿；没有提交履约保证金的，应当对招标人的损失承担赔偿责任。

中标人不按照与招标人订立的合同履行义务，情节严重的，取消其二年至五年内参加依法必须进行招标的项目的投标资格并予以公告，直至由工商行政管理机关吊销营业执照。

因不可抗力不能履行合同的，不适用前两款规定。

2)《招标投标法实施条例》的规定

(1) 第六十七条：投标人相互串通投标或者与招标人串通投标的，投标人向招标人或者评标委员会成员行贿谋取中标的，中标无效；构成犯罪的，依法追究刑事责任；尚不构成犯罪的，依照招标投标法第五十三条的规定处罚。投标人未中标的，对单位的罚款金额按照招标项目合同金额依照招标投标法规定的比例计算。

投标人有下列行为之一的，属于招标投标法第五十三条规定的情节严重行为，由有关行政监督部门取消其 1 年至 2 年内参加依法必须进行招标的项目的投标资格：

① 以行贿谋取中标；

② 3 年内 2 次以上串通投标；

③ 串通投标行为损害招标人、其他投标人或者国家、集体、公民的合法利益，造成直接经济损失 30 万元以上；

④ 其他串通投标情节严重的行为。

投标人自本条第二款规定的处罚执行期限届满之日起 3 年内又有该款所列违法行为之一的，或者串通投标、以行贿谋取中标情节特别严重的，由工商行政管理机关吊销营业执照。

法律、行政法规对串通投标报价行为的处罚另有规定的，从其规定。

（2）第六十八条：投标人以他人名义投标或者以其他方式弄虚作假骗取中标的，中标无效；构成犯罪的，依法追究刑事责任；尚不构成犯罪的，依照招标投标法第五十四条的规定处罚。依法必须进行招标的项目的投标人未中标的，对单位的罚款金额按照招标项目合同金额依照招标投标法规定的比例计算。

投标人有下列行为之一的，属于招标投标法第五十四条规定的情节严重行为，由有关行政监督部门取消其 1 年至 3 年内参加依法必须进行招标的项目的投标资格：

① 伪造、变造资格、资质证书或者其他许可证件骗取中标；

② 3 年内 2 次以上使用他人名义投标；

③ 弄虚作假骗取中标给招标人造成直接经济损失 30 万元以上；

④ 其他弄虚作假骗取中标情节严重的行为。

投标人自本条第二款规定的处罚执行期限届满之日起 3 年内又有该款所列违法行为之一的，或者弄虚作假骗取中标情节特别严重的，由工商行政管理机关吊销营业执照。

（3）第六十九条：出让或者出租资格、资质证书供他人投标的，依照法律、行政法规的规定给予行政处罚；构成犯罪的，依法追究刑事责任。

3.3 建设工程投标报价

投标报价是投标书的核心组成部分，招标人往往将投标人的报价作为主要标准来选择中标人，同时也是招标人与中标人就工程标价进行谈判的基础。

3.3.1 投标报价的主要依据

一般来说，投标报价的主要依据包括以下几个方面内容。

（1）施工图。

（2）工程量清单。

（3）合同条件。

（4）相关的法律、法规。

（5）本工程施工组织设计。

（6）施工规范和施工说明书。

(7) 工程材料、设备的价格及运费。
(8) 劳务工资标准。
(9) 当地的物价水平。

除了依据上述因素，投标报价还应该考虑各种相关的间接费用。

3.3.2 投标报价的步骤

做好投标报价工作，需充分了解招标文件的全部含义，采用已熟悉的投标报价程序和方法。应对招标文件有一个系统而完整的理解，从合同条件到技术规范、工程设计图纸，从工程量清单到具体投标书和报价单的要求，都要严肃认真对待。

其步骤一般为：
(1) 熟悉招标文件，对工程项目进行调查与现场考察。
(2) 结合工程项目的特点、竞争对手的实力和本企业的自身状况、经验、习惯，制定投标策略。
(3) 核算招标项目实际工程量。
(4) 编制施工组织设计。
(5) 考虑工程承包市场的行情，以及人工、机械及材料供应的费用，计算分项工程直接费。
(6) 分摊项目费用，编制单价分析表。
(7) 计算投标基础价。
(8) 根据企业的施工管理水平、工程经验与信誉、技术能力与机械装备能力、财务应变能力、抵御风险的能力、降低工程成本增加经济效益的能力等，进行获胜分析、盈亏分析。
(9) 提出备选投标报价方案。
(10) 编制出合理的报价，以争取中标。

3.3.3 投标报价的方法

目前，常用的投标报价方式有两种：一是按工程预算的方法编制，即投标人按照预算编制规定先计算工程量，再以政府主管部门批准的各种定额为依据计算直接费、间接费、利润和税金等费用，最后考虑一定的浮动率，确定总价；二是工程量清单报价法，即投标人针对招标人提供的工程量清单填报工程的单价、合价和总价。

采用不同的报价方法，投标报价的组成和计算也有所不同。

1. 按工程预算的方法编制

按工程预算的方法编制投标报价，是国内招标工程投标比较流行的做法。采用这种方法编制的投标报价，在费用组成上与工程预算文件中的费用构成基本一致。但严格来讲，投标报价和工程预算并不是一回事。一是工程预算的内容比较规范，其中各种费用都要按规定的费率和定额进行计算，不能随意变更，而投标报价则可根据承包商的实际情况进行计算，可以考虑承包中的风险，在工程预算基础上浮动，此时的定额是参考要素之一;二是工程预算文件编制完成后,主要用于对投资的控制,而投标报价只用于投标,两者的性质和用途完全不同。

按工程预算的方法编制的投标报价,主要由直接费、间接费、利润和税金4部分组成。

1) 直接费

投标报价中的直接费,由直接工程费和措施费组成。

(1) 直接工程费是指施工过程中耗费的构成工程实体和有助于工程形成的各项费用,包括人工费、材料费、施工机械使用费。

人工费是指直接从事建筑安装工程施工的生产工人开支的各项费用,包括以下内容。

① 基本工资;

② 工资性补贴;

③ 生产工人辅助工资;

④ 职工福利费;

⑤ 生产工人劳动保护费。

材料费是指施工过程中耗费的构成工程实体的原材料、辅助材料、构配件、零件、半成品的费用,包括以下内容。

① 材料原价(或供应价格);

② 材料运杂费;

③ 运输损耗费;

④ 采购及保管费;

⑤ 检验试验费。

施工机械使用费是指施工机械作业所发生的机械使用费以及机械安拆费和场外运费,包括以下内容。

① 折旧费;

② 大修理费;

③ 经常修理费;

④ 安拆费及场外运费;

⑤ 人工费;

⑥ 燃料动力费;

⑦ 养路费及车船使用税。

(2) 措施费是指为完成工程项目施工,发生于该工程施工前和施工过程中非工程实体项目的费用,包括以下内容。

① 环境保护费;

② 文明施工费;

③ 安全施工费;

④ 临时设施费;

⑤ 夜间施工费;

⑥ 二次搬运费;

⑦ 大型机械设备进出场及安拆费;

⑧ 混凝土、钢筋混凝土模板及支架费；

⑨ 脚手架费；

⑩ 已完工程及设备保护费；

⑪ 施工排水、降水费。

2) 间接费

投标报价中的间接费，由规费、企业管理费、财务费用和其他费用组成。

(1) 规费是指政府和有关权力部门规定必须缴纳的费用（简称规费），包括以下内容。

① 工程排污费；

② 工程定额测定费；

③ 社会保障费，包括养老保险费、失业保险费、医疗保险费；

④ 住房公积金；

⑤ 危险作业意外伤害保险。

(2) 企业管理费是指建筑安装企业组织施工生产和经营管理所需费用，内容包括以下几项。

① 管理人员的基本工资；

② 办公费；

③ 差旅交通费；

④ 固定资产使用费；

⑤ 工具用具使用费；

⑥ 劳动保险费；

⑦ 工会经费；

⑧ 职工教育经费；

⑨ 财产保险费；

⑩ 财务费；

⑪ 税金；

⑫ 其他。

(3) 财务费用是指企业为筹集资金而发生的各项费用，包括企业经营期间发生的短期贷款利息净支出、汇总净损失、调剂外汇手续费、金融机构手续费，以及企业筹集资金发生的其他财务费用。

(4) 其他费用是指按规定支付工程造价（定额）管理部门的定额编制管理费及劳动定额管理部门的定额测定费，以及按有关部门规定支付的上级管理费。

3) 利润

利润是指施工企业完成所承包工程获得的盈利。

具体计算公式为：

$$利润 = 计算基数 \times 利润率$$

计算基数可采用以下几种：

(1) 以直接费和间接费合计为计算基础；

(2) 以人工费和机械费合计为计算基础；

(3) 以人工费为计算基础。

随着市场经济的进一步发展，企业决定利润率水平的自主权将会更大。在投标报价时，企业可以根据工程难易程度、市场竞争情况和自身的经营管理水平自行确定合理的利润率。

4) 税金

税金是指国家税法规定的应计入建筑安装工程造价内的营业税、城市维护建设税及教育费附加等。

(1) 营业税。营业税的税额为营业额的3%。

(2) 城市维护建设税。城市维护建设税是国家为了加强城乡的维护建设，扩大和稳定城市、乡镇维护建设资金来源，而对有经营收入的单位和个人征收的一种税。

(3) 教育费附加。

除了根据相应税率分别计算上述3项税金外，为了计算上的方便，也可将营业税、城市维护建设税及教育费附加合并在一起，以工程成本加利润为基数计算。

2. 工程量清单报价法

在工程量清单报价法中，单价的确定有两种模式：一是按照工程概、预算编制方法的编制，唯一不同的是工程量由招标人提供而不是投标人自行计算；二是单价由工程费、施工服务费、利润和税金等构成。这里所称的工程量清单报价法专指第二种模式。在报价的组成上工程量清单报价法与按概、预算方法编制投标报价基本相同，但按概、预算编制方法投标报价的每项费用的内容，比采用工程量清单报价要少而简单。采用工程量清单报价法编制的投标报价，不仅单价组成内容较多，而且各个承包商的分类和计算方法也不尽相同。

采用工程量清单报价法编制的投标报价，主要由工程费、施工服务费、利润和税金等几部分构成。

1) 工程费

工程费是指直接用于建筑安装工程上的有关费用，通常由人工费、材料费两部分组成。人工费是指直接从事建筑安装施工的生产工人工资和各种津贴费；材料费是指直接用于建筑安装工程的材料、构件、零件和成品及半成品的所有用量。

2) 施工服务费

施工服务费是指为建筑安装工程施工服务的一切费用，包括以下内容。

(1) 管理人员工资；

(2) 非生产人员工资；

(3) 流动施工及地区津贴费；

(4) 劳保支出费；

(5) 办公费；

(6) 差旅交通费；

(7) 临时设施费；

(8) 职工教育经费；

（9）检验试验费；
（10）车辆、工具购置费；
（11）资料照片费；
（12）利息支出；
（13）远征工程费；
（14）施工机械购置费；
（15）周转材料购置费；
（16）脚手架费；
（17）冬雨期施工增加费；
（18）施工水、电、蒸汽费；
（19）场地清理费；
（20）其他费用。

【特别提示】

施工服务费中的各项费用，由投标人自行根据投标工程的建设规模、工期、质量要求、施工方法，结合自身的具体情况进行测算报价。

3）利润和税金（同工程预算的方法）

【知识链接】

工程量清单报价的主要注意事项

（1）工程量清单中的每一子目须填入单价或价格，且只允许有一个报价。

（2）工程量清单中标价的单价或金额，应包括所需人工费、施工机械使用费、材料费、其他（运杂费、质检费、安装费、缺陷修复费、保险费，以及合同明示或暗示的风险、责任和义务等），以及管理费、利润等。

（3）工程量清单中投标人没有填入单价或价格的子目，其费用视为已分摊在工程量清单中其他相关子目的单价或价格之中。

（4）暂列金额的数量及拟用子目的说明。

（5）暂估价的数量及拟用子目的说明。

【警示案例】

案例概况：2022年5月，A建设工程有限公司和B科技集团股份有限公司在参与当地经济开发区标准厂房建设项目的投标中，涉嫌串通投标。经当地住房城乡建设局调查核实，该两家公司串通投标行为属实。处理结果：2022年6月，当地住房城乡建设局依法对A建设工程有限公司和B科技集团股份有限公司各处人民币38.64万元罚款；对该两家公司直接责任人员各处人民币1.93万元罚款。

警示教育：投标人之间围标串标，互相陪标，事前约定好谁中标、谁陪标、谁弃标，这是建设工程招标投标活动中的毒瘤。投标人相互串通投标或者与招标人串通投标的，投标人以向招标人或者评标委员会成员行贿的手段谋取中标的，中标无效；构成犯罪的,依法追究刑事责任;尚不构成犯罪的,依照《招标投标法》第五十三条的规定处罚。投标人未中标的,对单位的罚款金额按照投标项目合同金额依照《招标投标法》规定的比例计算。投标人参与投标、谋取中标,实属天经地义,但有个前提就是,必须以合理的动机、恰当的行为去谋取自身利益的最大化。投标人相互串通,不仅严重影响了招标投标活动的公平性和公正性,损害了广大潜在投标人的正当利益,扰乱了正常的市场竞争秩序,滋生腐败和助长不正当竞争恶劣风气,更是违法违规,必将自食恶果。

3.4 建设工程投标文件的编制和递交

3.4.1 投标文件的组成

投标文件(图 3-3)应包括下列内容。

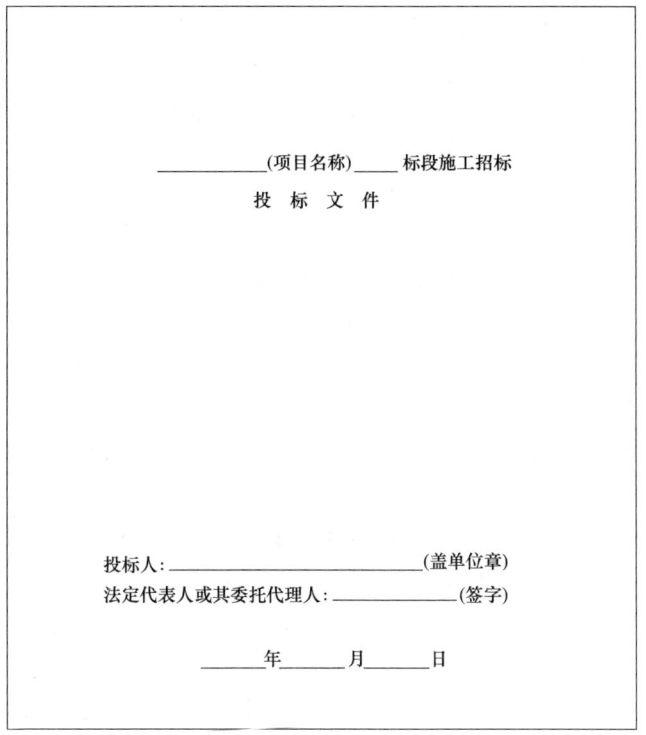

图 3-3 投标文件样式

(1)投标函及投标函附录。
(2)法定代表人身份证明或附有法定代表人身份证明的授权委托书。
(3)联合体协议书。投标人须知前附表规定不接受联合体投标的,或投标人没有组成联合体的,投标文件不包括联合体协议书。
(4)投标保证金或保函。
(5)已标价工程量清单。
(6)施工组织设计。

(7) 项目管理机构。
(8) 拟分包项目情况表。
(9) 资格审查资料。
(10) 投标人须知前附表规定的其他材料。

3.4.2 投标文件的编制

(1) 投标文件应按招标文件和《标准施工招标文件》"投标文件格式"进行编写，如有必要，可以增加附页，作为投标文件的组成部分。其中，投标函附录在满足招标文件实质性要求的基础上，可以提出比招标文件要求更有利于招标人的承诺。

(2) 投标文件应当对招标文件有关工期、投标有效期、质量要求、技术标准和要求、招标范围等实质性内容做出响应。

(3) 投标文件应用不褪色的材料书写或打印，并由投标人的法定代表人或其委托代理人签字或盖单位章。委托代理人签字的，投标文件应附法定代表人签署的授权委托书。投标文件应尽量避免涂改、行间插字或删除。如果出现上述情况，改动之处应加盖单位章或由投标人的法定代表人或其授权的代理人签字确认。签字或盖章的具体要求见投标人须知前附表。

(4) 投标文件正本一份，副本份数见投标人须知前附表。正本和副本的封面上应清楚地标记"正本"或"副本"的字样。当副本和正本不一致时，以正本为准。

(5) 投标文件的正本与副本应分别装订成册，并编制目录，具体装订要求见投标人须知前附表规定。

【特别提示】

在招标实践中，投标文件有下述情形之一的，属于重大偏差，为未能对招标文件做出实质性响应，会被作为废标处理：

(1) 没有按照招标文件要求提供投标担保或者所提供的投标担保存在瑕疵。
(2) 投标文件没有投标人授权代表签字和加盖公章。
(3) 投标文件载明的招标项目完成期限超过招标文件规定的期限。
(4) 明显不符合技术规格、技术标准的要求。
(5) 投标文件载明的货物包装方式、检验标准和方法等不符合招标文件的要求。
(6) 投标文件附有招标人不能接受的条件。
(7) 不符合招标文件中规定的其他实质性要求。

3.4.3 投标文件的密封和标记

(1) 投标文件的正本与副本应分开包装，加贴封条，并在封套的封口处加盖投标人单位章。

(2) 投标文件的封套上应清楚地标记"正本"或"副本"字样，封套上应写明的其他内容见投标人须知前附表。

(3) 未按招标文件要求密封和加写标记的投标文件，招标人不予受理。

3.4.4 投标文件的递交

(1) 投标人应在招标文件规定的投标截止时间前递交投标文件。

(2) 投标人递交投标文件的地点见招标文件投标人须知前附表。

(3) 除招标文件投标人须知前附表另有规定外，投标人所递交的投标文件不予退还。

(4) 招标人收到投标文件后，向投标人出具签收凭证。

(5) 逾期送达的或者未送达指定地点的投标文件，招标人不予受理。

3.4.5 投标文件的修改与撤回

(1) 在招标文件规定的投标截止时间前，投标人可以修改或撤回已递交的投标文件，但应以书面形式通知招标人。

(2) 投标人修改或撤回已递交投标文件的书面通知应按照招标文件的要求签字或盖章。招标人收到书面通知后，向投标人出具签收凭证。

(3) 修改的内容为投标文件的组成部分。修改的投标文件应按照招标文件规定进行编制、密封、标记和递交，并标明"修改"字样。

具体的投标文件编制步骤如图 3-4 所示。

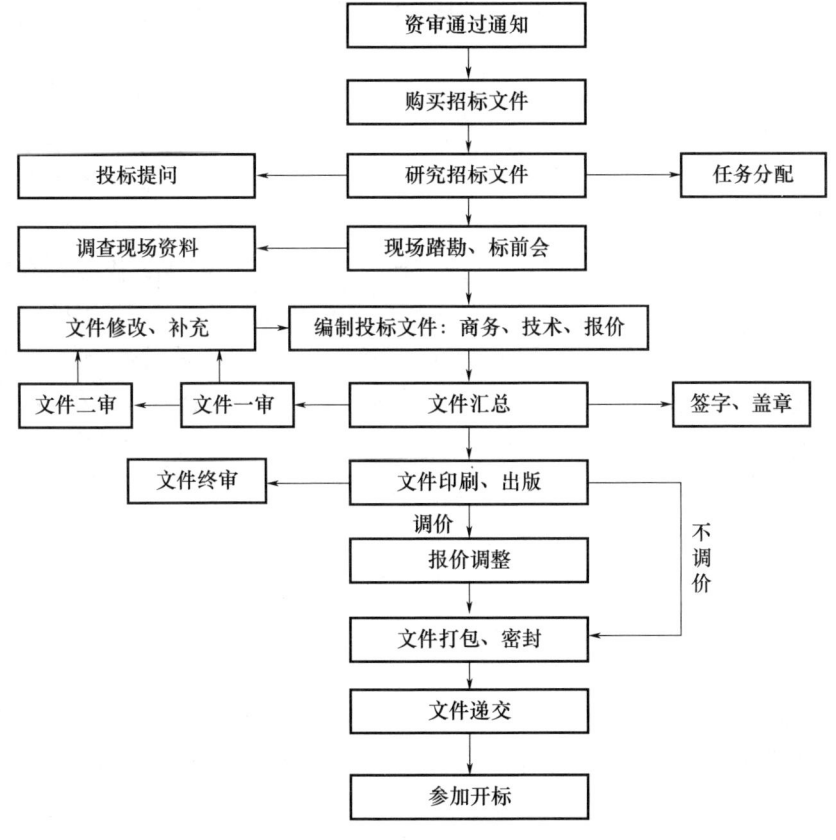

图 3-4 投标文件编制步骤

总之，一份合格的投标文件由多方面组成：投标阶段对工程量清单的纠偏；有目的性提出解决问题的答疑文件；与招标文件同范围同标准的施工组织设计；投标期对招标文件的充分理解；对竞争对手的评估而策略报出的最终价。既抓不住投标要点，又不负责任地投标，就是作茧自缚，最终损失的将是本项目的应得利润。

本章小结

投标是企业经营发展的重要一部分，及时掌握市场信息，获得新的工程项目是企业实现连续性生产和获得利润的重要保证。投标管理工作关系到项目的中标概率，影响企业的发展，只有加强投标管理，提高中标率，才能让企业有更好的发展。所以，通过本章节的学习，让学生了解在投标环节如何有效地组织管理、安排工作，了解投标文件的内容和具体要求，从而制定出投标策略，综合考虑和分析相关因素，确保投标的顺利完成。

思考与练习题

一、单选题

1. 投标书是投标人的投标文件，是对招标文件提出的要求和条件做出（　　）的文本。
   A. 附和　　　　B. 否定　　　　C. 响应　　　　D. 实质性响应
2. 投标文件正本（　　），副本份数见投标人须知前附表。正本和副本的封面上应清楚地标记"正本"或"副本"的字样。当副本和正本不一致时，以正本为准。
   A. 1份　　　　B. 2份　　　　C. 3份　　　　D. 4份
3. 投标文件应用不褪色的材料书写或打印，并由投标人的法定代表人或其委托代理人签字或盖单位章。委托代理人签字的，投标文件应附法定代表人签署的（　　）。
   A. 意见书　　　B. 法定委托书　　C. 指定委托书　　D. 授权委托书
4. 投标人的投标团队成员应包括：经营管理类人才、专业技术人才和（　　）。
   A. 法律人才　　B. 财经类人才　　C. 公关人才　　　D. 保险类人才
5. 直接费是指施工过程中耗费的构成工程实体和有助于工程形成的各项费用，包括人工费、材料费和（　　）。
   A. 临时设施费　　　　　　　　B. 现场管理费
   C. 施工机械租赁费　　　　　　D. 施工机械使用费

二、多选题

1. 现场踏勘是指招标人组织投标人对项目的实施现场的（　　）等客观条件和环境进行的现场调查。
   A. 银行　　　B. 地质　　　C. 气候　　　D. 地理　　　E. 税务
2. 按编制工程概、预算的方法编制的投标报价，主要由（　　）和风险费用几部分组成。

A. 直接工程费　　　　　B. 间接费
C. 计划利润　　　　　　D. 税金
E. 临时设施费

3. 采用工程量清单报价法编制的投标报价，主要由（　　）利润和税金等几部分构成。

A. 工程费　　　　　　　B. 施工服务费
C. 风险费　　　　　　　D. 直接费
E. 间接费

4. 现场经费是指为施工准备、组织施工生产和管理所需费用，内容主要包括（　　）。

A. 临时设施费　　　　　B. 现场管理费
C. 机械租赁费　　　　　D. 直接费
E. 间接费

5. 下列内容是投标文件的，包括（　　）。

A. 施工组织设计　　　　B. 投标函及投标函附录
C. 缴税证明　　　　　　D. 固定资产证明
E. 投标保证金或保函

三、简答题

1. 试述建设工程投标文件的组成部分。

2. 建设工程投标的步骤有哪些？

四、案例分析题

某工程项目招标。一投标人在投标截止日期前一天递交了一份合乎要求的投标文件，其报价为1亿元。在投标截止期前一个小时，他又交了一封按投标文件要求密封的信，在该补充信中声明："出于友好目的，本投标人决定将计算总标价及所有单价都降低4.934%。"但招标单位有关工作人员认为，根据国际上"一标一投"的惯例，一个投标人不得递交两份投标文件，因而拒收该投标人的补充材料。

【问题】

1. 招标单位有关工作人员的做法合适吗？说明理由。
2. 如果投标人在其信中提出将其报价比评标价最低的投标降低4.934%，行不行？说明理由。
3. 投标人采用什么报价技巧？说明理由。

【答案提示】

1. 招标单位有关工作人员的做法是错误的。他不应该拒收投标人的补充材料，因为，投标人在投标截止期之前所提交的任何书面文件都是有效文件，都是投标文件的有效组成部分，也就是说，补充投标资料与原已经递交的投标文件共同构成一份投标文件，而不是两份互相独立的投标文件。对于投标人在投标截止期前修改的报价信在开标时应与原投标文件一起开读。

2. 投标人在其信中提出将其报价比评标价最低的投标降低 4.934％的情况是不能被接受的。因为这样做事实上就没有报价可言了。这样的投标应视为不符合要求而予以拒绝。

3. 投标人采用了突然降价法。

原投标文件的递交时间比投标截止期提前一天，这既符合常理，又为竞争对手调整、确定最终报价留有余地，起到了迷惑竞争对手的作用。而在开标前 1 个小时突然递交一份补充材料，这时竞争对手已不可能再调整报价了。

五、综合实训题

【实训目标】

为提高学生实践能力，将建设工程投标理论知识转化为对于投标工作的实际操作技能，请学生以上一章节的招标文件为范本，并结合本章所学知识，根据所列施工招标案例，练习编写投标文件。

【实训要求】

（1）工程概况：某住宅小区二期工程施工招标（招标文件编号 KKHY07-002），总建筑面积为 80000m^2，建筑结构为框架剪力墙结构，工程总投资为 15000 万元，资金来源为自筹。其中第一标段为 1 号住宅楼（19 层），建筑面积为 25000m^2；第二标段为 2～6 号住宅楼（11 层），1 号、2 号综合楼（1 号综合楼 11 层，2 号综合楼 8 层），建筑面积为 55000m^2。

每个标段内容包括设计要求的全部施工内容。工程质量等级要求为合格。工期要求为 365 个日历天。投标人资质要求，两个标段都要求具有独立法人资格并具有建设行政主管部门颁发的房屋建筑施工二级以上资质的企业（其他内容辅导教师可根据情况自行设定）。

一标段投标企业：SD 建设集团有限工程，建筑工程施工总承包一级资质。

（2）编写内容：根据上一章节做的招标文件，列出本项目一标段投标文件目录，并且结合工程和企业实际情况，完成后面附表投标文件内容的填写，并按照要求签字、盖章。

（3）编写要求：教师可以将本部分实训教学内容分散安排在各节教学过程中，也可以在本章结束后统一安排。教师要指导学生按照教学内容编写，尽量做到规范化、标准化。

【参考资料】

《工程建设项目施工招标投标办法》《标准施工招标资格预审文件》《标准施工招标文件》《中国建设信息》《中国招标》《招标采购管理》《建设工程招投标与合同管理》《工程招投标与合同管理》。

附表

_____（项目名称）_____标段施工招标
投 标 文 件

投标人：_____（盖单位章）
法定代表人或其委托代理人：_____（签字）

_____年____月____日

法定代表人身份证明

投 标 人：_____
单位性质：_____
地　　址：_____
成立时间：_____年_____月_____日
经营期限：_____
姓　　名：_____　性　别：_____
年　　龄：_____　职　务：_____
系_____（投标人名称）的法定代表人。

特此证明。

投标人：_____（盖单位章）
_____年____月____日

授权委托书

本人_____（姓名）系_____（投标人名称）的法定代表人，现委托_____（姓名）为我方代理人。代理人根据授权，以我方名义签署、澄清、说明、补正、递交、撤回、修改_____（项目名称）_____标段施工投标文件、签订合同和处理有关事宜，其法律后果由我方承担。

委托期限：_____

_____。

代理人无转委托权。

附：法定代表人身份证明

     投　标　人：_____（盖单位章）
     法定代表人：_____（签字）
     身份证号码：_____
     委托代理人：_____（签字）
     身份证号码：_____
     _____年____月____日

项目经理简历表

项目经理应附建造师执业资格证书、注册证书、安全生产考核合格证书、身份证、职称证、学历证、养老保险复印件及未担任其他在施建设工程项目经理的承诺书,管理过的项目业绩须附合同协议书和竣工验收备案登记表复印件。类似项目限于以项目经理身份参与的项目。

姓名		年龄		学历	
职称		职务		拟在本工程任职	项目经理
注册建造师执业资格等级			级	建造师专业	
安全生产考核合格证书					
毕业学校	年毕业于		学校		专业
主要工作经历					
时间	参加过的类似项目名称		工程概况说明		发包人及联系电话

投标人基本情况表

投标人名称				
注册地址			邮政编码	
联系方式	联系人		电话	
	传真		网址	
组织结构				
法定代表人	姓名		技术职称		电话	
技术负责人	姓名		技术职称		电话	
成立时间		员工总人数：		
企业资质等级		其中	项目经理	
营业执照号			高级职称人员	
注册资金			中级职称人员	
开户银行			初级职称人员	
账号			技工	
经营范围				
备注				

备注：本表后应附企业法人营业执照及其年检合格的证明材料、企业资质证书副本、安全生产许可证等材料的复印件。

4 建设工程开标、评标和定标及签订合同

| 教学目标 |

学习建设工程开标、评标和定标工作的主要内容和程序；掌握评标委员会成员的组成要求、评标的主要工作步骤和评标的基本方法；结合本章案例，重点掌握综合评分法的计算规则和方法；熟悉掌握《招标投标法》针对本部分内容的具体规定。

| 思政目标 |

积极主动承担工作任务，培养自主学习的意识；养成团队合作意识，培养统筹协作能力；培养务实求真、细致严谨的工作作风；通过对案例的学习，树立学生法治意识，强化知法懂法、诚实守信的工匠精神。

| 教学重点 |

开标、评标、定标的主要内容和程序；综合评分法的计算规则和方法。

| 教学难点 |

综合评分法的计算规则和方法；通过学习，树立学生法治意识，强化知法懂法、诚实守信的工匠精神。

| 学法指导 |

以学生为主体，教师为指导，把学生分成几个学习小组，小组成员以案例为载体，将所学知识运用到案例中去，并从案例中总结正确的理论和实践。

【案例引入】

某依法必须招标的工程主体结构施工项目，招标人 A 公司委托招标代理 B 公司承担本项目的招标代理工作。

投标人 C、D、E、F 公司购买了招标文件，距投标截止时间前 10 天，A 公司发现工程量清单中对本工程某一构筑物工程量计算有重复。

A 公司拟对招标文件发布澄清核减工程量清单项数，并同步调整招标控制价，B 公司提出按有关法律规定应将投标截止时间推后 5 天，A 公司考虑到工期紧、任务重，以本次澄清对工程量清单仅为减项，不会增加投标人制作投标文件工作量为由否决 B 公司建议。

评标结束后，中标候选人公示期间，C 公司向 B 公司提出异议，认为 B 公司发澄清的时间距开标时间不足 15 天，导致其来不及调整投标文件，不符合法律规定。

【工作任务】

通过上述案例，请思考以下问题：

本项目不推迟投标截止日期是否合法？

4.1 建设工程开标

4.1.1 开标的概念和要求

开标是指在投标人提交投标文件后,招标人依据招标文件规定的时间和地点,开启投标人提交的投标文件,公开宣布投标人的名称、投标价格及其他主要内容的行为。

开标应满足以下要求:

(1) 开标由招标人或招标代理机构主持,邀请投标人代表、公证人员或监督人员和有关单位代表参加。

(2) 参加开标会议的投标人的法定代表人或其委托代理人应携带本人身份证,委托代理人尚应携带参加开标会议的授权委托书,以证明其身份。

(3) 开标时,由招标人或者由投标人推选的代表检查投标文件的密封情况,也可以由公证机构检查并公证;经确认无误后,由工作人员当众拆封,宣读投标人名称、投标价格和投标文件的其他主要内容。

(4) 投标人在提交投标文件的截止时间前收到的,所有符合要求的投标文件,开标时都应当众予以拆封、宣读。

(5) 唱标内容应完整、明确。

为了使所有投标人都能事先知道开标地点,并能够按时到达,开标地点应当在招标文件中事先确定,以便使每一个投标人都能事先为参加开标活动做好充分的准备,如根据情况选择适当的交通工具,并提前做好准备工作。

公开招标和邀请招标均应举行开标会议,体现招标的公开、公平和公正原则。开标应在招标文件确定的投标截止同一时间公开进行。开标地点应是在招标文件规定的地点,已经建立建设工程交易中心的地方,开标应当在当地建设工程交易中心(或公共资源交易中心)举行。

4.1.2 建设工程开标的程序

1. 参加开标会议的人员

开标会议由招标人主持,并邀请所有投标人的法定代表人或其代理人参加。建设行政主管部门及其工程招标投标监督管理机构依法实施监督。

2. 主持人按下列程序进行开标

(1) 宣布开标纪律;

(2) 公布在投标截止时间前递交投标文件的投标人名称,并点名确认投标人是否派人到场;

(3) 宣布开标人、唱标人、记录人、监标人等有关人员姓名;

(4) 按照投标人须知前附表的规定检查投标文件的密封情况;

(5) 按照投标人须知前附表的规定确定并宣布投标文件开标顺序;

(6) 设有标底的,公布标底;

(7) 按照宣布的开标顺序当众开标，公布投标人名称、标段名称、投标保证金的递交情况、投标报价、质量目标、工期及其他内容，并记录在案；

(8) 投标人代表、招标人代表、监标人、记录人等有关人员在开标记录表（图 4-1）上签字确认；

(9) 开标结束。

（项目名称） 标段施工开标记录表

开标时间：____年____月____日____时____分

序号	投标人	密封情况	投标保证金	投标报价(元)	质量目标	工期	备注	签名
1								
2								
3								
4								
5								
……								
招标人编制的标底								

招标人代表：_____ 记录人：_____ 监标人：_____

____年____月____日

图 4-1 开标记录表格式

3. 开标过程中，投标人有下列情形之一的视为无效投标

(1) 参加开标会议的投标人的法定代表人或其委托代理人未携带本人身份证，委托代理人未携带参加开标会议的法定代表人授权委托书，法定代表人未携带法定代表人证书，无法证明其身份的。

(2) 无法定代表人（或法定代表人授权的代理人）签字（或盖章）或无单位盖章的。

(3) 授权委托书未按规定格式填写，内容不全或关键字迹模糊、无法辨认的。

(4) 投标人在一份投标文件中对同一招标项目报有两个或多个报价，且未声明哪一个有效，按电子招标文件规定提交备选投标方案的除外。

(5) 投标人名称或组织结构与资格预审时不一致。

(6) 投标人未按招标文件的要求提交投标保证金的。

(7) 联合体投标未附联合体各方共同投标协议的（如有）。

(8) 投标文件未按照电子招标文件的要求予以密封的。

(9) 投标保证金未从基本账户转出的。

(10) 电子投标文件无法解密的，其投标作无效投标处理。

【知识链接】

电子招投标——不见面开标

电子招投标是利用互联网和电子技术，将传统的招投标活动实现数字化的一种招标投标方式。通过电子招投标平台，招标人可以在线发布招标公告和招标文件，投标人可以在线查询和下载招标文件，并提交投标书。电子招投标打破时间空间的限制，将实体交易场所虚拟化，结合数字证书、音视频直播传输、在线交流、交易数据智能化等先进的技术手段，把开标现场"搬"至线上，让数据"多跑路"，投标人"零跑腿"。

电子招投标具有高效、便捷、节约资源的特点，能够提高招投标的透明度和公正性。与传统的招投标方式相比，电子招投标具有许多优势。首先，电子招投标实现了信息的全面共享和即时传递，不受地域限制。其次，电子招投标可以提高招投标过程的透明度和公正性，减少了人为干预的可能性。再次，电子招投标节约了时间和成本，提高了招投标的效率。电子招投标已经在政府采购、工程建设、物资采购等领域得到了广泛应用。通过电子招投标平台，招标人可以快速发布招标公告，吸引更多的潜在投标人。投标人可以通过在线提交投标书，减少了纸质文件的使用，提高了效率。电子招投标还可以减少招标文件的丢失和篡改，保障了招投标过程的公正性。

4.2 建设工程评标

4.2.1 建设工程评标原则

评标人员应当按照招标文件确定的评标标准和方法，对投标文件进行评审和比较，要本着实事求是的原则，不得带有任何主观意愿和偏见，高质量、高效率完成评标工作，并应遵循以下原则：

(1) 认真阅读招标文件，严格按照招标文件规定的要求和条件对投标文件进行评审。
(2) 公正、公平、科学合理。
(3) 质量好、信誉高、价格合理、工期适当、施工方案先进可行。
(4) 规范性与灵活性相结合。

4.2.2 建设工程评标要求

1. 评标委员会

评标由招标人依法组建的评标委员会负责。评标委员会的专家成员，应当由招标人从建设行政主管部门及其他有关政府部门确定的专家名册或者工程招标代理机构的专家库内相关专业的专家名单中确定。确定专家成员一般应当采取随机抽取的方式（图4-2）。

进场交易的房屋建筑和市政工程评标活动所需专家，由招标人在公共资源交易中心和招标投标监管机构工作人员的监督下，通过专家网络抽取终端，从省综合专家库中随机抽取，并共同签字确认。招标人对评标委员会组成有特殊要求或省内专家不能满足评标需要的，经招标投标监管机构批准，可以在全国范围内依法组建的评标专家库中随机抽取专家。

有下列情形之一的，经项目所在地设区市住房城乡建设部门确认后，招标人可以直接确定专家：

(1) 国家和省综合专家库没有符合条件专家人选的。
(2) 对技术复杂、专业性强的特殊招标项目，通过随机抽取方式难以确定合适专家的。

评标评审专家抽取登记表

抽取日期：＿＿年＿＿月＿＿日

项目名称			项目编号		
招标类别	房屋建设 □ 市政基础设施 □ 交通工程 □ 水利工程 □ 其他 □		招标方式	公开 □ 邀请 □ 其他 ＿＿＿＿	
	总承包施工 □勘察、设计 □ 监理 □ 材料、设备 □专业工程施工 □ 其他 □				
项目规模	投资额		万元	面积	m²
项目资金来源			项目所在地		
招标人					
项目负责人			项目负责人电话		
招标代理机构					
专家抽取人员			专家抽取人员电话		
开标时间	年 月 日 时 分		开标地点		
抽取时间段	至		打印时间		
见证人员			监督人员		
补抽情况			异常情况处理		
专 家 抽 取 意 向					
需要抽取专家	人	专业： 人数： 人		专业： 人数： 人	
		专业： 人数： 人		专业： 人数： 人	
需要回避情况					
计划评标时间	小时		评委签到时间	月 日 时 分	
专家抽取结果以××省公共资源交易综合评标评审专家库系统记录为准。					
招标人：(签章)		招标代理机构：(签章)		监督单位：(签章)	

图 4-2 评标评审专家抽取登记表

（3）因不可抗力导致随机抽取无法正常进行的。

（4）法律法规有特殊要求的。

评标委员会由招标人的代表和有关技术、经济等方面的专家组成，成员人数为5人以上单数，其中招标人、招标代理机构以外的技术、经济等方面专家不得少于成员总数的2/3。专家抽取的范围，可根据招标项目的交易额度、技术复杂程度、专业特点、所在区域等因素确定。

与投标人有利害关系的人不得进入相关项目的评标委员会，已经进入的应当更换。

有下列情形之一的，专家应当回避：

（1）参加评标活动前3年内与投标人存在劳动关系，或者担任过投标人的董事、监事，或者是投标人的控股股东或实际控制人。

（2）系投标人的上级主管、控股或被控股单位的工作人员，或者投标人的退休人员，或者投标人聘用的顾问。

（3）与投标人的法定代表人或者主要负责人有夫妻、直系血亲、三代以内旁系血亲或者近姻亲关系。

（4）与投标人存在经济利益关系，或者参加评标活动前3年内与投标人发生过法律纠纷。

（5）与招标项目的建设单位、施工单位或者勘察设计、监理、造价咨询、招标代理等服务机构存在劳动关系，或者实际在上述单位从业。

（6）同一招标项目的评委有夫妻、直系血亲、三代以内旁系血亲或者近姻亲关系。

（7）与投标人有其他可能影响评标活动公平、公正进行的关系。

（8）法律法规规定的其他情形。

专家发现本人与参加评标活动的投标人有利害关系的，应当主动提出回避。招标人、招标投标监管机构、公共资源交易中心工作人员发现专家与参加评标活动的投标人有利害关系的，应当要求其回避。

预定的评标时间开始后，出现专家缺席、回避等情形，导致评标现场专家数量不符合规定的，应当暂停评标活动，及时补充抽取专家。无法补充抽取的，招标人应当停止评标相关工作，妥善保存评标文件，择期重新按程序组织评标。

招标项目的评标专家名单在中标通知书发出前应当严格保密。中标通知书发出后，招标人应当公布评标委员会成员名单。

2. 对评标委员会的纪律要求

评标委员会成员不得收受他人的财物或者其他好处，不得向他人透露对投标文件的评审和比较、中标候选人的推荐情况及评标有关的其他情况。在评标活动中，评标委员会成员不得擅离职守，影响评标程序正常进行，不得使用"评标办法"没有规定的评审因素和标准进行评标。

3. 对招标人的纪律要求

招标人不得泄露招标投标活动中应当保密的情况和资料，不得与投标人串通损害国家利益、社会公共利益或者他人合法权益。

4. 对投标人的纪律要求

投标人不得相互串通投标或者与招标人串通投标，不得向招标人或评标委员会成员行贿谋取中标，不得以他人名义投标或者以其他方式弄虚作假骗取中标；投标人不得以任何方式干扰、影响评标工作。

5. 对与评标活动有关的工作人员的纪律要求

与评标活动有关的工作人员不得收受他人的财物或者其他好处，不得向他人透露对投标文件的评审和比较、中标候选人的推荐情况及评标有关的其他情况。在评标活动中，与评标活动有关的工作人员不得擅离职守，影响评标程序正常进行。

6. 其他要求

投标人和其他利害关系人认为本次招标活动违反法律、法规和规章规定的，有权向有关行政监督部门投诉。

4.2.3 建设工程评标步骤

施工招标的评标和定标应根据招标工程的规模、技术复杂程度来决定评标的办法与时间。一般国际性招标项目评标大约需要 3～6 个月时间，如我国鲁布革水电站引水工程国际公开招标项目评标时间为 1983 年 11 月—1984 年 4 月。但小型工程由于承包工作内容较为简单、合同金额不大，可以采用即开、即评、即定的方式，由评标委员会及时确定中标人。国内大型工程项目的评审因评审内容复杂、涉及面宽，通常分成初步评审和详细评审两个阶段进行。

1. 初步评审

初步评审也称对投标书的响应性审查，此阶段不是比较各投标书的优劣，而是以投标须知为依据，检查各投标书是否为响应性投标，确定投标书的有效性。初步评审从投标书中筛选出符合要求的合格投标书，剔除所有无效投标和严重违法的投标书，以减少详细评审的工作量，保证评审工作的顺利进行。初步评审主要包括以下内容。

1）符合性评审

审查内容如下。

（1）投标人的资格。核对是否为通过资格预审的投标人；或对未进行资格预审提交的资格材料进行审查，该项工作内容和步骤与资格预审大致相同。

（2）投标文件的有效性。主要是指投标保证的有效性，即投标保证的格式、内容、金额、有效期，开具单位是否符合招标文件要求。

（3）投标文件的完整性。投标文件是否提交了招标文件规定应提交的全部文件，有无遗漏。

（4）与招标文件的一致性。即投标文件是否实质响应招标文件的要求，具体是指与招标文件的所有条款、条件和规定相符，对招标文件的任何条款、数据或说明是否有任何修改、保留和附加条件。

【特别提示】

通常符合性评审是初步评审第一步，如果投标文件实质上不响应招标文件的要求，招标人将予以拒绝，并不允许投标人通过修正或撤销其不符合要求的差异或保留，使之成为具有响应性投标。

2）技术性评审

投标文件的技术性评审包括施工方案、工程进度与技术措施、质量管理体系与措施、安全保证措施、环境保护管理体系与措施、资源（劳务、材料、机械设备）、技术负责人等方面是否与国家相应规定及招标项目符合。

3) 商务性评审

投标文件的商务性评审主要是指投标报价的审核，审查全部报价数据计算的准确性。如投标书中存在计算或统计的错误，由招标委员会予以修正后请投标人签字确认。修正后的投标报价对投标人起约束作用。如投标人拒绝确认，则按投标人违约对待，没收其投标保证金。

4) 对招标文件响应的偏差

投标文件对招标文件实质性要求和条件响应的偏差分为重大偏差和细微偏差两类。所有存在重大偏差的投标文件都属于在初评阶段应淘汰的投标书。下列情况属于重大偏差。

（1）没有按照招标文件要求提供投标担保或者所提供的投标担保有瑕疵。
（2）投标文件没有投标人授权代表签字和加盖公章。
（3）投标文件载明的招标项目完成期限超过招标文件规定的期限。
（4）明显不符合技术规格、技术标准的要求。
（5）投标文件载明的货物包装方式、检验标准和方法等不符合招标文件的要求。
（6）投标文件附有招标人不能接受的条件。
（7）不符合招标文件中规定的其他实质性要求。

投标文件有上述情形之一的，为未能对招标文件做出实质性响应，应作废标处理。细微偏差是指投标文件在实质上响应招标文件要求，但在个别地方存在漏项或者提供了不完整的技术信息和数据等情况，并且补正这些遗漏或者不完整不会对其他投标人造成不公平的结果。细微偏差不影响投标文件的有效性。评标委员会应当书面要求存在细微偏差的投标人在评标结束前予以补正。拒不补正的，在详细评审时可以对细微偏差做不利于该投标人的量化，量化标准应在招标文件中规定。

5) 投标文件作废标处理的其他情况

投标文件有下列情形之一的，由评标委员会初审后按废标处理。

（1）无单位盖章并无法定代表人或法定代表人授权的代理人签字或盖章的。
（2）未按规定的格式填写，内容不全或关键字迹模糊、无法辨认的。
（3）投标人递交两份或多份内容不同的投标文件，或在一份投标文件中对同一招标项目报有两个或多个报价，且未声明哪一个有效，按招标文件规定提交备选投标方案的除外。
（4）投标人名称或组织结构与资格预审时不一致的。
（5）未按招标文件要求提交投标保证金的。
（6）联合体投标未附联合体各方共同投标协议的。

2. 详细评审

详细评审指在初步评审的基础上，对经初步评审合格的投标文件，按照招标文件确定的评标标准和方法，对其技术部分（技术标）和商务部分（经济标）进一步审查，评定其合理性，以及合同授予该投标人在履行过程中可能带来的风险。在此基础上再由评标委员会对各投标书分项进行量化比较，从而评定出优劣次序。

3. 对投标文件的澄清

为了有助于对投标文件的审查、评价和比较，评标委员会可以书面方式要求投标人对投标文件中含义不明确、对同类问题表述不一致或者有明显文字和计算错误的内容做必要的澄清、说明或补正。对于大型复杂工程项目评标委员会可以分别召集投标人对某些内容进行澄清或说明。在澄清会上对投标人进行质询，先以口头形式询问并解答，随后在规定的时间内投标人以书面形式予以确认做出正式答复。但澄清或说明的问题不允许更改投标价格或投标书的实质内容。

【特别提示】

投标文件中的大写金额和小写金额不一致的，以大写金额为准；总价金额与单价金额不一致的，以单价金额为准，但单价金额小数点有明显错误的除外；对不同文字文本投标文件的解释发生异议的，以中文文本为准。

4. 评标报告

评标委员会在完成评标后，应向招标人提出书面评标结论性报告，并抄送有关行政监督部门。评标报告应当如实记载以下内容。

（1）本情况和数据表。

（2）评标委员会成员名单。

（3）开标记录。

（4）符合要求的投标一览表。

（5）废标情况说明。

（6）评标标准、评标方法或者评标因素一览表。

（7）经评审的价格或者评分比较一览表。

（8）经评审的投标人排序。

（9）推荐的中标候选人名单与签订合同前要处理的事宜。

（10）澄清、说明、补正事项纪要。

评标报告由评标委员会全体成员签字。对评标结论持有异议的评标委员会成员可以书面方式阐述其不同意见和理由。评标委员会成员拒绝在评标报告上签字且不陈述其不同意见和理由的，视为同意评标结论。评标委员会应当对此做出书面说明并记录在案。评标委员会推荐的中标候选人应当限定在1～3人，并标明排列顺序。

向招标人提交书面评标报告后，评标委员会即告解散。评标过程中使用的文件、表格及其他资料应当即时归还招标人。

4.2.4 建设工程评标主要方法

建设工程评标的方法很多，我国目前常用的评标方法有经评审的最低投标价法和综合评估法等。

1. 经评审的最低投标价法

经评审的最低投标价法是指对符合招标文件规定的技术标准，满足招标文件实质性要求的投标，根据招标文件规定的量化因素及量化标准进行价格折算，按照经评审的投标价由低到高的顺序推荐中标候选人，或根据招标人授权直接确定中标人，但投标报价低于其成本的除外。经评审的投标价相等时，投标报价低的优先；投标报价也相等的，由招标人自行确定。

1) 适用情况

一般适用于具有通用技术、性能标准或者招标人对其技术、性能没有特殊要求的招标项目。

2) 评标程序及原则

(1) 评标委员会根据招标文件中评标办法规定对投标人的投标文件进行初步评审。有一项不符合评审标准的，作废标处理。最低投标价法初步评审内容和标准可参考《标准施工招标文件》评标办法。

(2) 评标委员会应当根据招标文件中规定的评标价格调整方法，对所有投标人的投标报价及投标文件的商务部分做必要的价格调整。但评标委员会无须对投标文件的技术部分进行价格折算。

(3) 评标委员会发现投标人的报价明显低于其他投标报价，或者在设有标底时明显低于标底，使其投标报价可能低于其成本的，应当要求该投标人做出书面说明并提供相应的证明材料。投标人不能合理说明或者不能提供相应证明材料的，由评标委员会认定该投标人以低于成本报价竞标，其投标作废标处理。

(4) 根据经评审的最低投标价法完成详细评审后，评标委员会应当拟定一份"标价比较表"，连同书面评标报告提交招标人。"标价比较表"应当注明投标人的投标报价、对商务偏差的价格调整和说明以及经评审的最终投标价。

(5) 除招标文件中授权评标委员会直接确定中标人外，评标委员会按照经评审的价格由低到高的顺序推荐中标候选人。

2. 综合评估法

综合评估法是对价格、施工组织设计（或施工方案）、项目经理的资历和业绩、质量、工期、企业信誉和业绩等各方面因素进行综合评价，从而确定中标人的评标定标方法。它是适用最广泛的评标定标方法。

综合评估法按其具体分析方式的不同，可分为定性综合评估法和定量综合评估法。

1) 定性综合评估法（评估法）

定性综合评估法又称评估法。通常的做法是，由评标组织对工程报价、工期、质量、施工组织设计、主要材料消耗、安全保障措施、业绩、信誉等评审指标，分项进行定性比较分析，综合考虑，经评估后选出其中被大多数评标组织成员认为各项条件都比较优良的投标人为中标人，也可用记名或无记名投票表决的方式确定中标人。定性综合评估法的特点是不量化各项评审指标。它是一种定性的优选法。

采用定性综合评估法，一般要按从优到劣的顺序，对各投标人排列名次，排序第一名的即为中标人。采用定性综合评估法，有利于评标组织成员之间的直接对话和交流，能充分反映不同意见，在广泛深入地开展讨论、分析的基础上，集中大多数人的意见，一般也比较简单易行。但这种方法评估标准弹性较大，衡量的尺度不具体，个人的理解可能会相去甚远，造成评标意见差距过大，会使评标决策左右为难，不能让人信服。

2) 定量综合评估法（打分法、百分法）

定量综合评估法又称打分法、百分制计分评估法（百分法）。通常的做法是，事先在招标文件或评标定标办法中对评标的内容进行分类，形成若干评价因素，并确定各项评价因素在百分之内所占的比例和评分标准，开标后由评标组织中的每位成员按照评分规则，采用无记名方式打分，最后统计投标人的得分，得分最高者（排序第一名）或次高者（排序第二名）为中标人。

定量综合评估法的主要特点是要量化各评审因素。对各评审因素的量化是一个比较复杂的问题，各地的做法不尽相同。从理论上讲，评标因素指标的设置和评分标准分值的分配，应充分体现企业的整体素质和综合实力，准确反映公开、公平、公正的竞标法则，使质量好、信誉高、价格合理、技术强、方案优的企业能中标。

应用案例 4-1

【案例概况】

有段公路投资 1200 万元，经咨询公司测算的标底为 1200 万元，工期 300 天，每天工期损益价为 2.5 万元，甲、乙、丙三家企业的工期和报价以及经评标委员会评审后的报价见表 4-1。

表 4-1 评审报价

企业名称	报价/万元	工期/天	工期损益价格/万元	经评审综合价/万元
甲	1000	260	650	1650
乙	1100	200	500	1600
丙	800	310	775	1575

综合考虑报价和工期因素后，以经评审的综合价作为选定中标候选人的依据，因此，最后选定乙企业为中标候选人。

评审的综合价格是符合招标实质性条件的全部费用，报价不是定标的唯一依据。上述三家企业工期中丙报价最低，但工期已经超过了标底的工期，因此不予考虑。甲企业报价虽比乙企业低，但综合考虑工期的损益价后，乙公司较甲公司的价格低，最后选定乙企业为中标候选人。

【案例评析】

本案例说明，工程报价最低并不是工程评审综合价格最低。在评审时要将所有实质性要求，如工期、质量等因素综合考虑到评审价格中。如工期提前可能为投资者节约各种利息，项目及时投入使用后及早回收建设资金，创造经济效益。又如可能因为工程质量不合格、合格而未达到优良，将给业主带来销售困难、因工程质量问题给投资者带来不良社会影响等问题。因此，招标人要合理确定利用最低评审价格法的具体操作步骤和价格因素，这样才可能使评标更加合理、科学。

应用案例 4-2
评标计算方法实例——以最低报价为标准值的综合评分法

【案例概况】

某综合楼项目经有关部门批准由业主自行进行工程施工公开招标。该工程有 A、B、C、D、E 共五家企业经资格审查合格后参加投标。评标采用四项综合评分法。四项指标及权重为：投标报价 0.5，施工组织设计合理性 0.1，工期 0.3，投标人的业绩与信誉 0.1，各项指标均以 100 分为满分。报价以所有投标书中报价最低者为标准（该项满分），在此基础上，其他各家的报价比标准值每上升 1% 扣 5 分；工期比定额工期（600 天）提前 15% 为满分，在此基础上，每延后 10 天扣 3 分。五家投标人的报价及有关评分情况见表 4-2。

表 4-2 报价及评分表

投标单位	报价/万元	施工组织设计/分	工期/天	业绩与信誉/分
A	4080	100	580	95
B	4120	95	530	100
C	4040	100	550	95
D	4160	90	570	95
E	4000	90	600	90

根据表 4-2，计算各投标人综合得分，并据此确定中标单位。

【案例评析】

(1) 五家企业投标报价得分如下。

根据评标标准，五家企业中，E 企业报价 4000 万元，报价最低，E 企业投标报价得分为满分 100 分。

A 企业报价为 4080 万元，A 企业投标报价得分：$(4080/4000-1)\times 100\% = 2\%$；$100-2\times 5 = 90$（分）；

B 企业报价为 4120 万元，B 企业投标报价得分：$(4120/4000-1)\times 100\% = 3\%$；$100-3\times 5 = 85$（分）；

C 企业报价为 4040 万元，C 企业投标报价得分：$(4040/4000-1)\times 100\% = 1\%$；$100-1\times 5 = 95$（分）；

D 企业报价为 4160 万元，D 企业投标报价得分：$(4160/4000-1)\times 100\% = 4\%$；$100-4\times 5 = 80$（分）。

(2) 五家企业工期得分如下。

根据评标标准，工期比定额工期（600 天）提前 15% 为满分即 $600\times(1-15\%) = 510$ 天为满分。

A 企业工期所报工期为 580 天，A 企业工期得分：$100-(580-510)/10\times 3 = 79$（分）；

B 企业工期所报工期为 530 天，B 企业工期得分：$100-(530-510)/10\times 3 = 94$（分）；

C企业工期所报工期为550天，C企业工期得分：100－（550－510）/10×3＝88（分）；
D企业工期所报工期为570天，D企业工期得分：100－（570－510）/10×3＝82（分）；
E企业工期所报工期为600天，E企业工期得分：100－（600－510）/10×3＝73（分）。

（3）五家企业综合得分如下。

A企业：90×0.5＋79×0.3＋100×0.1＋95×0.1＝88.2（分）；
B企业：85×0.5＋94×0.3＋95×0.1＋100×0.1＝90.2（分）；
C企业：95×0.5＋88×0.3＋100×0.1＋95×0.1＝93.4（分）；
D企业：80×0.5＋82×0.3＋90×0.1＋95×0.1＝83.1（分）；
E企业：100×0.5＋73×0.3＋90×0.1＋90×0.1＝89.9（分）。

根据得分情况，C企业为中标单位。

应用案例4-3
评标计算方法实例——以标底作为标准值计算报价得分的综合评分法

【案例概况】

某工程由于技术难度大，对施工单位的施工设备和同类工程施工经验要求高，工期也十分紧迫。因此，根据相关规定，业主采用邀请招标的方式邀请了国内三家施工企业参加投标。招标文件规定该项目采用钢筋混凝土框架结构，采用支模现浇施工方案施工。业主要求投标人将技术标和商务标分别装订报送。评分原则如下。

（1）技术标共40分，其中施工方案10分（因已确定施工方案，故该项投标人均得分10分）；施工总工期15分，工程质量15分。满足业主总工期要求（32个月）者得5分，每提前1个月加1分，不满足者不得分；工程质量自报合格者得5分，报优良者得8分（若实际工程质量未达到优良将扣罚合同价的2%），近3年内获得鲁班工程奖者每项加2分，获得省优工程奖者每项加1分。

（2）商务标共60分。报价不超过标底（42354万元）的±5%者为有效标，超过者为废标。报价为标底的98%者为满分60分；报价比标底98%每下降1%扣1分，每上升1%扣2分（计分按四舍五入取整）。

各单位投标报价资料见表4-3。

表4-3 报价资料

投标单位	报价/万元	总工期/月	自报工程质量	鲁班工程奖	省优工程奖
甲	40748	28	优良	2	1
乙	42162	30	优良	1	2
丙	42266	30	优良	1	1

根据上述资料运用综合评标法计算。

【案例评析】

（1）计算各投标人的技术标得分，见表4-4。

表 4-4 技术标得分

投标单位	施工方案/分	总工期/分	工程质量/分	合计
甲	10	5+（32−28）×1=9	8+2×2+1=13	32
乙	10	5+（32−30）×1=7	8+2+2=12	29
丙	10	5+（32−30）×1=7	8+2+1=11	28

（2）计算各投标人的商务标得分，见表 4-5。

表 4-5 商务标得分

投标单位	报价/万元	报价占标底的比例/%	扣分/分	得分/分
甲	40748	（40748/42354）×100=96.2	（98−96.2）×1≈2	60−2=58
乙	42162	（42162/42354）×100=99.5	（99.5−98）×2≈3	60−3=57
丙	42266	（42266/42354）×100=99.8	（99.8−98）×2≈4	60−4=56

（3）计算各投标人的综合得分，见表 4-6。

表 4-6 综合得分

投标单位	技术标得分/分	商务标得分/分	综合得分/分
甲	32	58	90
乙	29	57	86
丙	28	56	84

因此，根据综合得分情况，甲公司为中标单位。

应用案例 4-4

评标计算方法实例——以修正标底值计算报价的评分法

以标底作为报价评定标准时，有可能因为编制的标底没能反映出较先进的施工技术水平和管理能力，导致最终报价评分不合理。因此，在制定评标依据时，既不全部以标底价作为评标依据，也不全部以投标报价为评标依据，而是将这两个方面的因素结合起来，形成一个标底的修正值作为衡量标准，此方法也被称为"A+B"法。A 值反映投标人报价的平均水平，可采用简单算术平均值，也可以是加权平均值；B 值为标底。

【案例概况】

某项工程施工招标，报价项评分采用"A+B"法，报价项满分为 60 分。标底价格为 5000 万元。报价偏离在标底价格±5%范围内的投标书为有效报价。报价项每比修正的标底值高 1%扣 3 分，比修正的标底值低 1%扣 2 分。试求各入围企业报价项得分。

【案例评析】

（1）确定投标报价入围的企业：

根据报价偏离在标底价格±5%范围内的投标书为有效报价。

入围的五家企业报价分别为：C 企业为 5250 万元，D 企业为 5050 万元，E 企业为 4850 万元，F 企业为 4800 万元，G 企业为 4750 万元。

(2) 计算 A 值（本例采用加权平均值方法计算 A 值）：
$$A=aX+bY$$
低于标底入围报价的平均值为 X，加权系数 $a=0.7$；高于标底入围报价的平均值为 Y，加权系数 $b=0.3$。
$$X=（4850+4800+4750）/3=4800（万元）；$$
$$Y=（5250+5050）/2=5150（万元）；$$
$$A=4800\times0.7+5150\times0.3=4950（万元）。$$
(3) $B=5000$ 万元。
(4) 修正后的标准值：
$$（A+B）/2=（4950+5000）/2=4952.5（万元）。$$
(5) 计算各投标书报价得分：

　　C 企业：$60-3\times（5250-4952.5）/4952.5\times100=41.98$（分）；
　　D 企业：$60-3\times（5050-4952.5）/4952.5\times100=54.09$（分）；
　　E 企业：$60-2\times（4952.5-4850）/4952.5\times100=54.86$（分）；
　　F 企业：$60-2\times（4952.5-4800）/4952.5\times100=53.84$（分）；
　　G 企业：$60-2\times（4952.5-4750）/4952.5\times100=51.82$（分）。

根据得分情况，E 企业为中标单位。

【案例评析】

采用修正标底的评标办法，能够在一定程度上避免预先制定的标底不够准确，对具有竞争性报价投标人受到不公正待遇的缺点。采用这种评标方法计算时，为鼓励投标的竞争性，如果所有投标报价均高于标底，则通常仍以标底作为标准值。

4.3 建设工程定标及签订合同

4.3.1 建设工程定标

定标也称决标，是指招标人最终确定中标的单位。除特殊情况外，评标和定标应当在投标有效期结束日 30 个工作日前完成。招标文件应当载明投标有效期。投标有效期从提交投标文件截止日起计算。

招标人根据评标委员会提出的书面评标报告和推荐的中标候选人确定中标人，也可以授权评标委员会直接确定中标人。使用国有资金投资或者国家融资的项目，招标人应当确定排名第一的中标候选人为中标人。排名第一的中标候选人放弃中标、因不可抗力提出不能履行合同，或者招标文件规定应当提交履约保证金而在规定的期限内未能提交的，招标人可以确定排名第二的中标候选人为中标人。排名第二的中标候选人因前款规定的同样原因不能签订合同的，招标人可以确定排名第三的中标候选人为中标人。

在确定中标人之前，招标人不得与投标人就投标价格、投标方案等实质性内容进行谈判。

中标人的投标应当符合下列条件。

(1) 能够最大限度满足招标文件中规定的各项综合评价标准。

(2) 能够满足招标文件的实质性要求，并且经评审的投标价格最低；但是投标价格低于成本的除外。

招标人在评标委员会依法推荐的中标候选人以外确定中标人的，依法必须进行招标的项目在所有投标被评标委员会否决后自行确定中标人的，中标无效。责令改正，可以处中标项目金额0.5%以上1%以下的罚款；对单位直接负责的主管人员和其他直接责任人员依法给予处分。

4.3.2 发出中标通知书

中标人确定后，招标人应当向中标人发出中标通知书（图4-3），同时通知未中标人，并与中标人在30个工作日之内签订合同。《中标通知书》对招标人和中标人具有法律约束力。中标通知书发出后，招标人改变中标结果或者中标人放弃中标的，应当承担法律责任。

招标人迟迟不确定中标人或者无正当理由不与中标人签订合同的，给予警告，根据情节可处1万元以下的罚款；造成中标人损失的，并应当赔偿损失。

中标通知书

_____(中标人名称)：

你方于_____(投标日期)所递交的_____(项目名称)：_____标段施工投标文件已被我方接受，被确定为中标人。

中标价：_____元。

工　期：_____日历天。

工程质量：符合_____标准。

项目经理：_____(姓名)。

请你方在接到本通知书后的___日内到_____(指定地点)与我方签订施工承包合同，在此之前按招标文件第二章"投标人须知"第___款规定向我方提交履约担保。

特此通知。

招标人：_____(盖单位章)

法定代表人：_____(签字)

____年___月___日

图4-3　中标通知书

应用案例 4-5

【案例概况】

2000年3月，甲公司准备对其将要完工的大厦工程进行装饰装修。经研究决定，采取招标方式向社会公开招标施工单位。乙公司参与了竞标，并于5月1日收到甲公司发出的中标通知书。按甲公司要求，乙公司于5月10日进场施工，并同时建样板间，在此前后，双方对样板间的验收标准未作约定。

6月20日，甲公司以样板间不合格为由通知乙公司，要求乙公司3天内撤离施工现场。乙公司认为，甲公司擅自毁约，不符合我国《招标投标法》的规定，遂诉至人民法院，要求甲公司继续履约，并签订装修合同。

【案例评析】

本案是一起在招标投标过程中引起的纠纷。根据《招标投标法》相关规定，投标人一旦中标即在招标与中标单位之间形成了相应的权利和义务关系，中标文件即是招标与中标单位之间已形成的相应的权利义务关系的证明。招标人有义务、中标单位有权利要求自中标通知书发出之日起30天内，按照招标文件和中标者的投标文件与中标人订立书面合同，招标人和中标人都不得再行订立背离合同实质性内容的其他协议。

本案中甲公司有义务于5月31日以前与中标人乙公司签订正式合同，并不得要求乙公司撤离施工现场，如果因甲公司的违约行为给乙公司造成损害的，还应赔偿乙公司的损失。

4.3.3 签订合同

1. 合同签订

招标人和中标人应当在中标通知书发出30日内，按照招标文件和中标人的投标文件订立书面合同。招标人与中标人不得再行订立背离合同实质性内容的其他协议。

如果投标书内提出某些非实质性偏离的意见而发包人也同意接受时，双方应就这些内容谈判达成书面协议，不改动招标文件中专用条款和通用条款条件，将对某些条款协商一致后，改动的部分在合同协议书附录中予以明确。合同协议书附录经双方签字后作为合同的组成部分。

2. 投标保证金和履约保证

（1）投标保证金的退还

招标人与中标人签订合同后5个工作日内，应当向中标人和未中标的投标人退还投标保证金。中标人不与招标人订立合同的，投标保证金不予退还并取消其中标资格，给招标人造成的损失超过投标保证金数额的，应当对超过部分予以赔偿；没有提交投标保证金的，应当对招标人的损失承担赔偿责任。

（2）提交履约保证

招标文件要求中标人提交履约保证金的，中标人应当提交。若中标人不能按时提供履约保证，可以视为投标人违约，没收其投标保证金，招标人再与下一位候选中标人签订合同。当招标文件要求中标人提供履约保证时，招标人也应当向中标人提供工程款支付担保。

【知识链接】

为落实招标人主体责任，推动建筑行业高质量发展，从2021年国家开始推行工程招标投标领域的"评定分离"。

一、总体原则

为进一步深化工程建设项目招标投标机制改革，规范招标投标活动，创新招标投标监督管理模式，将招标投标程序中的"评标委员会评标"与"招标人定标"分离为相对独立的两个阶段。招标人应将确定"评定分离"方案作为"三重一大"事项，遵循依法依规、权责统一、公开透明、竞争择优的原则，在评标委员会评审和推荐的基础上，按照招标文件中确定的定标程序和定标规则在中标候选人中择优确定1名中标人。

二、适用范围

依法必须招标的房屋建筑和市政工程，推荐采取"评定分离"方式确定中标人。

三、招标公告及招标文件

采用"评定分离"方式确定中标人的招标项目，定标要素、定标方法、定标委员会的组建方式和成员数量、定标时间、地点以及公示方式等，应当在招标公告和招标文件中同时发布。

四、中标候选人数量

招标人应在招标文件中明确推荐中标候选人的方法和数量。评标委员会应当按照招标文件确定的评标方法和评标细则进行评审，评标委员会完成评标后，应当向招标人提交书面评标报告，推荐不超过3个合格的不排序的中标候选人，并对每个中标候选人的优势、风险等评审情况进行说明，供招标人选择。

评标委员会经评审，认为所有投标都不符合招标文件要求的，可以否决所有投标。所有投标被否决后，招标人应当依法重新招标。

五、中标候选人公示

招标人在收到评标报告之日起3日内在公共资源交易中心网站公示中标候选人，公示不标明排序先后，公示期不得少于3日。

中标候选人公示异议的提出和处理，适用《招标投标法实施条例》第五十四条第二款规定，投标人或其他利害关系人对评标结果有异议的，应当在中标候选人公示期内提出。异议或者投诉成立，取消相应中标候选人资格，是否重新推荐或者补充中标候选人，招标人应在招标文件中明确。

六、组建定标委员会

招标人负责组建定标委员会，承担定标的主体责任，成员数量为5人及以上单数，组长由招标人的法定代表人或主要负责人担任，其他成员原则上由招标人的领导班子成员、中层管理人员、工程技术（经济）人员、工程项目建设管理单位管理（技术）人员组成。招标人根据自身情况也可以聘请一定数量的专家作为定标委员会成员，数量不得超过成员总数的三分之一，且招标人应对聘请的专家及其定标行为、定标结果承担责任。

定标委员会成员与中标候选人有利害关系的，应当主动回避。招标人应在招标文件中明确定标委员会成员应当回避的具体情形。

招标人应在定标会议前对定标委员会全体成员开展廉洁履职谈话，明确定标委员会成员应当公正、客观履行职责，遵守职业道德，保守工作秘密，对所提出的定标意见承担责任。

严禁定标委员会成员在确定中标结果之前与中标候选人、招标结果有利害关系的单位或个人进行私下接触，不得收受中标候选人、其他利害关系人的财物或者好处。

七、定标会议

招标人应在中标候选人公示期满后7日内在公共资源交易中心召开定标会议。招标人应向定标委员会提交招标情况、评标报告、招标文件及对中标候选人的考察报告等资料。

招标人在定标会议召开前可以对中标候选人进行质询、考察，由招标人在招标文件中明确范围和内容。如招标人组织考察的，应对所有中标候选人进行并出具考察报告作为定标辅助。考察期不计算在此时间内。

定标委员会形成定标报告应当包括：定标时间、地点、参会人员签名名单、定标方案和因素、定标委员会对每名中标候选人的评审比较意见及定标理由、确定的中标人名单等。

招标人应将定标过程中同步声像及文字记录、定标报告、定标委员会名单等资料一并存档备查。

八、定标要素

招标人根据项目实际情况确定定标要素及其内容，并在招标文件中明确。定标要素应参考评标委员会评审意见、质询或考察报告（若开展了质询、考察），此外，还应参考以下要素。

（1）企业信誉。主要包括企业信用评分、过往业绩履约情况、建设单位履约评价等。

（2）价格因素。主要包括商务报价高低、主要材料报价的合理性、不平衡报价情况等。

（3）企业实力。主要包括企业规模、资质等级、专业技术人员规模、近几年的财务状况、过往业绩等。

（4）拟派团队能力与水平。主要包括团队主要负责人类似工程业绩、拟派项目团队人员的资信实力等。

（5）招标人认为需考量的其他要素。

九、定标方法

招标人在招标文件中明确下列定标法之一作为定标方法。定标委员会按照招标文件明确的定标方法确定中标人。

（1）直接票决定标法。定标委员会根据对各中标候选人进行评审比较后，进行一次性票决排名。票决宜采取投票计分法，即各定标委员会成员对所有进入定标程序的投标人择优排序进行打分,最优的 N 分,其次 $N-1$ 分,以此类推(N 为中标候选人数量),按总分高低排序推荐中标候选人。得票数(总分)相同且影响中标候选人确定的,可由定标委员会对得票数(总分)相同的投标人再次按照投票计分法确定排名。

(2)低中选优定标法。定标委员会根据对各中标候选人进行复核审查无异议后,按照中标候选人报价相对平均值较低的价格竞争方法,综合考虑投标人实力包括企业规模、资质等级、专业技术人员规模、纳税情况、财务状况、过往业绩(含业绩影响力、难易程度等)、信用评价情况等方面,合理选择中标候选人。

(3)集体议事定标法。由招标人法定代表人或者主要负责人担任定标委员会组长,组建定标委员会进行集体商议,定标委员会成员各自发表意见,最终由定标委员会组长确定中标候选人。

十、确定中标人及中标人公示

定标委员会根据招标文件确定的定标方法,确定 1 名中标人,并出具定标报告。招标人应当在定标工作完成后 3 日内对中标人进行公示,公示期不得少于 3 日。

中标人不得无故放弃中标,中标人放弃中标、因不可抗力不能履行合同、不按照招标文件要求提交履约担保的,或者被查实存在影响中标结果的违法行为等情形,不符合中标条件的,招标人可以在剩余中标候选人中,按照原定标程序和方案,组织原定标委员会在中标候选人名单中确定新的中标人定标,也可以重新招标。

应用案例 4-6

【案例概况】

某办公楼的招标人于 2007 年 3 月 20 日向具备承担该项目能力的甲、乙、丙三家承包商发出投标邀请书,其中说明,3 月 25 日在该招标人总工程师室领取招标文件,4 月 5 日 14 时为投标截止时间。该三家承包商均接受邀请,并按规定时间提交了投标文件。

开标时,由招标人检查投标文件的密封情况,确认无误后,由工作人员当众拆封,并宣读了三家承包商的名称、投标价格、工期和其他主要内容。

评标委员会委员由招标人直接确定,共有 4 人组成,其中招标人代表 2 人,经济专家 1 人,技术专家 1 人。

招标人预先与咨询单位和被邀请的这三家承包商共同研究确定了施工方案。经招标工作小组确定的评标指标及评分方法如下。

报价不超过标底(35500 万元)的 $\pm 5\%$ 者为有效标,超过者为废标。报价为标底的 98% 者得满分,在此基础上,报价比标底每下降 1%,扣 1 分,每上升 1%,扣 2 分(计分按四舍五入取整)。

定额工期为 500 天。评分方法是:工期提前 10% 为 100 分,在此基础上每拖后 5 天扣 2 分。

企业信誉和施工经验得分在资格审查时评定。

上述四项评标指标的总权重分别为:投标报价 45%,投标工期 25%,企业信誉和施工经验均为 15%,各家具体情况见表 4-7。

表 4-7 各投标人情况

投标单位	报价/万元	总工期/天	企业信誉得分/分	施工经验得分/分
甲	35642	460	95	100
乙	34364	450	95	100
丙	33867	460	100	95

【问题】

（1）从所介绍的背景资料来看，该项目的招标投标过程中有哪些方面不符合《招标投标法》的规定？

（2）请按综合得分最高者中标的原则确定中标单位。

【案例评析】

（1）从所介绍的背景资料来看，该项目的招标投标过程中存在以下问题。

① 从 3 月 25 日发放招标文件到 4 月 5 日提交投标文件截止，这段时间太短。根据《招标投标法》第二十四条规定，依法必须进行招标的项目，自招标文件开始发出之日起至投标人提交投标文件截止之日止，最短不得少于二十天。

② 开标时，不应由招标人检查投标文件的密封情况。根据《招标投标法》第三十六条规定，开标时，由投标人或者其推选的代表检查投标文件的密封情况，也可以由招标人委托的公证机构检查并公证。

③ 评标委员会委员不应全部由招标人直接确定，而且评标委员会成员组成也不符合规定。根据《招标投标法》第三十七条规定：依法必须进行招标的项目，其评标委员会由招标人的代表和有关技术、经济等方面的专家组成，成员人数为五人以上单数，其中技术、经济等方面的专家不得少于成员总数的三分之二。评标委员会中的技术、经济专家，一般招标项目应采取（从专家库中）随机抽取方式，特殊招标项目可以由招标人直接确定。本项目是办公楼项目，显然属于一般招标项目。

（2）各单位的各项指标得分及总得分见表 4-8 和表 4-9。

表 4-8 各单位得分

投标单位	报价/万元	报价与标底的比例/%	扣分/分	得分/分
甲	35642	35642/35500＝100.4	(100.4－98)×2≈5	100－5＝95
乙	34364	34364/35500＝96.8	(98－96.8)×1≈1	100－1＝99
丙	33867	33867/35500＝95.4	(98－95.4)×1≈3	100－3＝97
投标单位	工期/天	工期与定额工期的比较	扣分/分	得分/分
甲	460	460－500（1－10%）＝10	10/5×2＝4	100－4＝96
乙	450	450－500（1－10%）＝0	0	100－0＝100
丙	460	460－500（1－10%）＝10	10/5×2＝4	100－4＝96

表 4-9 综合评定

	甲	乙	丙	权重
报价得分/分	95	99	97	45%
工期得分/分	96	100	96	25%
企业信誉得分/分	95	95	100	15%
施工经验得分/分	100	100	95	15%
总得分/分	96	98.8	96.9	100%

乙单位的综合得分最高，应选择乙单位为中标单位。

本章小结

建设工程开标、评标和定标必须遵循国家相关规定。开标时间为提交投标文件截止时间的同一时间。在招标人的主持下邀请所有投标人参加开标会。

评标委员会由招标人代表和评标专家组成，成员为 5 人以上单数，其中技术、经济专家不得少于成员总数的 2/3。评标时可以采用综合评估法和经评审的最低投标价法。

中标人的投标应当能够最大限度地满足招标文件中规定的各项综合评价标准，或者能够满足招标文件的实质性要求，并且经评审的投标价格最低，但低于成本的除外。

思考与练习题

一、多选题

1. 某工程项目在估算时算得成本是 1000 万元人民币，概算时算得成本是 950 万元人民币，预算时算得成本是 900 万元人民币，投标时某承包商根据自己企业定额算得成本是 800 万元人民币。根据《招标投标法》中规定"投标人不得以低于成本的报价竞标"，该承包商投标时报价不得低于（　　）万元人民币。

A. 1000　　　　　　　　　　B. 950
C. 900　　　　　　　　　　 D. 800

2. 开标应当在招标文件确定的提交投标文件截止时间的（　　）进行。

A. 当天公开　　　　　　　　B. 当天不公开
C. 同一时间公开　　　　　　D. 同一时间不公开

3. 某建设单位就一个办公楼群项目进行招标，依据《招标投标法》，该项目的评标工作应由（　　）来完成。

A. 该建设单位的领导　　　　B. 该建设单位的上级主管部门
C. 当地的政府部门　　　　　D. 该建设单位依法组建的评标委员会

4. 评标委员会成员应为（　　）人以上的单数，评标委员会中技术、经济等方面的专家不得少于成员总数的（　　）。

A. 5，2/3　　　　　　　　　B. 7，4/5
C. 5，1/3　　　　　　　　　D. 3，2/3

5. 招标信息公开是相对的,对于一些需要保密的事项是不可以公开的。例如,(   )在确定中标结果之前就不可以公开。

   A. 评标委员会成员名单   B. 投标邀请书
   C. 资格预审公告   D. 招标活动的信息

6. 在评标时,(   )应当明确、严格,对所有在投标截止日期以后送到的投标书都应拒收,与投标人有利害关系的人员都不得作为评标委员会的成员。

   A. 评标程序   B. 评标时间
   C. 评标标准   D. 评标方法

7. 按照《招标投标法》和相关法规的规定,开标后允许(   )。

   A. 投标人更改投标书的内容和报价
   B. 投标人再增加优惠条件
   C. 评标委员会对投标书的错误加以修正
   D. 招标人更改评标、标准和办法

8. 评标委员会推荐的中标候选人应当限定在(   ),并标明排列顺序。

   A. 1~2 人   B. 1~3 人
   C. 1~4 人   D. 1~5 人

9. 根据《招标投标法》的有关规定,下列说法符合开标程序的是(   )。

   A. 开标应当在招标文件确定的提交投标文件截止时间的同一时间公开进行
   B. 开标地点由招标人在开标前通知
   C. 开标由建设行政主管部门主持,邀请中标人参加
   D. 开标由建设行政主管部门主持,邀请所有投标人参加

10. 根据《招标投标法》的有关规定,招标人和中标人应当自中标通知书发出之日起(   )内,按照招标文件和中标人的投标文件订立书面合同。

    A. 10 日   B. 15 日
    C. 30 日   D. 3 个月

11. 关于评标委员会成员的义务,下列说法中错误的是(   )。

    A. 评标委员会成员应当客观、公正地履行职务
    B. 评标委员会成员可以私下接触投标人,但不得收受投标人的财物或者其他好处
    C. 评标委员会成员不得透露对投标文件的评审和比较的情况
    D. 评标委员会成员不得透露对中标候选人的推荐情况

12. 投标人在投标报价中,对工程量清单中的每一单项均需计算填写单价和合价,在开标后,发现投标人没有填写单价和合价的项目,则(   )。

    A. 允许投标人补充填写
    B. 视为废标
    C. 退回投标书
    D. 认为此项费用已包括在工程量清单的其他单价和合价中

13. 采用百分法对各投标人的标书进行评分,(   )的投标人为中标单位。

    A. 总得分最低   B. 总得分最高

C. 投标价最低　　　　　　　　D. 投标价最高

14. 投标文件中总价金额与单价金额不一致的,应（　　）。

A. 以单价金额为准　　　　　　B. 以总价金额为准

C. 由投标人确认　　　　　　　D. 由招标人确认

15. 根据《招标投标法》规定,开标应由（　　）主持。

A. 地方政府相关行政主管部门　B. 招标代理机构

C. 招标人　　　　　　　　　　D. 中介机构

二、多选题

1. 采用评标价法评标时,应当遵循的原则包括（　　）。

A. 以评标价最低的标书为最优

B. 以投标报价最低的标书为最优

C. 技术建议带来的实际经济效益,按预定的方法折算后,增加投标价

D. 中标后按投标价格签订合同价

E. 中标后按评标价格签订合同价

2. 《招标投标法》规定,投标文件有下列情形,招标人不予受理（　　）。

A. 逾期送达的

B. 未送达指定地点的

C. 未按规定格式填写的

D. 无单位盖章并无法定代表人或其授权的代理人签字或盖章的

E. 未按招标文件要求密封的

3. 下列评标委员会成员中,符合《招标投标法》规定的有（　　）。

A. 某甲,由投标人从省人民政府有关部门提供的专家名册的专家中确定

B. 某乙,现任某公司法定代表人,该公司常年为某投标人提供建筑材料

C. 某丙,从事招标工程项目领域工作满10年并具有高级职称

D. 某丁,在开标后,中标结果确定前将自己担任评标委员会成员的事告诉了某投标人

4. 采用公开招标方式,（　　）等都应当公开。

A. 评标的程序　　　　　　　　B. 评标人的名单

C. 开标的程序　　　　　　　　D. 评标的标准

E. 中标的结果

5. 招标投标活动的公平原则体现在（　　）等方面。

A. 要求招标人或评标委员会严格按照规定的条件和程序办事

B. 平等地对待每一个投标竞争者

C. 不得对不同的投标竞争者采用不同的标准

D. 投标人不得假借别的企业资质,弄虚作假来投标

E. 招标人不得以任何方式限制或者排斥本地区、本系统以外的法人或者其他组织参加投标

6. 评标报告的内容有（　　）。

A. 招标公告　　　　　　　　　B. 评标规则

C. 评标情况说明　　　　　　　　D. 对各个合格投标书的评价

E. 推荐合格的中标人

7. 开标会议上应宣布投标书为废标的情况包括（　　）。

A. 未密封递送的标书

B. 投标工期长于招标文件中要求工期的标书

C. 关键内容字迹、无法辨认的标书

D. 没有委托代理人印章的标书

E. 投标截止时间以后送达的标书

8. 我国《招标投标法》规定，开标时由（　　）检查投标文件密封情况，确认无误后当众拆封。

A. 招标人　　　　　　　　　　　B. 投标人或投标人推选的代表

C. 评标委员会　　　　　　　　　D. 地方政府相关行政主管部门

E. 公证机构

9. 关于细微偏差的说法，正确的选项包括（　　）。

A. 在实质上响应了招标文件的要求，但存在个别漏项

B. 在实质上响应了招标文件的要求，但提供了不完整的技术信息和数据

C. 补正遗漏会对其他投标人造成不公平的结果

D. 细微偏差不影响投标文件的有效性

E. 细微偏差将导致投标文件成为废标

10. 下列符合我国《招标投标法》关于评标的有关规定的有（　　）。

A. 招标人应当采取必要措施，保证评标在严格保密的情况下进行

B. 评标委员会完成评标后，应当向招标人提出书面评标报告，并决定合格的中标候选人

C. 招标人可以授权评标委员会直接确定中标人

D. 评标委员会经评审，认为所有投标都不符合招标文件要求的，可以否决所有投标

E. 任何单位和个人不得非法干预、影响评标的过程和结果

三、案例分析题

某建设单位准备建一座体育馆，建筑面积 $3000m^2$，预算投资 270 万元，建设工期为 8 个月。工程采用公开招标的方式确定承包商。建设单位编制了招标文件，并向当地的建设行政管理部门提交了招标申请书，得到了批准。但是在招标之前，该建设单位就已经与甲施工公司进行了工程招标沟通，对投标价格、投标方案等实质性内容达成了一致的意向。招标公告发布后，来参加投标的公司有甲、乙、丙三家。按照招标文件规定的时间、地点及投标程序，三家施工单位向建设单位投递了标书。在公开开标的过程中，甲和乙承包单位在施工技术、施工方案、施工力量及投标报价上相差不大，乙公司在总体技术和实力上较甲公司要更好一些。但是，定标的结果却是甲公司。乙公司很不满意，但最终接受了这个竞标结果。20 多天后，一个偶然的机会，乙公司接触到甲公司的一名中层管理人员，在谈到该建设单位的工程招标问题时，甲公司的这名员工透露

说,在招标之前,该建设单位和甲公司已经进行了多次接触,中标条件和标底是双方议定的,参加投标的其他人都蒙在鼓里。对此情节,乙公司认为该建设单位严重违反了法律的有关规定,遂向当地建设行政管理部门举报,要求建设行政管理部门依照职权宣布该招标结果无效。经建设行政管理部门审查,乙公司所陈述的事实属实,遂宣布本次招标结果无效。

甲公司认为,建设行政管理部门的行为侵犯了甲公司的合法权益,遂起诉至法院,请求法院依法判令被告承担侵权的民事责任,并确认招标结果有效。

【问题】

1. 简述建设单位进行施工招标的程序。
2. 通常情况下,招标人和投标人串通投标的行为有哪些表现形式?
3. 按照《招标投标法》的规定,该建设单位应对本次招标承担什么法律责任?

【答题提示】

1. 建设单位进行施工招标的程序包括:①建设单位工程项目报建;②审查招标人(业主)资格;③编制招标文件与送审;④招标申请报批;⑤投标资格审查;⑥召开招标会议;⑦接受招标文件;⑧开标;⑨评标;⑩定标;⑪签订合同。

2. 招标人和投标人串通投标的行为有以下几种表现形式:①招标人在开标前开启招标文件,并将投标情况告知其他投标人,或者协助投标人撤换投标文件,更改报价;②招标人向投标人泄露标底;③招标人与投标人商定,投标时压低或抬高标价,中标后再给投标人或招标人额外补偿;④招标人预先内定中标人;⑤其他串通投标行为。

3. 该建设单位违反《招标投标法》规定,招标前事先与投标人甲就投标价格、投标方案等实质性内容达成一致意向。对建设单位的这种违法行为,由有关行政监督部门给予警告,对单位直接负责的主管人员和其他直接责任人员依法给予处分。

四、综合实训题

【实训目标】

结合本书第 3 章及第 4 章内容,完成建筑工程施工招投标整个工作程序的学习。通过模拟开标会、评标和定标工作,培养学生组织协作能力、语言表达能力和书面写作能力。

【实训要求】

1. 将一个教学班分成 4~6 组,其中招标人和投标人各 2~3 组。每小组共同完成一份招标或投标文件。结合第 3 章及第 4 章实训内容,模拟开标、评标及定标现场会全部过程。

2. 开标会应依据下列程序进行开标。

(1) 开标由任课教师或招标人代表主持,邀请招标人代表、投标人代表及模拟监督机构的人员参加,其他同学旁听。

(2) 所有列席人员会议签到。

(3) 主持人宣布开标纪律,介绍参加会议人员及工程项目概况。

(4) 宣布开标人、唱标人、记录人、监标人等有关人员姓名。

(5) 请投标人代表或公证机构按照投标人须知前附表规定检查投标文件的密封情况。

(6) 设有标底的，公布标底。

(7) 按照宣布的开标顺序当众开标，公布投标人名称、标段名称、投标保证金的递交情况、投标报价、质量目标、工期及其他内容，并记录在案。

(8) 投标人代表、招标人代表、监标人、记录人等有关人员在开标记录上签字确认。

(9) 开标结束。

3. 评标工作可以根据教学具体情况组织。如果已经完成第 3 章及第 4 章编写招标投标文件的实训任务，且学生相关专业知识——工程概预算、施工组织、施工技术等课程学习结束，掌握程度较好，教师可以根据招标文件规定采取的定量评标办法进行评标，也可仅对招标、投标文件的完成时间、格式规范性、内容合理完整性等方面设置评定标准进行评分。

评标小组可以由各小组推选代表和教师共同组成，也可采用招标与投标小组之间互评的方式，具体方式由教师根据教学情况安排。评标小组应根据评标结果撰写一份评标报告，具体写法可参照教材。

4. 定标。根据评标结果排序，确定中标单位，并依照格式写一份中标通知书。

5. 签订建筑工程合同（可将本部分实训内容安排在第 6 章）。

5 建设工程合同

|教学目标|

本章主要讲解了合同的主要内容和形式、合同的履行、合同的变更和转让，建设工程合同的相关合同，讲述了建设工程施工合同的概念、特点和作用，合同协议书、合同专用条款和通用条款的内容。要求了解合同的相关概念、建设工程合同，熟悉《建设工程施工合同（示范文本）》（GF—2017—0201）的组成等。

|思政目标|

通过建设工程合同的主要内容和形式、履行等理论知识，引导和教育学生深刻理解诚实守信的重要性，诚信是大学生全面发展的前提。大学生只有诚实守信，讲诚信、讲道德，言必行、行必果，诚心做事、诚实做人，言行一致、表里如一，才能养成诚信实用的道德品质，才能在未来的事业方面做出一番成绩。

|教学重点|

《建设工程施工合同（示范文本）》（GF—2017—0201）的内容。

|教学难点|

建设工程施工合同签订、审查与履行中承包人的权利义务，以及工程索赔和反索赔等内容。

|学法指导|

以最新合同条款为依据，熟悉相关合同的概念和内容；以课本为基础，深入学习课本知识，完成课后练习题目，夯实理论基础；以案例为载体，将所学知识运用到案例中去，并从案例中总结正确的理论和实践。

【案例引入】

某施工单位根据领取的某 3000m^2 三层厂房工程项目招标文件和全套施工图纸，采用低报价策略编制了投标文件，并中标。该施工单位（乙方）于某年某月某日与建设单位（甲方）签订了该工程项目的固定价格施工合同，合同工期为9个月。甲方在乙方进入施工现场后，因资金紧缺，口头要求乙方暂停施工一个月。乙方亦口头答应。工程按合同规定期限验收时，甲方发现工程质量有问题，要求返工。两个月后，返工完毕。结算时甲方认为乙方迟延交付工程，应按合同约定偿付逾期违约金。乙方认为临时停工是甲方要求的，乙方为抢工期，加快施工进度才出现了质量问题，因此迟延交付的责任不在乙方。甲方则认为临时停工和不顺延工期是当时乙方答应的，乙方应履行承诺，承担违约责任。

【工作任务】

通过上述案例，请思考以下问题：

1. 该工程采用固定价格合同是否合适?
2. 该施工合同的变更形式是否妥当?此合同争议依据合同法律规范应如何处理?

5.1 合同概述

【任务导入】

合同是当事人双方之间设立、变更、终止民事关系的协议。依法成立的合同,受法律保护。广义合同指所有法律部门中确定权利、义务关系的协议。狭义合同指一切民事合同。还有最狭义合同仅指民事合同中的债权合同。合同(Contract),又称为契约、协议,是平等的当事人之间设立、变更、终止民事权利义务关系的协议。合同作为一种民事法律行为,是当事人协商一致的产物,是两个以上的意思表示相一致的协议。只有当事人所做出的意思表示合法,合同才具有法律约束力。依法成立的合同从成立之日起生效,具有法律约束力。

5.1.1 合同的概念

合同是当事人双方之间设立、变更、终止民事关系的协议。依法成立的合同,受法律保护。广义合同指所有法律部门中确定权利、义务关系的协议。狭义合同指一切民事合同。还有最狭义合同仅指民事合同中的债权合同。

5.1.2 合同的类型

1. 单务合同和双务合同

单务合同是指合同当事人仅有一方承担义务;双务合同是指合同的双方当事人互负对待给付义务的合同关系。

2. 有偿合同和无偿合同

有偿合同是指一方通过履行合同规定的义务而给付对方某种利益,对方要得到该利益必须为此支付相应代价的合同;无偿合同是指一方给付某种利益,对方取得该利益时并不支付任何报酬的合同。

3. 有名合同和无名合同

有名合同,又称典型合同,是指法律上已经确定了一定的名称及规则的合同;无名合同,又称非典型合同,是指法律上并未确定一定的名称及规则的合同。

4. 要式合同和不要式合同

要式合同是指法律规定或当事人约定必须采取特殊形式订立的合同;不要式合同是指依法无须采取特定形式订立的合同。

5. 主合同和从合同

主合同是指不依赖其他合同而能独立存在的合同;从合同是指以其他合同的存在为

前提的合同，又称为附属合同。

6. 实践合同和诺成合同

实践合同是指除当事人双方意思表示一致以外尚须交付标的物才能成立的合同。在这种合同中，除双方当事人的意思表示一致之外，还必须有一方实际交付标的物的行为，才能产生法律效果。实践合同必须有法律特别规定，比如定金合同、保管合同等。

诺成合同是指当事人一方的意思表示一旦经对方同意即能产生法律效果的合同，即"一诺即成"的合同。特点在于当事人双方意思表示一致，合同即告成立。

5.1.3 合同的主要内容和形式

合同人可以参照各类合同的示范文本订立合同，但一般应包括以下的内容和形式。

1. 合同的内容

合同的内容由当事人约定，一般包括以下条款：①当事人的名称或者姓名和住所；②标的；③数量；④质量；⑤价款或者报酬；⑥履行期限、地点和方式；⑦违约责任；⑧解决争议的方法。

2. 合同的形式

合同形式是指当事人合意的外在表现形式，是合同内容的载体。《合同法》第十条：当事人订立合同，有书面形式、口头形式和其他形式。法律、行政法规规定采用书面形式的，应当采用书面形式。当事人约定采用书面形式的，应当采用书面形式。

合同的口头形式指当事人只有口头语言为意思表示订立合同，而不用文字表达协议内容的合同形式。口头形式优点在于方便快捷，缺点在于发生合同纠纷时难以取证，不易分清责任。口头形式适用于能即时清结的合同关系。

书面形式是指当事人以合同书、信件和数据电文（包括电报、电传、传真、电子数据交换和电子邮件）等可以有形地表现所载内容的形式。书面形式有利于交易的安全，重要的合同应该采用书面形式。书面形式又可分为下列几种形式：

（1）由当事人双方依法就合同的主要条款协商一致并达成书面协议，并由双方当事人的法定代表人或其授权的人签字并盖章；

（2）格式合同；

（3）双方当事人来往的信件、电报、电传等也是合同的组成部分。

现代各国对合同形式采用以不要式为原则，一般不加限制，法律只规定特定种类的合同必须具备书面形式或其他形式。

5.1.4 合同订立的原则和条件

1. 订立建设工程合同应遵循的原则

合同的订立，应当遵循平等原则、自愿原则、公平原则、诚实信用原则和合法原则等。

1）平等原则

《合同法》规定，合同当事人的法律地位平等，一方不得将自己的意志强加给另一方。这一原则包括以下三个方面的内容。

(1) 合同当事人的法律地位一律平等。无论所有制性质、单位大小和经济实力强弱，其法律地位都是平等的。

(2) 合同中的权利义务对等。这就是说，享有权利的同时就应当承担义务，而且彼此的权利、义务是对等的。

(3) 合同当事人必须就合同条款充分协商，在互利互惠基础上取得一致，合同方能成立。任何一方都不得将自己的意志强加给另一方，更不得以强迫命令、胁迫等手段签订合同。

2) 自愿原则

《合同法》规定，当事人依法享有自愿订立合同的权利，任何单位和个人不得非法干预。

自愿原则体现了民事活动的基本特征，是民事法律关系区别于行政法律关系、刑事法律关系的特有原则。自愿原则贯穿于合同活动的全过程，包括是否订立合同自愿，与谁订立合同自愿，合同内容由当事人在不违法的情况下自愿约定，在合同履行过程中当事人可以协议补充、协议变更有关内容，双方也可以协议解除合同，可以约定违约责任，以及自愿选择解决争议的方式。总之，只要不违背法律、行政法规强制性的规定，合同当事人有权自愿决定，任何其他单位和个人不得非法干预。

3) 公平原则

《合同法》规定，当事人应当遵循公平原则确定各方的权利和义务。公平原则主要包括以下几点：

(1) 订立合同时，要根据公平原则确定双方的权利和义务。不得欺诈，不得假借订立合同恶意进行磋商。

(2) 根据公平原则确定风险的合理分配。

(3) 根据公平原则确定违约责任。

公平原则作为合同当事人的行为准则，可以防止当事人滥用权利，保护当事人的合法权益，维护和平衡当事人之间的利益。

4) 诚实信用原则

《合同法》规定，当事人行使权利、履行义务应当遵循诚实信用原则。诚实信用原则主要包括以下几点：

(1) 订立合同时，不得有欺诈或其他违背诚实信用的行为。

(2) 履行合同义务时，当事人应当根据合同的性质、目的和交易习惯，履行及时通知、协助、提供必要条件、防止损失扩大、保密等义务。

(3) 合同终止后，当事人应当根据交易习惯，履行通知、协助、保密等义务，也称为后契约义务。

5) 合法原则

《合同法》规定，当事人订立、履行合同，应当遵守法律、行政法规，尊重社会公德，不得扰乱社会经济秩序，损害社会公共利益。

一般来讲，合同的订立和履行，属于合同当事人之间的民事权利义务关系，只要当事人的意愿不与法律规范、社会公共利益和社会公德相抵触，即承认合同的法律效力。但是，合同绝不仅仅是当事人之间的问题，有时可能会涉及社会公共利益、社会公德和经济秩序。为此，对于损害社会公共利益、扰乱社会经济秩序的行为，国家应当予以干预。但是，这种干预要依法进行，由法律、行政法规做出规定。

2. 订立建设工程合同应具备的条件

（1）初步设计已经批准。
（2）工程项目已经列入年度建设计划。
（3）有能够满足施工需要的设计文件和有关技术资料。
（4）建设资金和主要建筑材料设备来源已经落实。
（5）招投标工程中标通知书已经下达。

5.1.5 合同订立的程序

根据我国《合同法》《招标投标法》及《房屋建筑和市政基础设施工程施工招标投标管理办法》的规定，工程合同的订立程序如下。

1. 要约邀请

要约邀请即发包人采取招标通知或公告的方式，向不特定人发出的，以吸引或邀请相对人发出要约为目的的意思表示。根据《房屋建筑和市政基础设施工程施工招标投标管理办法》的规定，招标文件应当包括以下内容：

（1）投标须知，包括工程概况，招标范围，资格审查条件，工程资金来源或者落实情况，标段划分，工期要求，质量标准，现场踏勘和答疑安排，投标文件编制、提交、修改、撤回的要求，投标报价的要求，投标有效期，开标的时间和地点，评标的方法和标准等；
（2）招标工程的技术要求和设计文件；
（3）采用工程量清单招标的，应当提供工程量清单；
（4）投标函的格式及附录；
（5）拟签订合同的主要条款；
（6）要求投标人提供的其他材料。

要约邀请也称"要约引诱"，是指行为人做出的邀请他方向自己发出要约的意思表示。要约邀请虽然也是为订立合同做准备，但是为了引发要约，而本身不是要约，例如招标公告、拍卖公告、一般商业广告、寄送价目表、招股说明书等。

2. 要约

要约即投标，指投标人按照招标人提出的要求，在规定的期间内向招标人发出的，以订立合同为目的的，包括合同的主要条款的意思表示。根据《房屋建筑和市政基础设施工程施工招标投标管理办法》的规定，投标人应当按照招标文件的要求编制投标文件，对招标文件提出的形式性要求和条件作出响应。投标文件应当包括投标函、施工组织设计或者施工方案、投标报价及招标文件要求提供的其他材料。

5 建设工程合同

3. 承诺

承诺即中标通知,指由招标人通过评标后,在规定时间内发出的,表示愿意按照投标人所提出的条件与投标人订立合同的意思表示。

承诺也是一种法律行为,"要约"一经"承诺",就被认为当事人双方已协商一致,达成协议。

承诺一般以通知的方式做出,承诺通知到达要约人时承诺生效;承诺生效时合同成立。

承诺也可以撤回。但承诺人撤回承诺的通知应在承诺通知到达要约人之前,或应与承诺通知同时到达要约人。

通常在合同订立过程中,当事人双方对合同条款要反复磋商、谈判,其中可能存在多次"新要约",最终才达成一致,签订合同。

具体到建设工程施工合同来说,合同订立一般经历以下环节:

(1) 建设单位发布招标公告、发售招标文件。
(2) 施工企业递交投标文件。
(3) 建设单位发出中标通知书。
(4) 合同谈判,即在合同签订前对合同内容进行审查,在法律许可范围内就某些具体条款进行磋商。
(5) 合同签订,中标通知书发出后30日内,双方应签订合同。
(6) 合同备案,施工合同签订后15日内应报县级以上建设行政主管部门备案。

与其他合同的订立程序相同,建设工程合同的订立也要采取要约和承诺方式。根据《招标投标法》对招标、投标的规定,招标、投标、中标的过程实质就是要约、承诺的一种具体方式。招标人通过媒体发布招标公告,或向符合条件的投标人发出招标文件,为要约邀请;投标人根据招标文件内容在约定的期限内向招标人提交投标文件,为要约;招标人通过评标确定中标人,发出中标通知书,为承诺;招标人和中标人按照中标通知书、招标文件和中标人的投标文件等订立书面合同时,合同成立并生效。建设工程施工合同的订立往往要经历一个较长的过程。在明确中标人并发出中标通知书后,双方即可就建设工程施工合同的具体内容和有关条款展开谈判,直到最终签订合同。

5.1.6 合同的变更和转让

1. 合同变更

合同变更是指当事人约定的合同的内容发生变化和更改,即权利和义务变化的民事法律行为。合同变更有广义与狭义之分。狭义的合同变更,仅指合同内容的变更;广义的合同变更,包括合同内容的变更与合同主体的变更。前者是指当事人不变,合同的权利义务予以改变的现象;后者是指合同关系保持同一性,仅改换债权人或债务人的现象。无论是改换债权人,还是改换债务人,都发生合同权利、义务的移转,移转给新的债权人或者债务人,因此合同主体的变更实际上是合同权利、义务的转让。

2. 合同转让

合同转让是指当事人一方将其合同权利、合同义务或者合同权利和义务,全部或者部分转让给第三人。合同的转让，也就是合同主体的变更，准确地说是合同权利、义务的转让，即在不改变合同关系内容的前提下，使合同的权利主体或者义务主体发生变动。

5.1.7 建设工程合同的分类

1. 勘察设计合同

勘察设计合同是委托方与承包方为完成一定的勘察设计任务，明确相互权利义务关系的协议。勘察设计合同属于诺成合同，合同当事人意思达成一致即可。

勘察设计合同其实是由勘察合同和设计合同经过一定的逻辑组合而成。一个标准的勘察设计合同的基本结构分为合同协议书、合同条款及合同附件三大部分。从适用效力的角度来看，合同协议书的效力要高于合同条款，而合同条款的效力要高于合同附件，当三大部分所约定的条文出现前后不一致时，适用效力高的部分要优先适用于效力低的部分。

（1）合同协议书。所谓合同协议书，即对这份合同所相对应的特定项目（即标的项目）进行总括性的约定，并对一些特别事项进行约定所订立的合同。

合同协议书一般包括工程概况、勘察设计的范围、内容及方式、合同的价款、整份勘察设计合同的组成文件及适用优先顺序、其他特别规定。

（2）合同条款。所谓合同条款，即标的项目的正常进行所需的通常性约定。在这里，可以认为合同条款是对合同协议书约定内容的细化和补充。

合同条款包括总则、一般规定、勘察设计总承包、设计工作内容、设计质量、合同价款、勘察条款、合同双方权利义务、违约责任等。

（3）合同附件。合同附件即合同协议书与合同条款中所涉及的附件内容。

合同附件一般包括勘察设计计费表、履约保函、勘察设计任务书、中标通知书等。

2. 建设工程施工合同

建设工程施工合同是工程建设单位与施工单位，即发包方与承包方以完成商定的建设工程为目的，明确双方相互权利义务的协议。建设工程施工合同的发包方可以是法人，也可以是依法成立的其他组织或公民，而承包方必须是法人。

3. 监理合同

建设工程监理合同的全称为建设工程委托监理合同，也简称为监理合同，是指工程建设单位聘请监理单位代其对工程项目进行管理，明确双方权利、义务的协议。建设单位称为委托人，监理单位称为受托人。"合同"是一个总的协议，是纲领性文件，主要内容是当事人双方确认的委托监理工程的概况（工程名称、地点、规模及总投资）；合同签订、生效、完成时间；双方愿意履行约定的各项义务的承诺，以及合同文件的组成。

监理合同是委托任务履行过程中当事人双方的行为准则，因此内容应全面、用词要严谨。合同条款的组成结构包括以下几个方面：

（1）合同内所涉及的词语定义和遵循的法规；

（2）监理人的义务；

(3) 委托人的义务；

(4) 监理人的权利；

(5) 委托人的权利；

(6) 监理人的责任；

(7) 委托人的责任；

(8) 合同生效、变更与终止；

(9) 监理报酬；

(10) 其他；

(11) 争议的解决。

监理合同除"合同"之外还应包括以下内容：

(1) 监理投标书或中标通知书；

(2) 监理委托合同标准条件；

(3) 监理委托合同专用条件；

(4) 在实施过程中双方共同签署的补充与修正文件。

"合同"是一份标准的格式文件，经当事人双方在有限的空格内填写具体规定的内容并签字盖章后，即发生法律效力。在签订时应注意以下问题：

(1) 严把开工报告审查关，要求各承包商详细划分各分项工程，并按此申请开工。

(2) 严把材料质量关及试验检测关，不合格材料坚决清出现场，减少材料不良引起的质量隐患，对每一分项工程及工序严格按规范要求的检测频率检测，做到质量好坏及能否验收用数据说话。

(3) 建立高精度控制测量网。

(4) 严格督促承包商履约，尤其对承包商的主要技术管理人员、主要机构设备、试验设备要求按合同要求强制到位。对人员、设备建立符合审查制、进出请假制、进场报告制。

(5) 认真审查承包商对分项工程的施工技术方案和施工组织设计，对重大施工技术方案报总监代表审批。

(6) 严格按分项工程监理主要检查项目进行施工过程中的质量检查，认真、求实地填写检查表，对合格部分签字，不合格部分坚决要求整改、返工甚至拆除，严把工序质量及分项工程质量关。

(7) 严把计量支付关，做到计量须量测确定，支付须质量合格。

(8) 进行施工中安全因素检查，督促整改。

(9) 配合好业主外围的重点、关键工程部位的检测，如基桩超声波检测，并钻芯取样等。

(10) 认真处理好每项变更和签证。

4. 物资采购合同

物资采购合同是指具有平等主体的自然人、法人、其他组织之间为实现生产、工程物资的买卖，设立、变更、终止相互权利义务关系的协议，它属于买卖合同，依照协议，出卖人转移生产、工程物质的所有权于买受人，买受人接受生产、工程物质并支付价款。物资采购合同一般分为材料采购合同和设备采购合同。它具有买卖合同的一般特点，即以转移财产的所有权为目的，以支付价款为结价。

5.2 建设工程施工合同

5.2.1 建设工程施工合同的特点及合同当事人

1. 建设工程施工合同的特点

建设工程施工合同是发包人与承包人就完成具体工程项目的建筑施工、设备安装、设备调试、工程保修等工作内容，确定双方权利和义务的协议。施工合同是建设工程合同的一种，它与其他建设工程合同一样是双务有偿合同，在订立时应遵守自愿、公平、诚实信用等原则。

由于建筑产品是特殊的商品，它具有单件性、建设周期长、施工生产和技术复杂、工程付款和质量论证具备阶段性、受外界自然条件影响大等特点，因此施工合同与其他经济合同相比，具有自身的特点。

（1）合同标的的特殊性

施工合同的标的是各类建筑产品，建筑产品是不动产，建造过程中往往受到各种因素的影响，这就决定了每个施工合同的标的物不同于工厂批量生产的产品，具有单件性的特点。单件性是指不同地点建造的相同类型和级别的建筑，施工过程中所遇到的情况不尽相同，在甲工程施工中遇到的困难在乙工程不一定发生，而在乙工程施工中可能出现甲工程没有出现的问题。这就决定了每个施工合同的标的都是特殊的，相互间具有不可替代性。

（2）合同履行期限的长期性

由于建筑产品体积庞大、结构复杂、施工周期都较长，施工工期少则几个月，一般都是几年甚至十几年，在合同实施过程中不确定性影响因素多，受外界自然条件影响大，合同双方承担的风险高，当主观和客观情况发生变化时，就有可能造成施工合同的变化，因此施工合同的变更较频繁，施工合同争议和纠纷也比较多。

（3）合同内容的多样性和复杂性

与大多数合同相比，施工合同的履行期限长、标的额大，涉及的法律关系则包括了劳动关系、保险关系、运输关系、购销关系等，具有多样性和复杂性。这就要求施工合同的条款应当尽量详尽。

（4）合同管理的严格性

合同管理的严格性主要体现在：对合同签订管理的严格性；对合同履行管理的严格性；对合同主体管理的严格性。

【提示】

施工合同无论在合同文本结构还是合同内容上，都要反映上述特点，符合工程项目建设客观规律的内在要求，以保护施工合同当事人的合法权益，促使当事人严格履行自己的义务和职责，提高工程项目的社会效益和经济效益。

2. 建设工程施工合同当事人

施工合同当事人是发包人和承包人，双方按照所签订合同约定的义务，履行相应的责任。

1) 发包人

发包人有义务按专用条款约定的内容和时间完成以下工作：

(1) 开展土地征用、拆迁补偿、平整施工场地等工作，使施工现场具备施工条件，在开工后继续负责解决以上事项遗留问题。

(2) 将施工所需水、电、电信线路从施工场地外部接至专用条款约定地点，保证施工期间的需要。

(3) 开通施工场地与城乡公共道路的通道，以及专用条款约定的施工场地内的主要道路，满足施工运输的需要，保证施工期间的畅通。

(4) 向承包人提供施工场地的工程地质和地下管线资料，对资料的真实性、准确性负责。

(5) 办理施工许可证及其他施工所需证件、批件和临时用地、停水、停电、中断道路交通、爆破作业等的申请批准手续（证明承包人自身资质的证件除外）。

(6) 确定水准点与坐标控制点，以书面形式交给承包人，进行现场交验。

(7) 组织承包人和设计单位进行图纸会审和设计交底。

(8) 协调处理施工场地周围地下管线和邻近建（构）筑物（包括文物保护建筑）、古树名木的保护工作，并承担有关费用。

(9) 发包人应做的其他工作，双方在专用条款内约定。

【提示】

属于合同约定的发包人义务，如果出现不按合同约定完成，导致工期延误或给承包人造成损失，发包人应赔偿承包人的有关损失，延误的工期相应顺延。

2) 承包人

承包人应按专用条款约定的时间和要求，完成下列工作：

(1) 根据发包人的委托，在其设计资质允许的范围内，完成施工图设计或与工程配套的设计，经工程师确认后使用，发生的费用由发包人承担。如果属于设计施工总承包合同或承包工作范围内包括部分施工图设计任务，则在专用条款内需要约定承担设计任务单位的设计资质等级及设计文件的提交时间和文件要求（可能属于施工承包人的设计分包人）。

(2) 向工程师提供年、季、月工程进度计划及相应进度统计报表。专用条款内需要约定提供计划、报表的具体名称和时间。

(3) 按工程需要提供和维修非夜间施工使用的照明、围栏设施，并负责安全保卫。专用条款内需要约定具体的工作位置和要求。

(4) 按专用条款约定的数量和要求，向发包人提供在施工现场办公和生活的房屋及设施，发生的费用由发包人承担。专用条款内需要约定设施名称、要求和完成时间。

(5) 遵守有关主管部门对施工场地交通、施工噪声以及环境保护和安全生产等的管理规定，按规定办理有关手续，并以书面形式通知发包人，发包人承担由此发生的费用，因承包人责任造成的罚款除外。

（6）已竣工工程未交付发包人之前，承包人按专用条款约定负责已完工程的保护工作，保护期间发生损坏，承包人自费予以修复；发包人要求承包人采取特殊措施保护的工程部位和相应的追加合同价款，双方在专用条款内约定。

（7）按专用条款约定做好施工场地地下管线和邻近建（构）筑物（包括文物保护建筑）、古树名木的保护工作。

（8）保证施工场地清洁，符合环境卫生管理的有关规定，交工前清理现场达到专用条款约定的要求，承担因自身原因违反有关规定造成的损失和罚款。

（9）承包人应做的其他工作，双方在专用条款内约定。

承包人不履行上述各项义务，造成发包人损失的，应对发包人的损失给予赔偿。

5.2.2 施工合同的订立

1. 施工合同示范文本

《建设工程施工合同（示范文本）》（GF—2017—0201）（以下简称《示范文本》）适用于房屋建筑工程、土木工程、线路管道和设备安装工程、装修工程等建设工程的施工承发包活动，合同当事人可结合建设工程具体情况，根据《示范文本》订立合同，并按照法律法规规定和合同约定承担相应的法律责任及合同权利义务。

《示范文本》由合同协议书、通用合同条款和专用合同条款三部分组成。

1）合同协议书

《示范文本》合同协议书共计13条，主要包括工程概况、合同工期、质量标准、签约合同价与合同价格形式、项目经理、合同文件构成、承诺以及合同生效等重要内容，集中约定了合同当事人基本的合同权利义务。

2）通用合同条款

通用合同条款是指合同当事人根据《建筑法》《合同法》等法律法规的规定，就工程建设的实施及相关事项，对合同当事人的权利义务做出的原则性约定。

通用合同条款共计20条，具体条款分别为：一般约定，发包人，承包人，监理人，工程质量，安全文明施工与环境保护，工期和进度，材料与设备，试验与检验，变更，价格调整，合同价格、计量与支付，验收和工程试车，竣工结算，缺陷责任与保修，违约，不可抗力，保险，索赔和争议解决。前述条款安排既考虑了现行法律法规对工程建设的有关要求，也考虑了建设工程施工管理的特殊需要。

3）专用合同条款

专用合同条款是指对通用合同条款原则性约定的细化、完善、补充、修改或另行约定的条款。合同当事人可以根据不同建设工程的特点及具体情况，通过双方的谈判、协商对相应的专用合同条款进行修改补充。在使用专用合同条款时，应注意以下事项：

（1）专用合同条款的编号应与相应的通用合同条款的编号一致；

（2）合同当事人可以通过对专用合同条款的修改，满足具体建设工程的特殊要求，避免直接修改通用合同条款；

（3）在专用合同条款中有横道线的地方，合同当事人可针对相应的通用合同条款进行细化、完善、补充、修改或另行约定；如无细化、完善、补充、修改或另行约定，则填写"无"或画"/"。

2. 施工合同订立时需明确的内容

针对具体施工项目或标段的合同需要明确约定的内容较多，有些招标时已在招标文件的专用条款中做出了规定，另有一些还需要在签订合同时具体细化相应内容。

1) 施工现场范围和施工临时占地

发包人应明确说明施工现场永久工程的占地范围并提供征地图纸，以及属于发包人施工前期配合义务的有关事项，如从现场外部接至现场的施工用水、用电、用气的位置等，以便承包人进行合理的施工组织。

项目施工如果需要临时用地（招标文件中已说明或承包人投标书内提出要求），也需明确占地范围和临时用地移交承包人的时间。

2) 发包人提供图纸的期限和数量

标准施工合同适用于发包人提供设计图纸，承包人负责施工的建设项目。由于初步设计完成后即可进行招标，因此订立合同时必须明确约定发包人陆续提供施工图纸的期限和数量。如果承包人有专利技术且有相应的设计资质，可能约定由承包人完成部分施工图设计。同时也应明确承包人的设计范围，提交设计文件的期限、数量，以及监理人签发图纸修改的期限等。

3) 材料与设备

（1）发包人提供的材料和工程设备。发包人自行供应材料、工程设备的，应在签订合同时在专用合同条款的附件《发包人供应材料设备一览表》中明确材料、工程设备的品种、规格、型号、数量、单价、质量等级和送达地点。

（2）承包人采购材料与工程设备。承包人负责采购材料、工程设备的，应按照设计和有关标准要求采购，并提供产品合格证明及出厂证明，对材料、工程设备质量负责。合同约定由承包人采购的材料、工程设备，发包人不得指定生产厂家或供应商，发包人违反本款约定指定生产厂家或供应商的，承包人有权拒绝，并由发包人承担相应责任。

（3）材料与工程设备的接收与拒收。发包人应按《发包人供应材料设备一览表》约定的内容提供材料和工程设备，并向承包人提供产品合格证明及出厂证明，对其质量负责。发包人应提前 24 小时以书面形式通知承包人、监理人材料和工程设备到货时间，承包人负责材料和工程设备的清点、检验和接收。

承包人采购的材料和工程设备，应保证产品质量合格，承包人应在材料和工程设备到货前 24 小时通知监理人检验。承包人进行永久设备、材料的制造和生产的，应符合相关质量标准，并向监理人提交材料的样本以及有关资料，且应在使用该材料或工程设备之前获得监理人同意。

（4）材料与工程设备的保管与使用

① 发包人供应材料与工程设备的保管与使用。发包人供应的材料和工程设备，承包人清点后由承包人妥善保管，保管费用由发包人承担，但已标价工程量清单或预算书已经列支或专用合同条款另有约定除外。因承包人原因发生丢失毁损的，由承包人负责赔偿；监理人未通知承包人清点的，承包人不负责材料和工程设备的保管，由此导致丢

失毁损的由发包人负责。发包人供应的材料和工程设备使用前,由承包人负责检验,检验费用由发包人承担,不合格的不得使用。

② 承包人采购材料与工程设备的保管与使用。承包人采购的材料和工程设备由承包人妥善保管,保管费用由承包人承担。法律规定材料和工程设备使用前必须进行检验或试验的,承包人应按监理人的要求进行检验或试验,检验或试验费用由承包人承担,不合格的不得使用。发包人或监理人发现承包人使用不符合设计或有关标准要求的材料和工程设备时,有权要求承包人进行修复、拆除或重新采购,由此增加的费用和(或)延误的工期由承包人承担。

(5) 禁止使用不合格的材料和工程设备

① 监理人有权拒绝承包人提供的不合格材料或工程设备,并要求承包人立即进行更换。监理人应在更换后再次进行检查和检验,由此增加的费用和(或)延误的工期由承包人承担。

② 监理人发现承包人使用了不合格的材料和工程设备,承包人应按照监理人的指示立即改正,并禁止在工程中继续使用不合格的材料和工程设备。

③ 发包人提供的材料或工程设备不符合合同要求的,承包人有权拒绝,并可要求发包人更换,由此增加的费用和(或)延误的工期由发包人承担,并支付承包人合理的利润。

4) 异常恶劣的气候条件范围

施工过程中遇到不利于施工的气候条件直接影响施工效率,甚至被迫停工。气候条件对施工的影响是合同管理中一个比较复杂的问题,"异常恶劣的气候条件"属于发包人的责任,"不利气候条件"对施工的影响则属于承包人应承担的风险,因此,应当根据项目所在地的气候特点,在专用条款中明确界定不利于施工的气候和异常恶劣的气候条件之间的界限。如多少毫米以上的降水,多少级以上的大风,多少温度以上的超高温或超低温天气等,以明确合同双方对气候变化影响施工的风险责任。

5) 价格调整

物价浮动引起的合同价格调整。除专用合同条款另有约定外,市场价格波动超过合同当事人约定的范围,合同价格应当调整。合同当事人可以在专用合同条款中约定选择以下某一种方式对合同价格进行调整。

(1) 第 1 种方式:采用价格指数进行价格调整。

① 价格调整公式。因人工、材料和设备等价格波动影响合同价格时,根据专用合同条款中约定的数据,按以下公式计算差额并调整合同价格:

$$\Delta P = P_0 \left[A + \left(B_1 \times \frac{F_{t1}}{F_{01}} + B_2 \times \frac{F_{t2}}{F_{02}} + B_3 \times \frac{F_{t3}}{F_{03}} + \cdots + B_n \times \frac{F_{tn}}{F_{0n}} \right) - 1 \right]$$

式中　　ΔP——需调整的价格差额。

P_0——约定的付款证书中承包人应得到的已完成工程量的金额;此项金额应不包括价格调整、不计质量保证金的扣留和支付、预付款的支付和扣回;约定的变更及其他金额已按现行价格计价的,也不计在内。

A——定值权重（即不调部分的权重）。

B_1，B_2，B_3，…，B_n——各可调因子的变值权重（即可调部分的权重），为各可调因子在签约合同价中所占的比例。

F_{t1}，F_{t2}，F_{t3}，…，F_{tn}——各可调因子的现行价格指数，指约定的付款证书相关周期最后一天的前42天的各可调因子的价格指数。

F_{01}，F_{02}，F_{03}，…，F_{0n}——各可调因子的基本价格指数，指基准日期的各可调因子的价格指数。

以上价格调整公式中的各可调因子、定值和变值权重，以及基本价格指数及其来源在投标函附录价格指数和权重表中约定，非招标订立的合同，由合同当事人在专用合同条款中约定。价格指数应首先采用工程造价管理机构发布的价格指数，无前述价格指数时，可采用工程造价管理机构发布的价格代替。

② 暂时确定调整差额。在计算调整差额时无现行价格指数的，合同当事人同意暂用前次价格指数计算。实际价格指数有调整的，合同当事人进行相应调整。

③ 权重的调整。因变更导致合同约定的权重不合理时，按照合同商定或确定执行。

④ 因承包人原因工期延误后的价格调整。因承包人原因未按期竣工的，对合同约定的竣工日期后继续施工的工程，在使用价格调整公式时，应采用计划竣工日期与实际竣工日期的两个价格指数中较低的一个作为现行价格指数。

(2) 第2种方式：采用造价信息进行价格调整。

合同履行期间，因人工、材料、工程设备和机械台班价格波动影响合同价格时，人工、机械使用费按照国家或省、自治区、直辖市建设行政管理部门、行业建设管理部门或其授权的工程造价管理机构发布的人工、机械使用费系数进行调整；需要进行价格调整的材料，其单价和采购数量应由发包人审批，发包人确认需调整的材料单价及数量，作为调整合同价格的依据。

① 人工单价发生变化且符合省级或行业建设主管部门发布的人工费调整规定，合同当事人应按省级或行业建设主管部门或其授权的工程造价管理机构发布的人工费等文件调整合同价格，但承包人对人工费或人工单价的报价高于发布价格的除外。

② 材料、工程设备价格变化的价款调整按照发包人提供的基准价格，按以下风险范围规定执行：

a. 承包人在已标价工程量清单或预算书中载明材料单价低于基准价格的：除专用合同条款另有约定外，合同履行期间材料单价涨幅以基准价格为基础超过5%时，或材料单价跌幅以已标价工程量清单或预算书中载明材料单价为基础超过5%时，其超过部分据实调整。

b. 承包人在已标价工程量清单或预算书中载明材料单价高于基准价格的：除专用合同条款另有约定外，合同履行期间材料单价跌幅以基准价格为基础超过5%时，材料单价涨幅以已标价工程量清单或预算书中载明材料单价为基础超过5%时，其超过部分据实调整。

c. 承包人在已标价工程量清单或预算书中载明材料单价等于基准价格的：除专用合同条款另有约定外，合同履行期间材料单价涨跌幅以基准价格为基础超过±5%时，其超过部分据实调整。

d. 承包人应在采购材料前将采购数量和新的材料单价报发包人核对，发包人确认用于工程时，发包人应确认采购材料的数量和单价。发包人在收到承包人报送的确认资料后5天内不予答复的视为认可，作为调整合同价格的依据。未经发包人事先核对，承包人自行采购材料的，发包人有权不予调整合同价格。发包人同意的，可以调整合同价格。

【提示】

基准价格是指由发包人在招标文件或专用合同条款中给定的材料、工程设备的价格，该价格原则上应当按照省级或行业建设主管部门或其授权的工程造价管理机构发布的信息价编制。

③ 施工机械台班单价或施工机械使用费发生变化超过省级或行业建设主管部门或其授权的工程造价管理机构规定的范围时，按规定调整合同价格。

（3）第3种方式：专用合同条款约定的其他方式。

法律变化引起的合同价格调整。基准日期后，法律变化导致承包人在合同履行过程中所需要的费用发生除上述"物价浮动引起的合同价格调整"约定以外的增加时，由发包人承担由此增加的费用；减少时，应从合同价格中予以扣减。基准日期后，因法律变化造成工期延误时，工期应予以顺延。

因法律变化引起的合同价格和工期调整，合同当事人无法达成一致的，由总监理工程师按合同商定或确定的约定处理。

因承包人原因造成工期延误，在工期延误期间出现法律变化的，由此增加的费用和（或）延误的工期由承包人承担。

6）保险责任

（1）工程保险。除专用合同条款另有约定外，发包人应投保建筑工程一切险或安装工程一切险；发包人委托承包人投保的，因投保产生的保险费和其他相关费用由发包人承担。

（2）工伤保险

① 发包人应依照法律规定参加工伤保险，并为在施工现场的全部员工办理工伤保险，缴纳工伤保险费，且要求监理人及由发包人为履行合同聘请的第三方依法参加工伤保险。

② 承包人应依照法律规定参加工伤保险，并为其履行合同的全部员工办理工伤保险，缴纳工伤保险费，且要求分包人及由承包人为履行合同聘请的第三方依法参加工伤保险。

（3）其他保险。发包人和承包人可以为其施工现场的全部人员办理意外伤害保险并支付保险费，包括其员工及为履行合同聘请的第三方的人员，具体事项由合同当事人在专用合同条款约定。

除专用合同条款另有约定外，承包人应为其施工设备等办理财产保险。

（4）持续保险。合同当事人应与保险人保持联系，使保险人能够随时了解工程实施中的变动,并确保按保险合同条款要求持续保险。

(5)保险凭证。合同当事人应及时向另一方当事人提交其已投保的各项保险的凭证和保险单复印件。

(6)未按约定投保的补救

① 发包人未按合同约定办理保险,或未能使保险持续有效的,则承包人可代为办理,所需费用由发包人承担。发包人未按合同约定办理保险,导致未能得到足额赔偿的,由发包人负责补足。

② 承包人未按合同约定办理保险,或未能使保险持续有效的,则发包人可代为办理,所需费用由承包人承担。承包人未按合同约定办理保险,导致未能得到足额赔偿的,由承包人负责补足。

(7)通知义务。除专用合同条款另有约定外,发包人变更除工伤保险之外的保险合同时,应事先征得承包人同意,并通知监理人;承包人变更除工伤保险之外的保险合同时,应事先征得发包人同意,并通知监理人。

保险事故发生时,投保人应按照保险合同规定的条件和期限及时向保险人报告。发包人和承包人应当在知道保险事故发生后及时通知对方。

5.2.3 施工合同的谈判

合同谈判是建设工程施工合同签订双方对是否签订合同以及合同具体内容达成一致的协商过程。通过谈判,能够充分了解对方及项目的情况,为高层决策提供信息和依据。

1. 合同谈判的目的

1)发包人参加谈判的目的

(1)通过谈判,了解投标者报价的构成,进一步审核和压低报价。

(2)进一步了解和审查投标者的施工规划和各项技术措施是否合理,以及负责项目实施的班子力量是否足够雄厚,能否保证工程的质量和进度。

(3)根据参加谈判的投标者的建议和要求,也可吸收其他投标者的建议,对设计方案、图纸、技术规范进行某些修改,并估计可能对工程报价和工程质量产生的影响。

2)投标者参加谈判的目的

(1)争取中标,即通过谈判宣传自己的优势,包括技术方案的先进性、报价的合理性、所提建议方案的特点、许诺优惠条件等,以争取中标。

(2)争取合理的价格,既要准备应对业主的压价,又要准备当业主拟增加项目、修改设计或提高标准时适当增加报价。

(3)争取改善合同条款,包括争取修改过于苛刻的和不合理的条款,澄清模糊的条款和增加有利于保护承包商利益的条款。

2. 合同谈判的准备工作

开始谈判之前,一定要做好各个方面的准备工作。对于一个建设工程而言,一般都具有投资数额大、实施时间长的特点,而施工合同内容涉及技术、经济、管理、法律等领域。因此，在开始谈判之前，必须细致地做好以下几个方面的准备工作。

1）成立谈判组织

成立谈判组织，其工作内容主要包括谈判组成员组成的确定和谈判组长的人选确定。

（1）谈判组成员组成的确定。一般来说，谈判组成员的选择要考虑以下几点：能充分发挥每一个成员的作用；组长便于组内协调；具有专业知识组合优势；国际工程谈判时还要配备业务能力强，特别是外语写作能力较强的翻译。谈判组员以 3～5 人为宜，可根据谈判不同阶段的要求进行阶段性的人员更换，以确保谈判小组的知识结构与能力素质的针对性，取得最佳的效果。

（2）谈判组长的人选确定。谈判组长即主谈，是谈判小组的关键人物，一般要求主谈具有以下基本素质：具有较强的业务能力和应变能力；具有较宽的知识面和丰富的工程经验与谈判经验；具有较强的分析、判断能力，决策果断；年富力强，思维敏捷，体力充沛。

2）谈判前的资料准备

合同谈判前的资料准备工作的主要任务就是要收集整理有关合同对方及项目的各种基础资料和背景材料。这些资料的内容包括对方的资信状况、履约能力、发展阶段、已有成绩等，包括工程项目的由来、土地获得情况、项目目前的进展、资金来源等。资料准备可以起到双重作用：其一是双方在某一具体问题上争执不休时，提供证据资料、背景资料，可起到事半功倍的作用；其二是防止谈判小组成员在谈判中出现口径不一的情况，以免造成被动局面。

3）具体分析

在获得了相关资料以后，需要对本方、对方的情况和谈判目标进行一定的分析。

（1）对本方的分析。签订工程施工合同之前，首先要确定工程施工合同的标的物，即拟建工程项目。发包方必须运用科学研究的成果，对拟建工程项目的投资进行综合分析和论证。发包方必须按照可行性研究的有关规定做定性和定量的分析研究，包括工程水文地质勘察、地形测量以及项目的经济、社会、环境效益的测算比较，在此基础上论证工程项目在技术上、经济上的可行性，对各种方案进行比较，筛选出最佳方案。依据获得批准的项目建议书和可行性研究报告，编制项目设计任务书并选择建设地点。建设项目的设计任务书和选点报告批准后，发包方就可以委托取得工程设计资格证书的设计单位进行设计，然后再进行招标。

对于承包方，在发包方发出招标公告后，不应盲目地投标，而是应该做一系列调查研究工作。主要考察的问题有：工程建设项目是否确实由发包方立项？项目的规模如何？是否适合自身的资质条件？发包方的资金实力如何？等等。这些问题可以通过审查有关文件，如发包方的法人营业执照、项目可行性研究报告、立项批复、建设用地规划许可证等加以解决。

【提示】

承包方为承接项目，可以主动提出某些让利的优惠条件，但是，在项目是否真实、发包方主体是否合法、建设资金是否落实等原则性问题上不能让步；否则，即使在竞争中获胜，中标承包了项目，一旦发生问题，合同的合法性和有效性就得不到保证，此种情况下，受损害最大的往往是承包方。

（2）对对方的分析。对对方基本情况的分析主要从以下几个方面入手。

① 对对方谈判人员的分析，主要了解对手的谈判组由哪些人员组成，了解他们的身份、地位、性格、喜好、权限等，以注意与对方建立良好的关系，发展谈判双方的友谊，争取在谈判以前就有了亲切感和信任感，为谈判创造良好的氛围。

② 对对方实力的分析，主要是指对对方诚信、技术、财力、物力等状况的分析。可以通过各种渠道和信息取得有关资料。

③ 对谈判目标进行可行性分析。分析工作中还包括分析自身设置的谈判目标是否正确合理、是否切合实际、是否能被对方接受，以及对方设置的谈判目标是否合理。如果自身设置的谈判目标有疏漏或错误，就盲目接受对方不合理的谈判目标，同样会造成项目实施过程中的后患。在实际中，由于承包方中标心切，往往接受发包方极不合理的要求，比如带资、垫资、工期短等，造成其在今后发生回收资金、获取工程款、工期反索赔方面的困难。

④ 对双方地位进行分析。在此项目上与对方相比，己方所处地位的分析也是必要的。这一地位包括整体的与局部的优、劣势。如果己方在整体上存在优势，而在局部存有劣势，则可以通过以后的谈判等弥补局部的劣势。但如果己方在整体上已处于劣势，则除非能有契机转化这一情势，否则就不宜再耗时、耗资去进行无益的谈判。

4）谈判的议程安排

谈判的议程安排主要指谈判的地点选择、主要活动安排等准备内容。承包合同谈判的议程安排，一般由发包人提出，征求对方意见后再确定。作为承包方要充分认识到非"主场"谈判的难度，做好充分的心理准备。

3. 合同谈判内容

1）关于工程范围

谈判中应使施工、设备采购、安装与调试、材料采购、运输与储存等工作的范围具体明确，责任分明，以防报价漏项及引发施工过程中的矛盾。现举例说明如下。

（1）有的合同条件规定："除另有规定外的一切工程""承包商可以合理推知需要提供的为本工程服务所需的一切辅助工程"等。其中，不确定的内容可做无限制解释的，应该在合同中加以明确，或争取写明："未列入本合同中的工程量表和价格清单的工程内容，不包括在合同总价内。"

（2）在某些材料供应合同中，常规是写："……材料送到现场。"但是有些工地现场范围极大，对方只要送进工地围墙以内，就理解为"送到现场"。这对施工单位很不利，要增加二次搬运费。严谨的写法为："……材料送到操作现场。"

（3）对于"可供选择的项目"，应力争在签订合同前予以明确。如果确实难以在签订合同时澄清，则应当确定一个具体的期限来选定这些项目是否需要施工。应当注意，如果这些项目的确定时间太晚，可能会影响材料设备的订货，使承包商蒙受不应有的损失。

（4）对于现场监理工程师的办公建筑、家具设备、车辆和各项服务，如果已包括在投标价格中，而且招标书规定得比较明确和具体，则应当在签订合同时予以审定和确认。特别是对于建筑面积和标准、设备和车辆的牌号以及服务的详细内容等，应当十分具体和明确。

（5）某总包与分包签订的合同中写明："总包同意在分包完成工程，经监理工程师签发证书，并在业主支付总承包商该项已完工程款后 30 日内，向分包付款。"表面看似乎合理，实际上是总包转移风险的手段。因为发包人与总包之间的原因有很多方面，而监理工程师不签发证书，致使发包人拒绝或拖延向总包付款并非一定是分包的原因。这种笼统地把总包得到付款作为向分包付款的前提是不合理的。应补充以下条款："如果监理工程师未签发证书，或总包未能收到发包人付款，并非分包违约，那么总包应向分包支付其实际完成的工程款和最后结算款。"

2）关于合同文件

对当事人来说，合同文件就是法律文书，应该使用严谨、周密的法律语言，不能使用日常通俗语言或"工程语言"，以防一旦发生争端合同中无准确依据，影响合同的履行，并为索赔创造一定的条件。

（1）对拟定合同文件中的缺欠，经双方协商一致同意后，可进行修改和补充，并应整理为正式的"补遗"或"附录"，由双方签字作为合同的组成部分，注明哪些条件由"补遗"或"附录"中的相应条款替代，以免发生矛盾与误解，在实施工程中发生争端。

（2）应当由双方同意将投标前发包人对各投标人质疑的书面答复或通知作为合同的组成部分，因为这些答复或通知既是标价计算的依据，也可能是今后索赔的依据。

（3）承包商提供的施工图纸是正式的合同文件内容。不能只认为"发包人提交的图纸属于合同文件。"应该表明"与合同协议同时由双方签字确认的图纸属于合同文件。"以防发包人借补充图纸的机会增加工程内容。

（4）对于作为付款和结算工程价款依据的工程量及价格清单，应该根据议标阶段做出的修正重新整理和审定，并经双方签字。

（5）即使采用的是标准合同文本，在签字前也须全面检查，对于关键词语和数字更应反复核对，不得有任何差错。

3）关于双方的一般义务

关于双方的一般义务的谈判内容主要包括：有关监理工程师命令的执行；关于履约保证；关于工程保险；关于工人的伤亡事故保险和其他社会保险；关于不可预见的自然条件和人为障碍处理等的条款内容。

4）关于劳务

关于劳务的谈判内容主要涉及以下几个方面。

（1）劳务来源与劳务选择权；劳务队伍的能力素质与资质要求；劳务费取费标准确定；关于劳务的聘用与解雇的有关规定；有关保险事宜等。

（2）在进行国际工程承包时，有关劳务的谈判内容则更加复杂。例如，发包人协助取得各种许可手续的责任；因劳务短缺造成延误工期的处理；为提高工效和缩短工期而需加班的允许条件及处理方法；现场人员必须遵守当地法律，尊重当地风俗习惯，禁酒，禁止出售和使用麻醉毒品、武器弹药，不得扰乱社会治安的条款；有关劳务的节假日；当地的劳工法、移民法、出入境规定及个人所得税法的规定等。

5) 关于工程的开工和工期

工期是施工合同的关键条件之一，是影响价格的一项重要因素，同时也是违约误期罚款的唯一依据。工期确定是否合理，直接影响着承包商的经济效益，影响业主所投资的工程项目能否早日投入使用，因此，工期确定一定要讲究科学性、可操作性，同时要注意以下问题：

(1) 不能把工期混同为合同期。合同期是表明一个合同的有效期间，从合同生效之日到合同终止。而工期是对承包商完成其工作所规定的时间。在工程承包合同中，通常施工期虽已结束，但合同期并未终止。

(2) 应明确规定保证开工的措施。要保证工程按期竣工，首先要保证按时开工。将发包方影响开工的因素列入合同条件之中。如果由于发包方的原因导致承包方不能如期开工，则工期应顺延。

(3) 施工中，如因变更设计造成工程量增加或修改原设计方案，或工程师不能按时验收工程，承包方有权要求延长工期。

(4) 必须要求发包方按时验收工程，以免拖延付款，影响承包方的资金周转和工期。

(5) 发包方向承包方提交的现场应包括施工临时用地，并写明其占用土地的一切补偿费用均由发包方承担。

(6) 如果工程项目付款中规定有初期工程付款，其中包括临时工程占用土地的各项费用开支，则承包商应在投标前做周密调查，尽可能减少日后额外占用的土地数量，并将所有费用列入报价。

(7) 应规定现场移交的时间和移交的内容。现场移交应包括场地测量图纸、文件和各种测量标志的移交。

(8) 单项工程较多的工程，应争取分批竣工，并提交工程师验收，发给竣工证明。工程全部具备验收条件而发包方无故拖延验收时，应规定发包方向承包方支付工程费用。

(9) 由于发包人及其他非承包商原因造成工期延长，承包商有权提出延长工期要求。在施工过程中，如发包人未按时交付合格的现场、图纸及批准承包商的施工方案，增加工程量或修改设计内容，或发包人不能按时验收已完成工程而迫使承包商中断施工等，承包商有权要求延长工期，要在合同中明确规定。

6) 关于材料和操作工艺

关于材料和操作工艺谈判主要包括以下内容：

(1) 材料供应方式，即发包人供应材料还是承包商提供材料。

(2) 材料的种类、规格、数量、单价与质量等级。

(3) 材料提供的时间、地点。

(4) 对于报送给监理工程师或发包方审批的材料样品，应规定答复期限。发包方或监理工程师在规定答复期限不予答复，则视作"默许"。经"默许"后再提出更换，应该由发包方承担延误工期和原报批的材料已订货而造成的损失。

（5）对于应向监理工程师提供的现场测量和试验的仪器设备，应在合同中列出清单，写明名称、型号、规格、数量等。如果超出清单内容，则应由发包方承担超出的费用。

（6）关于工序质量检查问题。如果监理工程师延误了上一道工序的检查时间，往往使承包方无法按期进行下一道工序，而使工程进度受到严重影响。因此，应对工序检验制度做出具体规定。特别是对需要及时安排检验的工序要有时间限制。当超出限制时，若监理工程师未予检查，则承包方可认为该工序已被接受，可进行下一道工序的施工。

7）关于工程的变更和增减

关于工程的变更和增减谈判主要涉及工程变更与增减的基本要求，由于工程变更导致的经济支出，承包商核实的确定方法，发包人应承担的责任，延误的工期处理等内容。其主要包括：

（1）工程变更应有一个合适的限额，超过限额，承包商有权修改单价。

（2）对于单项工程的大幅度变更，应在工程施工初期提出，并争取规定限期。超过限期大幅度增加单项工程，由发包人承担材料、工资价格上涨而引起的额外费用；大幅度减少单项工程，发包人应承担材料已订货而造成的损失。

8）关于工程维修

（1）应当明确维修工程的范围和维修责任。承包商只能承担由于材料和工艺不符合合同要求而产生缺陷、没有看管好工程而遭损坏时的责任。

（2）一些重要、复杂的工程，若要求承包商对其施工的工程主体结构进行寿命担保，则应规定合理的年限值、担保的内容和方式。承包商可争取用保函担保，或者在工程保险时一并由保险公司担保。

9）关于付款

付款是承包商最为关心也是最为棘手的问题。发包人和承包商之间发生的争议，有很多与付款问题相关。关于付款主要涉及如下问题。

（1）价格问题。价格是施工合同最主要的内容之一，是双方讨论的关键，它包括单价、总价、工资、加班费和其他各项费用，以及付款方式和付款的附带条件等。价格主要是受工作内容、工期和其他各项义务的制约。在进行工程价格谈判时，一定要注意以下几个方面：

① 采用固定价格投标，还是同时考虑合同可包括一些伸缩性条款来应付货币贬值、物价上涨等变化因素，即遇到货币贬值等因素时合同价格是否可以调整等。

② 有无可能采用成本加酬金合同形式。

③ 在合同期间，发包人是否能够保证一种商品价格的稳定。如在国际承包活动中，有些国家虽然要求承包商用固定价格投标，但可保证少数商品价格稳定。

（2）货币问题。货币问题主要是指货币兑换限制、货币汇率浮动、货币支付问题。货币支付条款主要有：固定货币支付条款，即合同中规定支付货币的种类和各种货币的数额，今后按此付款，而不受货币价值浮动的影响；选择性货币条款，即可在几种不同的货币中选择支付，并在合同中用不同的货币标明价格。这种方式不受货币价值浮动的影响，但关键在于选择权属于谁，承包商应争取主动权。

（3）支付问题。支付问题主要是指支付时间、支付方式和支付保证等问题。由于货币时间价值的存在，同等金额的工程款，承包商所能获取的实际利益却是不同的。常包括的支付内容主要有：工程预付款、工程进度款、最终付款和退还保留金等。付款方式则有：现金支付、实物支付、汇兑支付、异地支付、转账支付等。对于承包商来说，一定要争取得到预付款，而且预付款的偿还按预付款与合同总价的同一比例每次在工程进度款中扣除为好。对于工程进度付款，应争取它不仅包括当月已完成的工程价款，还应包括运到现场的合格材料与设备费用。最终付款，意味着工程的竣工，承包商有权取得全部工程的合同价款中一切尚未付清的款项。关于退还保留金问题，承包商争取降低扣留金额的数额，使之不超过合同总价的5%；并争取工程竣工验收合格后全部退回，或者用维修保函代替扣留的应付工程款。

10）关于工程验收

工程验收主要包括对中间和隐蔽工程的验收、竣工验收和对材料设备的验收。在审查验收条款时，应注意的问题是验收范围、验收时间和验收质量标准等是否在合同中明确表明。因为验收是承包工程实施过程中的一项重要工作，它直接影响工程的工期和质量，需要认真对待。

11）关于违约责任

为了确认违约责任，以便处罚得当，在审查违约责任条款时，应注意以下两点。

（1）要明确不履行合同的行为，如合同到期后未能完工，或施工过程中施工质量不符合要求，或劳务合同中的人员素质不符合要求，或发包人不能按期付款等。在对自己一方确定违约责任时，一定要同时规定对方的某些行为是自己一方履约的先决条件，否则不应构成违约责任。

（2）针对自己关键性的权利，即对方的主要义务，应向对方规定违约责任。例如，承包商必须按期、按质完工，发包人必须按规定付款等，都要详细规定各自的履约义务和违约责任。规定对方的违约责任就是保证自己享有的权利。

【提示】

需要谈判的内容非常多，而且双方均以维护自身利益为核心进行谈判，更增加了谈判的难度和复杂性。就某一具体谈判而言，由于受项目的特点、不同的谈判的客观条件等因素影响，在谈判内容上通常有所侧重，需谈判小组认真仔细地研究，进行具体谋划。

4. 合同谈判的策略和技巧

谈判是通过不断的会晤确定各方权利、义务的过程，它直接关系到谈判桌上各方最终利益的得失。因此，谈判绝不是一项简单的机械性工作，而是集合了策略与技巧的艺术。以下介绍几种常见的合同谈判策略和技巧。

1）掌握谈判的进程

谈判大体上可分为五个阶段，即探测、报价、还价、拍板和签订合同。谈判各个阶段中谈判人员应该采取的策略主要有以下几种。

（1）设计探测策略。探测阶段是谈判的开始，设计探测策略的主要目的在于尽快摸清对方的意图、关注的重点，以便在谈判中做到对症下药、有的放矢。

（2）讨价还价技巧。此阶段是谈判的实质性进展阶段。在本阶段中双方从各自的利益出发，相互交锋、相互角逐。谈判人员应保持清醒的头脑，在争论中保持心平气和的态度，临阵不乱、镇定自若、据理力争。要避免不礼貌的提问，以防引起对方反感甚至导致谈判破裂。应努力求同存异，创造和谐气氛逐步接近。

（3）控制谈判的进程。工程建设这样的大型谈判一定会涉及诸多需要讨论的事项，而各谈判事项的重要性并不相同，谈判各方对同一事项的关注程度也并不相同。成功的谈判者善于掌握谈判的进程，在充满合作气氛的阶段，展开对自己所关注议题的商讨，从而抓住时机，达成有利于己方的协议。而在气氛紧张时，则引导谈判进入双方具有共识的议题，一方面可缓和气氛；另一方面可缩小双方差距，推进谈判进程。同时，谈判者应懂得合理分配谈判时间。对于各议题的商讨时间应得当，不要过多拘泥于细节性问题。这样，可以缩短谈判时间、降低交易成本。

（4）注意谈判氛围。谈判各方往往存在利益冲突，要顺利获得谈判成功是不现实的。但有经验的谈判者会在各方分歧严重、谈判气氛激烈的时候采取润滑措施，舒缓压力。

2）打破僵局策略

僵局往往是谈判破裂的先兆，为使谈判顺利进行并取得谈判成功，遇有僵持的局面必须适时采取相应策略，常用的打破僵局的方法如下。

（1）拖延和休会。当谈判遇到障碍、陷入僵局的时候，拖延和休会可以使明智的谈判方有时间冷静思考，在客观分析形势后提出替代性方案。在一段时间的冷处理后，各方都可以进一步考虑整个项目的意义，进而弥合分歧，将谈判从低谷引向高潮。

（2）假设条件。当遇有僵持局面时，可以主动提出假设我方让步的条件，试探对方的反应，这样可以缓和气氛，增加解决问题的方案。

（3）私下个别接触。当出现僵持局面时，观察对方谈判小组成员对引发僵持局面的问题的看法是否一致，寻找对本方意见的同情者与理解者，或对对方的主要持不同意见者，通过私下个别接触缓和气氛、消除隔阂、建立个人友谊，为下一步谈判创造有利条件。

（4）设立专门小组。本着求同存异的原则，谈判中遇到各类障碍时，不必一一都在谈判桌上解决，而是建议设立若干专门小组，由双方的专家或组员去分组协商，提出建议。一方面可使僵持的局面缓解；另一方面可提高工作效率，使问题得以圆满解决。

3）高起点战略

谈判的过程是各方妥协的过程，通过谈判，各方都或多或少会放弃部分利益以求得项目的进展。而有经验的谈判者在谈判之初会有意识地向对方提出苛刻的谈判条件。这样对方会过高估计本方的谈判底线，从而在谈判中做出更多让步。

4）避实就虚策略

这是《孙子兵法》中已提出的策略。谈判各方都有自己的优势和弱点。谈判者应在充分分析形势的情况下做出正确判断，利用对方的弱点，猛烈攻击，迫其就范、做出妥协。而对于己方的弱点，则要尽量注意回避。

5) 对等让步策略

为使谈判取得成功，谈判中对对方所提出的合理要求进行适当让步是必不可少的，这种让步要求对双方都是存在的。但单向的让步要求则很难达成，因而主动在某问题上让步时，同时对对方提出相应的让步条件，一方面可争得谈判的主动；另一方面又可促使对方让步条件的达成。

6) 充分利用专家的作用

现代科技发展使个人不可能成为多方面的专家。而工程项目谈判又涉及广泛的学科领域。充分发挥各领域专家的作用，既可以在专业问题上获得技术支持，又可以利用专家的权威性给对方施以心理压力。

5.2.4 施工合同的签订

建设工程施工合同签订的过程，是当事人双方互相协商并最后就各方的权利、义务达成一致意见的过程。签约是双方意志统一的表现。签订施工合同的时间很长，实际上它是从准备招标文件开始，继而招标、投标、评标、中标，直到合同谈判结束为止的一段时间。

1. 施工合同签订的原则

施工合同签订的原则是指贯穿于订立施工合同的整个过程，对承、发包双方签订合同起指导和规范作用，双方均应遵守的准则。建设工程施工合同的签订原则如下。

1) 依法签订原则

(1) 必须依据相关法律、法规签订。

(2) 合同的内容、形式、签订的程序均不得违法。

(3) 当事人应当遵守法律、行政法规和社会公德，不得扰乱社会经济秩序，不得损害社会公共利益。

(4) 根据招标文件的要求，结合合同实施中可能发生的各种情况进行周密、充分的准备，按照缔约过失责任原则，保护企业的合法权益。

2) 平等互利、协商一致的原则

(1) 发包方、承包方作为合同的当事人，双方均平等地享有经济权利并平等地承担经济义务，其经济法律地位是平等的，没有主从关系。

(2) 合同的主要内容须经双方协商达成一致，不允许一方将自己的意志强加于对方，也不允许一方以行政手段干预对方、压服对方。

3) 等价有偿的原则

(1) 签约双方的经济关系要合理，当事人的权利、义务是对等的。

(2) 合同条款中也应充分体现等价有偿原则，即：

① 一方给付，另一方必须按价值相等原则做相应给付。

② 不允许发生无偿占有、使用另一方财产现象。

③ 工期提前、质量全优者，要予以奖励。

④ 延误工期、质量低劣者，应予以罚款。

⑤ 提前竣工的收益由双方共同分享。

4）严密完备的原则

（1）充分考虑施工期内各个阶段，施工合同主体间可能发生的各种情况和一切容易引起争端的焦点问题，并预先约定解决问题的原则和方法。

（2）条款内容力求完备、避免疏漏，措辞力求严谨、准确、规范。

（3）对合同变更、纠纷协调、索赔处理等方面应有严格的合同条款做保证，以减少双方的矛盾。

5）履行法律程序的原则

（1）签约双方都必须具备签约资格，手续健全齐备。

（2）代理人超越代理人权限签订的工程合同无效。

（3）签约的程序符合法律规定。

（4）签订的合同必须经过合同管理的授权机关鉴证、公证和登记等手续，对合同的真实性、可靠性、合法性进行审查，并给予确认，方能生效。

2. 施工合同签订的形式

《合同法》第十条规定："当事人订立合同，有书面形式、口头形式和其他形式。法律、行政法规规定采用书面形式的，应当采用书面形式。当事人约定采用书面形式的，应当采用书面形式。"书面形式是指合同书、信件和数据电文（包括电报、电传、传真、电子数据交换和电子邮件）等可以有形地表现所载内容的形式。

《合同法》第二百七十条规定："建设工程合同应当采用书面形式。"主要是因为施工合同涉及面广、内容复杂、标的金额大。

3. 施工合同签订的程序

建筑施工企业在签订施工合同中，应遵循以下程序：

1）进行市场调查并建立联系

（1）施工企业对建筑市场进行调查研究。

（2）追踪获取拟建项目的情况和信息，以及业主情况。

（3）当对某项工程有承包意向时，可进一步详细调查并与业主取得联系。

2）表明合作意愿，进行投标报价

（1）接到招标单位邀请或公开招标通告后，企业领导做出投标决策。

（2）向招标单位提出投标申请书，表明投标意向。

（3）研究招标文件，着手具体的投标报价工作。

3）协商谈判

（1）接受中标通知书后，组成包括项目经理在内的谈判小组，依据招标文件和中标书草拟合同专用条款。

（2）与发包人就工程项目具体问题进行实质性谈判。

（3）通过协商达成一致，确立双方具体权利与义务，形成合同条款。

（4）参照施工合同示范文本和发包人拟定的合同条件与发包人订立施工合同。

4）签署书面合同

（1）施工合同应采用书面形式的合同文本。

(2) 合同使用的文字要经双方确定，用两种以上语言的合同文本，还须注明几种文本是否具有同等法律效力。

(3) 合同内容要详尽、具体，责任义务要明确，条款应严密、完整，文字表达应准确、规范。

(4) 确认甲方，即业主或委托代理人的法人资格或代理权限。

(5) 施工企业经理或委托代理人代表承包方与甲方共同签署施工合同。

5) 鉴证与公证

(1) 合同签署后，必须在合同规定的时限内完成履约保函、预付款保函、有关保险等保证手续。

(2) 送交工商行政管理部门对合同进行鉴证并缴纳印花税。

(3) 送交公证处对合同进行公证。

(4) 经过鉴证、公证，确认合同的真实性、可靠性、合法性后，合同发生法律效力，并受法律保护。

5.2.5 施工合同的审查

合同双方当事人在合同签订前要进行合同审查。所谓合同审查，是指在合同签订前，将合同文本"解剖"开来，检查合同结构和内容的完整性以及条款之间的一致性，分析评价每一合同条款执行的法律后果及其中的隐含风险，为合同的谈判和签订提供决策依据。

通过合同审查，可以发现合同中存在的内容含糊、概念不清之处或自己未能完全理解的条款，并加以仔细研究，认真分析，采取相应的措施，以减少合同中的风险，减少合同谈判和签订中的失误，有利于合同双方合作愉快，促进建设工程项目施工的顺利进行。

对于一些重大的建设工程项目或合同关系和内容很复杂的工程，合同审查的结果应经律师或合同法律专家核对评价，或在他们的直接指导下进行审查后才能正式签订双方间的施工合同。

1. 合同效力的审查

合同效力是指合同依法成立所具有的约束力。对建设工程施工合同效力的审查，基本上从合同主体、客体、内容三个方面加以考虑。结合实践情况，主要审查以下几个方面。

(1) 签订合同双方是否有经营资格

建设工程施工合同的签订双方是否有专门从事建筑业务的资格，是合同有效、无效的重要条件之一。例如，作为发包方的房地产开发公司应有相应的开发资格；作为承包方的勘察、设计、施工单位均应有其经营资格。

(2) 签订工程施工合同的主体是否具备相应资质

建设工程是"百年大计"的不动产产品，而不是一般的产品，因此，工程施工合同的主体除了具备可以支配的财产、固定的经营场所和组织机构外，还必须具备与建设工程项目相适应的资质条件，而且也只能在资质证书核定的范围内承接相应的建设工程任务，不得擅自越级或超越规定的范围。

（3）订立的合同是否违反法定程序

如前所述，订立合同由要约与承诺两个阶段构成。在工程施工合同尤其是总承包合同和施工总承包合同的订立中，通常通过招标投标的程序，招标为要约邀请，投标为要约，中标通知书的发出意味着承诺。对通过这一程序缔结的合同，《招标投标法》有着严格的规定。

首先，《招标投标法》对必须进行招标投标的项目做了限定，具体内容见前面章节所述；其次，招投标遵循公平、公正的原则，违反这一原则，也可能导致合同无效。

（4）所签订的合同是否违反关于分包和转包的规定

《建筑法》允许建设工程总承包单位将承包工程中的部分发包给具有相应资质条件的分包单位，但是除总承包合同中约定的分包外，其他分包必须经建设单位认可。而且属于施工总承包的，建筑工程主体结构的施工必须由总承包单位自行完成。也就是说，未经建设单位认可的分包和施工总承包单位将工程主体结构分包出去所订立的分包合同，都是无效的。此外，将建设工程分包给不具备相应资质条件的单位或分包后将工程再分包的，均是法律禁止的。

《建筑法》及其他法律、法规对转包行为均做了严格规定。转包包括承包单位将其承包的全部建筑工程转包，承包单位将其承包的全部建筑工程肢解以后以分包的名义分别转包给他人。属于转包性质的合同，也因其违法而无效。

（5）所订立的合同是否违反其他法律和行政法规

如合同内容违反法律和行政法规，也可能导致整个合同的无效或合同的部分无效。例如，发包方指定承包单位购入的用于工程的建筑材料、构配件，或者指定生产厂、供应商等，此类条款均为无效。合同中某一条款的无效，并不必然影响整个合同的有效性。

实践中，构成合同无效的情况众多，需要有一定法律知识方能判别。所以，建议承发包双方将合同审查落实到合同管理机构和专门人员，每一项目的合同文本均须经过经办人员、部门负责人、法律顾问、总经理等几道审查步骤，批注具体意见，必要时还应听取财务人员的意见，以期尽量完善合同，确保在谈判时确定己方利益能够得到最大保护。

2. 合同内容的审查

合同条款的内容直接关系到合同双方的权利、义务，在建设工程施工合同签订之前，应当严格审查各项合同内容，其中尤其应注意以下内容。

1）确定合理的工期

工期过长，不利于发包方及时收回投资；工期过短，不利于承包方工程质量的确保以及施工过程中建筑半成品的养护。因此，对承包方而言，应当合理计算自己能否在发包方要求的工期内完成承包任务，否则应当按照合同约定承担逾期竣工的违约责任。

2）明确双方代表的权限

在建设工程施工合同中通常都明确甲方代表和乙方代表的姓名和职务，但对其作为代表的权限则往往规定不明。由于代表的行为代表了合同双方的行为，因此有必要对其权利范围以及权利限制做一定约定。

3）明确工程造价或工程造价的计算方法

工程造价条款是工程施工合同的必备和关键条款，但通常会发生约定不明的情况，往往为日后争议与纠纷的发生埋下隐患。而处理这类纠纷，法院或仲裁机构一般委托有权审价单位鉴定造价，势必使当事人陷入旷日持久的诉讼，更何况经审价得出的造价也因缺少可靠的计算依据而缺乏准确性，对维护当事人的合法权益极为不利。

【提示】

如何在订立合同时就能明确工程造价？"设定分阶段决算程序，强化过程控制"将是一种有效的方法。具体而言，就是在设定承发包合同时增加工程造价过程控制的内容，按工程形象进度分段进行预决算并确定相应的操作程序，使承发包合同签约时不确定的工程造价，在合同履行过程中按约定的程序得到确定，从而避免可能出现的造价纠纷。

4）明确材料和设备的供应

由于材料、设备的采购和供应引发的纠纷非常多，故必须在合同中明确约定相关条款，包括发包方或承包方所供应或采购的材料和设备的名称、型号、规格、数量、单价、质量要求、运送到达工地的时间、验收标准、运输费用的承担、保管责任、违约责任等。

5）明确工程竣工交付标准

应当明确约定工程竣工交付的标准。如发包方需要提前竣工，而承包方表示同意的，则应约定由发包方另行支付赶工费用或奖励。因为赶工意味着承包方将投入更多的人力、物力、财力，劳动强度增大，损耗也会随之增加。

6）明确违约责任

违约责任条款订立的目的在于促使合同双方严格履行合同义务，防止违约行为的发生。发包方拖欠工程款、承包方不能保证施工质量或不按期竣工，均会给对方以及第三方带来不可估量的损失。审查违约责任条款时，要注意以下两点。

（1）对违约责任的约定不应笼统化，而应区分情况做相应约定。有的合同不区分违约的具体情况，笼统地约定一笔违约金，这没有与因违约造成的真正损失额挂钩，从而会导致违约金过高或过低的情形，是不妥当的。应当针对不同的情形做不同的约定，如质量不符合合同约定标准应当承担的责任、因工程返修造成工期延长的责任、逾期支付工程款所应承担的责任等，衡量标准均不同。

（2）对双方的违约责任的约定是否全面。在工程施工合同中，双方的义务繁多，有的合同仅对主要的违约情况做了违约责任的约定，而忽视了违反其他非主要义务所应承担的违约责任。但实际上，违反这些义务极可能影响到整个合同的履行。

5.3　建设工程施工合同的履行

5.3.1　施工合同履行的概念

建设工程施工合同履行是指工程建设项目的发包方和承包方根据合同规定的时间、

地点、方式、内容及标准等要求，各自完成合同义务的行为。对于发包方来说，履行合同最主要的义务是按照合同约定支付合同价款，而承包方最主要的义务是按约定交付合格的建筑产品。但是，当事人双方的义务都不是单一的最后交付行为，而是一系列义务的总和。当事人双方对合同约定的义务的履行具有法律约束力，任何一方当事人违反合同约定而给对方造成损失，都应当承担赔偿责任。

5.3.2 施工合同履行的原则

1. 全面履行原则

当事人应当严格按合同约定履行自己的义务，包括合同约定的数量、质量、标准、价格、方式、地点、期限等。全面履行原则对合同的履行具有重要意义，它是判断合同各方是否违约以及违约应当承担何种违约责任的根据和尺度。

2. 实际履行原则

当事人一定要按合同约定履行义务，不能用违约金或赔偿金来代替合同的标的。任何一方违约时，不能以支付违约金或赔偿损失的方式来代替合同的履行，守约一方要求继续履行的，应当继续履行。

3. 协作履行原则

合同当事人各方在履行合同过程中，应当互谅、互助，尽可能为对方履行合同义务提供相应的便利条件。各方应本着共同的目的，互相监督检查，及时发现问题，平等协商解决，以保证工程建设目标的顺利实现。

4. 诚实信用原则

当事人执行合同时，应讲究诚实，恪守信用，实事求是，以善意的方式行使权利并履行义务，不得违反法律和合同，以使双方所期待的正当利益得以实现。

5. 情事变更原则

在合同订立后，如果发生了订立合同时当事人不能预见并且不能克服的情况，改变了订立合同时的基础，使合同的履行失去意义或者履行合同将使当事人之间的利益发生重大失衡，应当允许受不利影响的当事人变更合同或者解除合同。情事变更原则实质上是按诚实信用原则履行合同的延伸，其目的在于消除合同因情事变更所产生的不公平后果。

5.3.3 施工合同履行涉及的几个时间期限

1. 合同工期

合同工期是指承包人在投标函内承诺合同工程的时间期限，以及按照合同条款通过变更和索赔程序应给予顺延工期的时间之和。合同工期用于判定承包人是否按期竣工的标准。

2. 施工期

承包人施工期从监理人发出的开工通知中写明的开工日起算，至工程接收证书中写明的实际竣工日。以此期限与合同工期比较，判定是提前竣工还是延误竣工。延误竣工承包人承担拖期赔偿责任，提前竣工是否应获得奖励需视专用条款中是否有约定。

3. 缺陷责任期

缺陷责任期从工程接收证书中写明的竣工日开始起算，期限视具体工程的性质和使用条件的不同在专用条款内约定（一般为1年）。对于合同内约定有分部移交的单位工程，按提前验收的该单位工程接收证书中确定的竣工日为准，起算时间相应提前。

由于承包人拥有施工技术、设备和施工经验，缺陷责任期内工程运行期间出现的工程缺陷，承包人应负责修复，直到检验合格为止。修复费用以缺陷原因的责任划分，经查验属于发包人原因造成的缺陷，承包人修复后可获得查验、修复的费用及合理利润。如果承包人不能在合理时间内修复缺陷，发包人可以自行修复或委托其他人修复，修复费用由缺陷原因的责任方承担。由于承包人责任原因产生的较大缺陷或损坏，致使工程不能按原定目标使用，经修复后需要再行检验或试验时，发包人有权要求延长该部分工程或设备的缺陷责任期。影响工程正常运行的有缺陷工程或部位，在修复检验合格日前已经过的时间归于无效，重新计算缺陷责任期，但包括延长时间在内的缺陷责任期最长时间不得超过2年。

4. 保修期

保修期自实际竣工日起算，发包人和承包人按照有关法律、法规的规定，在专用条款内约定工程质量保修范围、期限和责任。对于提前验收的单位工程起算时间相应提前。承包人对保修期内出现的不属于其责任原因的工程缺陷，不承担修复义务。

5.3.4　施工合同中的监理人职责

1. 监理人的一般规定

工程实行监理的，发包人和承包人应在专用合同条款中明确监理人的监理内容及监理权限等事项。监理人应当根据发包人授权及法律规定，代表发包人对工程施工相关事项进行检查、查验、审核、验收，并签发相关指示，但监理人无权修改合同，且无权减轻或免除合同约定的承包人的任何责任与义务。

除专用合同条款另有约定外，监理人在施工现场的办公场所、生活场所由承包人提供，所发生的费用由发包人承担。

2. 监理人员

发包人授予监理人对工程实施监理的权利由监理人派驻施工现场的监理人员行使，监理人员包括总监理工程师及监理工程师。监理人应将授权的总监理工程师和监理工程师的姓名及授权范围以书面形式提前通知承包人。更换总监理工程师的，监理人应提前7天书面通知承包人；更换其他监理人员，监理人应提前48小时书面通知承包人。

3. 监理人的指示

监理人应按照发包人的授权发出监理指示。监理人的指示应采用书面形式，并经其授权的监理人员签字。紧急情况下，为了保证施工人员的安全或避免工程受损，监理人员可以口头形式发出指示,该指示与书面形式的指示具有同等法律效力,但必须在发出口头指示后 24 小时内补发书面监理指示,补发的书面监理指示应与口头指示一致。

监理人发出的指示应送达承包人项目经理或经项目经理授权接收的人员。因监理人未能按合同约定发出指示、指示延误或发出了错误指示而导致承包人费用增加和(或)工期延误的,由发包人承担相应责任。除专用合同条款另有约定外,总监理工程师不能将合同中"商定或确定"条款约定应由总监理工程师做出确定的权力授权或委托给其他监理人员。

承包人对监理人发出的指示有疑问的,应向监理人提出书面异议,监理人应在 48 小时内对该指示予以确认、更改或撤销,监理人逾期未回复的,承包人有权拒绝执行上述指示。

监理人对承包人的任何工作、工程或其采用的材料和工程设备未在约定的或合理期限内提出意见的,视为批准,但不免除或减轻承包人对该工作、工程、材料、工程设备等应承担的责任和义务。

4. 商定或确定

合同当事人进行商定或确定时,总监理工程师应当会同合同当事人尽量通过协商达成一致,不能达成一致的,由总监理工程师按照合同约定审慎做出公正的确定。

总监理工程师应将确定以书面形式通知发包人和承包人,并附详细依据。合同当事人对总监理工程师的确定没有异议的,按照总监理工程师的确定执行。任何一方合同当事人有异议,按照"争议解决"条款约定处理。争议解决前,合同当事人暂按总监理工程师的确定执行;争议解决后,争议解决的结果与总监理工程师的确定不一致的,按照争议解决的结果执行,由此造成的损失由责任人承担。

5.3.5 施工合同进度管理

1. 施工组织设计

施工组织设计应包含以下内容:
(1)施工方案;
(2)施工现场平面布置图;
(3)施工进度计划和保证措施;
(4)劳动力及材料供应计划;
(5)施工机械设备的选用;
(6)质量保证体系及措施;
(7)安全生产、文明施工措施;
(8)环境保护、成本控制措施;
(9)合同当事人约定的其他内容。

除专用合同条款另有约定外,承包人应在合同签订后 14 天内,但至迟不得晚于"开工通知"载明的开工日期前 7 天,向监理人提交详细的施工组织设计,并由监理人报送发包人。除专用合同条款另有约定外,发包人和监理人应在监理人收到施工组织设计后 7 天内确认或提出修改意见。对发包人和监理人提出的合理意见和要求，承包人应自费修改完善。根据工程实际情况需要修改施工组织设计的，承包人应向发包人和监理人提交修改后的施工组织设计。

2. 施工进度计划

（1）施工进度计划的编制与修订

承包人应按照"施工组织设计"约定提交详细的施工进度计划，施工进度计划的编制应当符合国家法律规定和一般工程实践惯例，施工进度计划经发包人批准后实施。施工进度计划是控制工程进度的依据，发包人和监理人有权按照施工进度计划检查工程进度情况。

施工进度计划不符合合同要求或与工程的实际进度不一致的，承包人应向监理人提交修订的施工进度计划，并附有关措施和相关资料，由监理人报送发包人。除专用合同条款另有约定外，发包人和监理人应在收到修订的施工进度计划后 7 天内完成审核和批准或提出修改意见。发包人和监理人对承包人提交的施工进度计划的确认，不能减轻或免除承包人根据法律规定和合同约定应承担的任何责任或义务。

（2）合同进度计划的动态管理

为了保证实际施工过程中承包人能够按计划施工，监理人通过协调保障承包人的施工不受到外部或其他承包人的干扰，对已确定的施工计划要进行动态管理。标准施工合同的通用条款规定，无论何种原因造成工程的实际进度与合同进度计划不符，包括实际进度超前或滞后于计划进度，均应修订合同进度计划，以使进度计划具有实际的管理和控制作用。

承包人可以主动向监理人提交修订合同进度计划的申请报告，并附有关措施和相关资料，报监理人审批；监理人也可以向承包人发出修订合同进度计划的指示，承包人应按该指示修订合同进度计划后报监理人审批。

监理人应在专用合同条款约定的期限内予以批复。如果修订的合同进度计划对竣工时间有较大影响或需要补偿额超过监理人独立确定的范围，在批复前应取得发包人同意。

3. 开工

（1）开工准备

除专用合同条款另有约定外，承包人应按照"施工组织设计"约定的期限，向监理人提交工程开工报审表，经监理人报发包人批准后执行。开工报审表应详细说明按施工进度计划正常施工所需的施工道路、临时设施、材料、工程设备、施工设备、施工人员等落实情况以及工程的进度安排。

【提示】

除专用合同条款另有约定外，合同当事人应按约定完成开工准备工作。

（2）开工通知

发包人应按照法律规定获得工程施工所需的许可。经发包人同意后，监理人发出的开工通知应符合法律规定。监理人应在计划开工日期7天前向承包人发出开工通知,工期自开工通知中载明的开工日期起算。

除专用合同条款另有约定外,因发包人原因造成监理人未能在计划开工日期之日起90天内发出开工通知的,承包人有权提出价格调整要求,或者解除合同。发包人应当承担由此增加的费用和(或)延误的工期,并向承包人支付合理利润。

4. 测量放线

除专用合同条款另有约定外,发包人应在至迟不得晚于"开工通知"载明的开工日期前7天通过监理人向承包人提供测量基准点、基准线和水准点及其书面资料。发包人应对其提供的测量基准点、基准线和水准点及其书面资料的真实性、准确性和完整性负责。

承包人发现发包人提供的测量基准点、基准线和水准点及其书面资料存在错误或疏漏的,应及时通知监理人。监理人应及时报告发包人,并会同发包人和承包人予以核实。发包人应就如何处理和是否继续施工做出决定,并通知监理人和承包人。

承包人负责施工过程中的全部施工测量放线工作,并配置具有相应资质的人员、合格的仪器、设备和其他物品。承包人应矫正工程的位置、标高、尺寸或准线中出现的任何差错,并对工程各部分的定位负责。

施工过程中对施工现场内水准点等测量标志物的保护工作由承包人负责。

5. 工期延误

1)因发包人原因导致工期延误

在合同履行过程中,因下列情况导致工期延误和(或)费用增加的,由发包人承担由此延误的工期和(或)增加的费用,且发包人应支付承包人合理的利润:

(1)发包人未能按合同约定提供图纸或所提供图纸不符合合同约定的;

(2)发包人未能按合同约定提供施工现场、施工条件、基础资料、许可、批准等开工条件的;

(3)发包人提供的测量基准点、基准线和水准点及其书面资料存在错误或疏漏的;

(4)发包人未能在计划开工日期之日起7天内同意下达开工通知的;

(5)发包人未能按合同约定日期支付工程预付款、进度款或竣工结算款的;

(6)监理人未按合同约定发出指示、批准等文件的;

(7)专用合同条款中约定的其他情形。

【提示】

因发包人原因未按计划开工日期开工的,发包人应按实际开工日期顺延竣工日期,确保实际工期不低于合同约定的工期总日历天数。因发包人原因导致工期延误需要修订施工进度计划的,按照"施工进度计划的修订"执行。

2)因承包人原因导致工期延误

因承包人原因造成工期延误的,可以在专用合同条款中约定逾期竣工违约金的计算方法和逾期竣工违约金的上限。承包人支付逾期竣工违约金后,不免除承包人继续完成工程及修补缺陷的义务。

3）不利物质条件

不利物质条件是指有经验的承包人在施工现场遇到的不可预见的自然物质条件、非自然的物质障碍和污染物，包括地表以下物质条件和水文条件以及专用合同条款约定的其他情形，但不包括气候条件。

承包人遇到不利物质条件时，应采取克服不利物质条件的合理措施继续施工，并及时通知发包人和监理人。通知应载明不利物质条件的内容以及承包人认为不可预见的理由。监理人经发包人同意后应当及时发出指示，指示构成变更的，按合同条款中"变更"约定执行。承包人因采取合理措施而增加的费用和（或）延误的工期由发包人承担。

4）异常恶劣的气候条件

异常恶劣的气候条件是指在施工过程中遇到的，有经验的承包人在签订合同时不可预见的，对合同履行造成实质性影响的，但尚未构成不可抗力事件的恶劣气候条件。合同当事人可以在专用合同条款中约定异常恶劣的气候条件的具体情形。

承包人应采取克服异常恶劣的气候条件的合理措施继续施工，并及时通知发包人和监理人。监理人经发包人同意后应当及时发出指示，指示构成变更的，按合同条款中"变更"约定办理。承包人因采取合理措施而增加的费用和（或）延误的工期由发包人承担。

6. 暂停施工

（1）发包人原因引起的暂停施工

因发包人原因引起暂停施工的，监理人经发包人同意后，应及时下达暂停施工指示。情况紧急且监理人未及时下达暂停施工指示的，按照合同中"紧急情况下的暂停施工"条款执行。

因发包人原因引起的暂停施工，发包人应承担由此增加的费用和（或）延误的工期，并支付承包人合理的利润。

（2）承包人原因引起的暂停施工

因承包人原因引起的暂停施工，承包人应承担由此增加的费用和（或）延误的工期，且承包人在收到监理人复工指示后 84 天内仍未复工的，视为承包人违约，应按合同条款中有关"承包人违约的情形"约定的承包人无法继续履行合同的情形处理。

（3）指示暂停施工

监理人认为有必要时，并经发包人批准后，可向承包人做出暂停施工的指示，承包人应按监理人指示暂停施工。

（4）紧急情况下的暂停施工

因紧急情况需暂停施工，且监理人未及时下达暂停施工指示的，承包人可先暂停施工，并及时通知监理人。监理人应在接到通知后 24 小时内发出指示，逾期未发出指示，视为同意承包人暂停施工。监理人不同意承包人暂停施工的，应说明理由，承包人对监理人的答复有异议，按照合同条款中有关"争议解决"的约定处理。

（5）暂停施工后的复工

暂停施工后，发包人和承包人应采取有效措施积极消除暂停施工的影响。在工程复工前，监理人会同发包人和承包人确定因暂停施工造成的损失，并确定工程复工条件。当工程具备复工条件时，监理人应经发包人批准后向承包人发出复工通知，承包人应按照复工通知要求复工。

承包人无故拖延和拒绝复工的，承包人承担由此增加的费用和（或）延误的工期；因发包人原因无法按时复工的，按照合同条款中"因发包人原因导致工期延误"约定办理。

（6）暂停施工持续56天以上

监理人发出暂停施工指示后56天内未向承包人发出复工通知，除该项停工属于"承包人原因引起的暂停施工"或不可抗力因素造成外，承包人可向发包人提交书面通知，要求发包人在收到书面通知后28天内准许已暂停施工的部分或全部工程继续施工。发包人逾期不予批准的，则承包人可以通知发包人，将工程受影响的部分按"合同变更"的相关规定取消工作。

暂停施工持续84天以上不复工的，且不属于"承包人原因引起的暂停施工"或不可抗力约定的情形，并影响到整个工程以及合同目的实现的，承包人有权提出价格调整要求，或者解除合同。解除合同的，按照"因发包人违约解除合同"的相关内容执行。

（7）暂停施工期间的工程照管

暂停施工期间，承包人应负责妥善照管工程并提供安全保障，由此增加的费用由责任方承担。

（8）暂停施工的措施

暂停施工期间，发包人和承包人均应采取必要的措施确保工程质量及安全，防止因暂停施工扩大损失。

7. 工程竣工验收

1）提前竣工

发包人要求承包人提前竣工的，发包人应通过监理人向承包人下达提前竣工指示，承包人应向发包人和监理人提交提前竣工建议书，提前竣工建议书应包括实施的方案、缩短的时间、增加的合同价格等内容。发包人接受该提前竣工建议书的，监理人应与发包人和承包人协商采取加快工程进度的措施，并修订施工进度计划，由此增加的费用由发包人承担。承包人认为提前竣工指示无法执行的，应向监理人和发包人提出书面异议，发包人和监理人应在收到异议后7天内予以答复。任何情况下，发包人不得压缩合理工期。发包人要求承包人提前竣工，或承包人提出提前竣工的建议能够给发包人带来效益的，合同当事人可以在专用合同条款中约定提前竣工的奖励。

2）分部分项工程验收

（1）分部分项工程质量应符合国家有关工程施工验收规范、标准及合同约定，承包人应按照施工组织设计的要求完成分部分项工程施工。

（2）除专用合同条款另有约定外，分部分项工程经承包人自检合格并具备验收条件的，承包人应提前48小时通知监理人进行验收。监理人不能按时进行验收的，应在验收前24小时向承包人提交书面延期要求，但延期不能超过48小时。监理人未按时进行验收，也未提出延期要求的，承包人有权自行验收，监理人应认可验收结果。分部分项工程未经验收的，不得进入下一道工序施工。

(3) 分部分项工程的验收资料应当作为竣工资料的组成部分。

3) 竣工验收

(1) 竣工验收条件。工程具备以下条件的，承包人可以申请竣工验收：

① 除发包人同意的甩项工作和缺陷修补工作外，合同范围内的全部工程以及有关工作，包括合同要求的试验、试运行以及检验均已完成，并符合合同要求。

② 已按合同约定编制了甩项工作和缺陷修补工作清单以及相应的施工计划。

③ 已按合同约定的内容和份数备齐竣工资料。

(2) 竣工验收程序。除专用合同条款另有约定外，承包人申请竣工验收的，应当按照以下程序进行：

① 承包人向监理人报送竣工验收申请报告，监理人应在收到竣工验收申请报告后14天内完成审查并报送发包人。监理人审查后认为尚不具备验收条件的，应通知承包人在竣工验收前承包人还需完成的工作内容，承包人应在完成监理人通知的全部工作内容后，再次提交竣工验收申请报告。

② 监理人审查后认为已具备竣工验收条件的，应将竣工验收申请报告提交发包人，发包人应在收到经监理人审核的竣工验收申请报告后28天内审批完毕并组织监理人、承包人、设计人等相关单位完成竣工验收。

③ 竣工验收合格的，发包人应在验收合格后14天内向承包人签发工程接收证书。发包人无正当理由逾期不颁发工程接收证书的，自验收合格后第15天起视为已颁发工程接收证书。

④ 竣工验收不合格的，监理人应按照验收意见发出指示，要求承包人对不合格工程返工、修复或采取其他补救措施，由此增加的费用和（或）延误的工期由承包人承担。承包人在完成不合格工程的返工、修复或采取其他补救措施后，应重新提交竣工验收申请报告，并按本项约定的程序重新进行验收。

⑤ 工程未经验收或验收不合格，发包人擅自使用的，应在转移占有工程后7天内向承包人颁发工程接收证书；发包人无正当理由逾期不颁发工程接收证书的，自转移占有后第15天起视为已颁发工程接收证书。

【提示】

除专用合同条款另有约定外，发包人不按照本项约定组织竣工验收、颁发工程接收证书的，每逾期1天，应以签约合同价为基数，按照中国人民银行发布的同期同类贷款基准利率支付违约金。

4) 竣工日期

工程经竣工验收合格的，以承包人提交竣工验收申请报告之日为实际竣工日期，并在工程接收证书中载明；因发包人原因，未在监理人收到承包人提交的竣工验收申请报告42天内完成竣工验收，或完成竣工验收不予签发工程接收证书的，以提交竣工验收申请报告的日期为实际竣工日期；工程未经竣工验收，发包人擅自使用的，以转移占有工程之日为实际竣工日期。

5) 拒绝接收全部或部分工程

对于竣工验收不合格的工程，承包人完成整改后，应当重新进行竣工验收，经重新组织验收仍不合格的且无法采取措施补救的，则发包人可以拒绝接收不合格工程，因不合格工程导致其他工程不能正常使用的，承包人应采取措施确保相关工程的正常使用，由此增加的费用和（或）延误的工期由承包人承担。

6) 移交、接收全部与部分工程

除专用合同条款另有约定外，合同当事人应当在颁发工程接收证书后7天内完成工程的移交。

发包人无正当理由不接收工程的，发包人自应当接收工程之日起，承担工程照管、成品保护、保管等与工程有关的各项费用，合同当事人可以在专用合同条款中另行约定发包人逾期接收工程的违约责任。

承包人无正当理由不移交工程的，承包人应承担工程照管、成品保护、保管等与工程有关的各项费用，合同当事人可以在专用合同条款中另行约定承包人无正当理由不移交工程的违约责任。

7) 竣工退场

颁发工程接收证书后，承包人应按以下要求对施工现场进行清理：

(1) 施工现场内残留的垃圾已全部清除出场；

(2) 临时工程已拆除，场地已进行清理、平整或复原；

(3) 按合同约定应撤离的人员、承包人施工设备和剩余的材料，包括废弃的施工设备和材料，已按计划撤离施工现场；

(4) 施工现场周边及其附近道路、河道的施工堆积物，已全部清理；

(5) 施工现场其他场地清理工作已全部完成。

施工现场的竣工退场费用由承包人承担。承包人应在专用合同条款约定的期限内完成竣工退场，逾期未完成的，发包人有权出售或另行处理承包人遗留的物品，由此支出的费用由承包人承担，发包人出售承包人遗留物品所得款项在扣除必要费用后应返还承包人。

8) 地表还原

承包人应按发包人要求恢复临时占地及清理场地，承包人未按发包人的要求恢复临时占地，或者场地清理未达到合同约定要求的，发包人有权委托其他人恢复或清理，所发生的费用由承包人承担。

5.3.6 施工合同质量管理

1. 质量责任

(1) 因承包人原因造成工程质量达不到合同约定验收标准，监理人有权要求承包人返工直至符合合同要求，由此造成的费用增加和（或）工期延误由承包人承担。

(2) 因发包人原因造成工程质量达不到合同约定验收标准，发包人应承担由于承包人返工造成的费用增加和（或）工期延误，并支付承包人合理利润。

2. 承包人的管理

1) 项目部的人员管理

(1) 质量检查制度。承包人应在施工场地设置专门的质量检查机构,配备专职质量检查人员,建立完善的质量检查制度。

(2) 规范施工作业的操作程序。承包人应加强对施工人员的质量教育和技术培训,定期考核施工人员的劳动技能,严格执行规范和操作规程。

(3) 撤换不称职的人员。当监理人要求撤换不能胜任本职工作、行为不端或玩忽职守的承包人项目经理和其他人员时,承包人应予以撤换。

2) 质量检查

(1) 材料和设备的检验。承包人应对使用的材料和设备进行进场检验和使用前的检验,不允许使用不合格的材料和有缺陷的设备。承包人应按合同约定进行材料、工程设备和工程的试验和检验,并为监理人对材料、工程设备和工程的质量检查提供必要的试验资料和原始记录。按合同约定由监理人与承包人共同进行试验和检验的,承包人负责提供必要的试验资料和原始记录。

(2) 施工部位的检查。承包人应对施工工艺进行全过程的质量检查和检验,认真执行自检、互检和工序交叉检验制度,尤其要做好工程隐蔽前的质量检查。承包人自检确认的工程隐蔽部位具备覆盖条件后,通知监理人在约定的期限内检查,承包人的通知应附有自检记录和必要的检查资料。经监理人检查确认质量符合隐蔽要求,并在检查记录上签字后,承包人才能进行覆盖。监理人检查确认质量不合格的,承包人应在监理人指示的时间内修整或返工后,由监理人重新检查。

承包人未通知监理人到场检查,私自将工程隐蔽部位覆盖,监理人有权指示承包人钻孔探测或揭开检查,由此增加的费用和(或)工期延误由承包人承担。

(3) 现场工艺试验。承包人应按合同约定或监理人指示进行现场工艺试验。对大型的现场工艺试验,监理人认为必要时,应由承包人根据监理人提出的工艺试验要求,编制工艺试验措施计划,报送监理人审批。

3. 监理人的质量检查和试验

1) 与承包人的共同检验和试验

监理人应与承包人共同进行材料、设备的试验和工程隐蔽前的检验。收到承包人共同检验的通知后,若监理人既未发出变更检验时间的通知,又未按时参加,承包人为了不延误施工可以单独进行检查和试验,将记录送交监理人后可继续施工。此次检查或试验视为监理人在场情况下进行,监理人应签字确认。

2) 监理人指示的检验和试验

(1) 材料、设备和工程的重新检验和试验。监理人对承包人的试验和检验结果有疑问,或为查清承包人试验和检验成果的可靠性要求承包人重新试验和检验时,由监理人与承包人共同进行。重新试验和检验的结果证明该项材料、工程设备或工程的质量不符合合同要求,由此增加的费用和(或)工期延误由承包人承担;重新试验和检验结果证明符合合同要求,由发包人承担由此增加的费用和(或)工期延误,并支付承包人合理利润。

(2) 隐蔽工程的重新检验。监理人对已覆盖的隐蔽工程部位质量有疑问时，可要求承包人对已覆盖的部位进行钻孔探测或揭开重新检验，承包人应遵照执行，并在检验后重新覆盖恢复原状。经检验证明工程质量符合合同要求，由发包人承担由此增加的费用和（或）工期延误，并支付承包人合理利润；经检验证明工程质量不符合合同要求，由此增加的费用和（或）工期延误由承包人承担。

4. 对发包人提供的材料和工程设备管理

承包人应根据合同进度计划的安排，向监理人报送要求发包人交货的日期计划。发包人应按照监理人与合同双方当事人商定的交货日期，向承包人提交材料和工程设备，并在到货7天前通知承包人。承包人会同监理人在约定的时间内，在交货地点共同进行验收。发包人提供的材料和工程设备验收后，由承包人负责接收、保管和施工现场内的二次搬运所发生的费用。

发包人要求向承包人提前接货的物资，承包人不得拒绝，但发包人应承担承包人由此增加的保管费用。发包人提供的材料和工程设备的规格、数量或质量不符合合同要求，或由于发包人原因发生交货日期延误及交货地点变更等情况时，发包人应承担由此增加的费用和（或）工期延误，并向承包人支付合理利润。

5. 对承包人施工设备的控制

承包人使用的施工设备不能满足合同进度计划或质量要求时，监理人有权要求承包人增加或更换施工设备，增加的费用和工期延误由承包人承担。

承包人的施工设备和临时设施应专用于合同工程，未经监理人同意，不得将施工设备和临时设施中的任何部分运出施工场地或挪作他用。对目前闲置的施工设备或后期不再使用的施工设备，经监理人根据合同进度计划审核同意后，承包人方可将其撤离施工现场。

5.3.7 施工合同安全管理

1. 发包人的施工安全责任

发包人应按合同约定履行安全管理职责，授权监理人按合同约定的安全工作内容监督、检查承包人安全工作的实施，组织承包人和有关单位进行安全检查。发包人应对其现场机构全部人员的工伤事故承担责任，但由于承包人原因造成发包人人员工伤的，应由承包人承担责任。

发包人应负责赔偿工程或工程的任何部分对土地的占用所造成的第三者财产损失，以及由于发包人原因在施工场地及其毗邻地带造成的第三者人身伤亡和财产损失。

2. 承包人的施工安全责任

承包人应按合同约定的安全工作内容，编制施工安全措施计划报送监理人审批，按监理人的指示制定应对灾害的紧急预案，报送监理人审批。承包人还应按预案做好安全检查，配置必要的救助物资和器材，切实保护好有关人员的人身和财产安全。

施工过程中负责施工作业安全管理，特别应加强易燃易爆材料、火工器材、有毒与腐蚀性材料和其他危险品的管理，加强爆破作业和地下工程施工等危险作业的管理。严格按照国家安全标准制定施工安全操作规程，配备必要的安全生产和劳动保护设施，加强对承包人人员的安全教育，并发放安全工作手册和劳动保护用具。合同约定的安全作业环境及安全施工措施所需费用已包括在相关工作的合同价格中；因采取合同未约定的安全作业环境及安全施工措施增加的费用，由监理人按商定或确定方式予以补偿。

承包人对其履行合同所雇佣的全部人员，包括分包人人员的工伤事故承担责任，但由于发包人原因造成承包人人员的工伤事故，应由发包人承担责任。由于承包人原因在施工场地内及其毗邻地带造成的第三者人员伤亡和财产损失，由承包人负责赔偿。

3. 安全事故处理程序

（1）通知。施工过程中发生安全事故时，承包人应立即通知监理人，监理人应立即通知发包人。

（2）及时采取减损措施。工程事故发生后，发包人和承包人应立即组织人员和设备进行紧急抢救和抢修，减少人员伤亡和财产损失，防止事故扩大，并保护事故现场。需要移动现场物品时，应做出标记和书面记录，妥善保管有关证据。

（3）报告。工程事故发生后，发包人和承包人应按国家有关规定，及时如实地向有关部门报告事故发生的情况，以及正在采取的紧急措施。

5.3.8 工程款支付管理

1. 合同价格与计量

1）合同价格

发包人和承包人应在合同协议书中选择下列任意一种合同价格形式。

（1）单价合同。单价合同是指合同当事人约定以工程量清单及其综合单价进行合同价格计算、调整和确认的建设工程施工合同，在约定的范围内合同单价不做调整。合同当事人应在专用合同条款中约定综合单价包含的风险范围和风险费用的计算方法，并约定风险范围以外的合同价格的调整方法。

（2）总价合同。总价合同是指合同当事人约定以施工图、已标价工程量清单或预算书及有关条件进行合同价格计算、调整和确认的建设工程施工合同，在约定的范围内合同总价不做调整。合同当事人应在专用合同条款中约定总价包含的风险范围和风险费用的计算方法，并约定风险范围以外的合同价格的调整方法。

（3）其他价格形式。合同当事人可在专用合同条款中约定其他合同价格形式。

2）计量

（1）计量原则。工程量计量按照合同约定的工程量计算规则、图纸及变更指示等进行计量。工程量计算规则应以相关的国家标准、行业标准等为依据，由合同当事人在专用合同条款中约定。

（2）计量周期。除专用合同条款另有约定外，工程量的计量按月进行。

（3）单价合同的计量。除专用合同条款另有约定外，单价合同的计量按照下列约定执行：

① 承包人应于每月25日向监理人报送上月20日至当月19日已完成的工程量报告，

并附具进度付款申请单、已完成工程量报表和有关资料。

② 监理人应在收到承包人提交的工程量报告后 7 天内完成对承包人提交的工程量报表的审核并报送发包人，以确定当月实际完成的工程量。监理人对工程量有异议的，有权要求承包人进行共同复核或抽样复测。承包人应协助监理人进行复核或抽样复测，并按监理人要求提供补充计量资料。承包人未按监理人要求参加复核或抽样复测的，监理人复核或修正的工程量视为承包人实际完成的工程量。

③ 监理人未在收到承包人提交的工程量报表后的 7 天内完成审核的，承包人报送的工程量报告中的工程量视为承包人实际完成的工程量，据此计算工程价款。

(4) 总价合同的计量。除专用合同条款另有约定外，按月计量支付的总价合同，按照下列约定执行：

① 承包人应于每月 25 日向监理人报送上月 20 日至当月 19 日已完成的工程量报告，并附具进度付款申请单、已完成工程量报表和有关资料。

② 监理人应在收到承包人提交的工程量报告后 7 天内完成对承包人提交的工程量报表的审核并报送发包人，以确定当月实际完成的工程量。监理人对工程量有异议的，有权要求承包人进行共同复核或抽样复测。承包人应协助监理人进行复核或抽样复测并按监理人要求提供补充计量资料。承包人未按监理人要求参加复核或抽样复测的，监理人审核或修正的工程量视为承包人实际完成的工程量。

③ 监理人未在收到承包人提交的工程量报表后的 7 天内完成复核的，承包人提交的工程量报告中的工程量视为承包人实际完成的工程量。

(5) 总价合同采用支付分解表计量支付的，可以按照"总价合同的计量"约定进行计量，但合同价款按照支付分解表进行支付。

(6) 其他价格形式合同的计量。合同当事人可在专用合同条款中约定其他价格形式合同的计量方式和程序。

2. 签订合同时签约合同内确定的款项

1) 暂估价

暂估价专业分包工程、服务、材料和工程设备的明细由合同当事人在专用合同条款中约定。

(1) 依法必须招标的暂估价项目。对于依法必须招标的暂估价项目，采取以下第 1 种方式确定。合同当事人也可以在专用合同条款中选择其他招标方式。

第 1 种方式：对于依法必须招标的暂估价项目，由承包人招标，对该暂估价项目的确认和批准按照以下约定执行：

① 承包人应当根据施工进度计划，在招标工作启动前 14 天将招标方案通过监理人报送发包人审查，发包人应当在收到承包人报送的招标方案后 7 天内批准或提出修改意见。承包人应当按照经过发包人批准的招标方案开展招标工作。

② 承包人应当根据施工进度计划，提前 14 天将招标文件通过监理人报送发包人审批，发包人应当在收到承包人报送的相关文件后 7 天内完成审批或提出修改意见；发包人有权确定招标控制价并按照法律规定参加评标。

③ 承包人与供应商、分包人在签订暂估价合同前，应当提前 7 天将确定的中标候

选供应商或中标候选分包人的资料报送发包人，发包人应在收到资料后 3 天内与承包人共同确定中标人；承包人应当在签订合同后 7 天内，将暂估价合同副本报送发包人留存。

第 2 种方式：对于依法必须招标的暂估价项目，由发包人和承包人共同招标确定暂估价供应商或分包人的，承包人应按照施工进度计划，在招标工作启动前 14 天通知发包人，并提交暂估价招标方案和工作分工。发包人应在收到后 7 天内确认。确定中标人后，由发包人、承包人与中标人共同签订暂估价合同。

（2）不属于依法必须招标的暂估价项目。除专用合同条款另有约定外，对于不属于依法必须招标的暂估价项目，采取以下第 1 种方式确定。

第 1 种方式：对于不属于依法必须招标的暂估价项目，按以下约定确定和批准：

① 承包人应根据施工进度计划，在签订暂估价项目的采购合同、分包合同前 28 天向监理人提出书面申请。监理人应当在收到申请后 3 天内报送发包人，发包人应当在收到申请后 14 天内给予批准或提出修改意见，发包人逾期未予批准或提出修改意见的，视为该书面申请已获得同意。

② 发包人认为承包人确定的供应商、分包人无法满足工程质量或合同要求的，发包人可以要求承包人重新确定暂估价项目的供应商、分包人。

③ 承包人应当在签订暂估价合同后 7 天内，将暂估价合同副本报送发包人留存。

第 2 种方式：承包人按照上述"依法必须招标的暂估价项目"约定的第 1 种方式确定暂估价项目。

第 3 种方式：承包人直接实施的暂估价项目。承包人具备实施暂估价项目的资格和条件的，经发包人和承包人协商一致后，可由承包人自行实施暂估价项目，合同当事人可以在专用合同条款约定具体事项。

（3）因发包人原因导致暂估价合同订立和履行迟延的，由此增加的费用和（或）延误的工期由发包人承担，并支付承包人合理的利润。因承包人原因导致暂估价合同订立和履行迟延的，由此增加的费用和（或）延误的工期由承包人承担。

2）暂列金额

暂列金额应按照发包人的要求使用，发包人的要求应通过监理人发出。合同当事人可以在专用合同条款中协商确定有关事项。

3）计日工

需要采用计日工方式的，经发包人同意后，由监理人通知承包人以计日工计价方式实施相应的工作，其价款按列入已标价工程量清单或预算书中的计日工计价项目及其单价进行计算；已标价工程量清单或预算书中无相应的计日工单价的，按照合理的成本与利润构成的原则，由合同当事人按照合同中"商定或确定"确定计日工的单价。

采用计日工计价的任何一项工作，承包人应在该项工作实施过程中，每天提交以下报表和有关凭证报送监理人审查：

① 工作名称、内容和数量；

② 投入该工作的所有人员的姓名、专业、工种、级别和耗用工时；

③ 投入该工作的材料类别和数量；

④ 投入该工作的施工设备型号、台数和耗用台时；
⑤ 其他有关资料和凭证。

【提示】

计日工由承包人汇总后，列入最近一期进度付款申请单，由监理人审查并经发包人批准后列入进度付款。

3. 预付款

（1）预付款的支付

预付款的支付按照专用合同条款约定执行，但至迟应在开工通知载明的开工日期7天前支付。预付款应当用于材料、工程设备、施工设备的采购及修建临时工程、组织施工队伍进场等。

除专用合同条款另有约定外，预付款在进度付款中同比例扣回。在颁发工程接收证书前，提前解除合同的，尚未扣完的预付款应与合同价款一并结算。

发包人逾期支付预付款超过7天的，承包人有权向发包人发出要求预付的催告通知，发包人收到通知后7天内仍未支付的，承包人有权暂停施工，并按"发包人违约的情形"执行。

（2）预付款担保

发包人要求承包人提供预付款担保的，承包人应在发包人支付预付款7天前提供预付款担保，专用合同条款另有约定的除外。预付款担保可采用银行保函、担保公司担保等形式，具体由合同当事人在专用合同条款中约定。在预付款完全扣回之前，承包人应保证预付款担保持续有效。

发包人在工程款中逐期扣回预付款后，预付款担保额度应相应减少，但剩余的预付款担保金额不得低于未被扣回的预付款金额。

4. 工程进度款支付

1）付款周期

除专用合同条款另有约定外，付款周期应按照"计量周期"的约定与计量周期保持一致。

2）进度付款申请单的编制

除专用合同条款另有约定外，进度付款申请单应包括下列内容：

（1）截至本次付款周期已完成工作对应的金额；
（2）根据"变更"条款的约定应增加和扣减的变更金额；
（3）根据"预付款"条款约定应支付的预付款和扣减的返还预付款；
（4）根据"质量保证金"条款约定应扣减的质量保证金；
（5）根据"索赔"条款应增加和扣减的索赔金额；
（6）对已签发的进度款支付证书中出现错误的修正，应在本次进度付款中支付或扣除的金额；
（7）根据合同约定应增加和扣减的其他金额。

3）进度付款申请单的提交

（1）单价合同进度付款申请单的提交。单价合同的进度付款申请单，按照"单价合同的计量"条款约定的时间按月向监理人提交，并附上已完成工程量报表和有关资料。单价合同中的总价项目按月进行支付分解，并汇总列入当期进度付款申请单。

（2）总价合同进度付款申请单的提交。总价合同按月计量支付的，承包人按照"总价合同的计量"条款约定的时间按月向监理人提交进度付款申请单，并附上已完成工程量报表和有关资料。总价合同按支付分解表支付的，承包人应按照"支付分解表"及"进度付款申请单的编制"的约定向监理人提交进度付款申请单。

（3）其他价格形式合同的进度付款申请单的提交。合同当事人可在专用合同条款中约定其他价格形式合同的进度付款申请单的编制和提交程序。

4）进度款审核和支付

（1）除专用合同条款另有约定外，监理人应在收到承包人进度付款申请单以及相关资料后 7 天内完成审查并报送发包人，发包人应在收到后 7 天内完成审批并签发进度款支付证书。发包人逾期未完成审批且未提出异议的，视为已签发进度款支付证书。

发包人和监理人对承包人的进度付款申请单有异议的，有权要求承包人修正和提供补充资料，承包人应提交修正后的进度付款申请单。监理人应在收到承包人修正后的进度付款申请单及相关资料后 7 天内完成审查并报送发包人，发包人应在收到监理人报送的进度付款申请单及相关资料后 7 天内，向承包人签发无异议部分的临时进度款支付证书。存在争议的部分，按照"争议解决"条款的约定处理。

（2）除专用合同条款另有约定外，发包人应在进度款支付证书或临时进度款支付证书签发后 14 天内完成支付，发包人逾期支付进度款的，应按照中国人民银行发布的同期同类贷款基准利率支付违约金。

（3）发包人签发进度款支付证书或临时进度款支付证书，不表明发包人已同意、批准或接受了承包人完成的相应部分的工作。

5）进度付款的修正

在对已签发的进度款支付证书进行阶段汇总和复核中发现错误、遗漏或重复的，发包人和承包人均有权提出修正申请。经发包人和承包人同意的修正，应在下期进度付款中支付或扣除。

6）支付分解表

（1）支付分解表的编制要求。

① 支付分解表中所列的每期付款金额，应为"进度付款申请单的编制"中第（1）条的估算金额；

② 实际进度与施工进度计划不一致的，合同当事人可按照"商定或确定"修改支付分解表；

③ 不采用支付分解表的，承包人应向发包人和监理人提交按季度编制的支付估算分解表，用于支付参考。

（2）总价合同支付分解表的编制与审批。

① 除专用合同条款另有约定外，承包人应根据"施工进度计划"约定的施工进度

计划、签约合同价和工程量等因素对总价合同按月进行分解,编制支付分解表。承包人应当在收到监理人和发包人批准的施工进度计划后 7 天内,将支付分解表及编制支付分解表的支持性资料报送监理人。

② 监理人应在收到支付分解表后 7 天内完成审核并报送发包人。发包人应在收到经监理人审核的支付分解表后 7 天内完成审批,经发包人批准的支付分解表为有约束力的支付分解表。

③ 发包人逾期未完成支付分解表审批的,也未及时要求承包人进行修正和提供补充资料的,则承包人提交的支付分解表视为已经获得发包人批准。

(3) 单价合同的总价项目支付分解表的编制与审批。除专用合同条款另有约定外,单价合同的总价项目,由承包人根据施工进度计划和总价项目的总价构成、费用性质、计划发生时间和相应工程量等因素按月进行分解,形成支付分解表,其编制与审批参照总价合同支付分解表的编制与审批执行。

7) 支付账户

发包人应将合同价款支付至合同协议书中约定的承包人账户。

5. 工程竣工结算

1) 竣工结算申请

除专用合同条款另有约定外,承包人应在工程竣工验收合格后 28 天内向发包人和监理人提交竣工结算申请单,并提交完整的结算资料,有关竣工结算申请单的资料清单和份数等要求由合同当事人在专用合同条款中约定。

除专用合同条款另有约定外,竣工结算申请单应包括以下内容:

(1) 竣工结算合同价格;

(2) 发包人已支付承包人的款项;

(3) 应扣留的质量保证金,已缴纳履约保证金的或提供其他工程质量担保方式的除外;

(4) 发包人应支付承包人的合同价款。

2) 竣工结算审核

(1) 除专用合同条款另有约定外,监理人应在收到竣工结算申请单后 14 天内完成核查并报送发包人。发包人应在收到监理人提交的经审核的竣工结算申请单后 14 天内完成审批,并由监理人向承包人签发经发包人签认的竣工付款证书。监理人或发包人对竣工结算申请单有异议的,有权要求承包人进行修正和提供补充资料,承包人应提交修正后的竣工结算申请单。

发包人在收到承包人提交竣工结算申请书后 28 天内未完成审批且未提出异议的,视为发包人认可承包人提交的竣工结算申请单,并自发包人收到承包人提交的竣工结算申请单后第 29 天起视为已签发竣工付款证书。

(2) 除专用合同条款另有约定外,发包人应在签发竣工付款证书后的 14 天内,完成对承包人的竣工付款。发包人逾期支付的,按照中国人民银行发布的同期同类贷款基准利率支付违约金;逾期支付超过 56 天的,按照中国人民银行发布的同期同类贷款基准利率的两倍支付违约金。

(3)承包人对发包人签认的竣工付款证书有异议的,对于有异议部分应在收到发包人签认的竣工付款证书后 7 天内提出异议,并由合同当事人按照专用合同条款约定的方式和程序进行复核,或按照"争议解决"约定处理。对于无异议部分,发包人应签发临时竣工付款证书,并按要求完成付款。承包人逾期未提出异议的,视为认可发包人的审批结果。

3)甩项竣工协议

发包人要求甩项竣工的,合同当事人应签订甩项竣工协议。在甩项竣工协议中应明确,合同当事人按照"竣工结算申请"及"竣工结算审核"的约定,对已完合格工程进行结算,并支付相应合同价款。

4)最终结清

(1)最终结清申请单。

① 除专用合同条款另有约定外,承包人应在缺陷责任期终止证书颁发后 7 天内,按专用合同条款约定的份数向发包人提交最终结清申请单,并提供相关证明材料。

除专用合同条款另有约定外,最终结清申请单应列明质量保证金、应扣除的质量保证金、缺陷责任期内发生的增减费用。

② 发包人对最终结清申请单内容有异议的,有权要求承包人进行修正和提供补充资料,承包人应向发包人提交修正后的最终结清申请单。

(2)最终结清证书和支付。

① 除专用合同条款另有约定外,发包人应在收到承包人提交的最终结清申请单后 14 天内完成审批并向承包人颁发最终结清证书。发包人逾期未完成审批,又未提出修改意见的,视为发包人同意承包人提交的最终结清申请单,且自发包人收到承包人提交的最终结清申请单后 15 天起视为已颁发最终结清证书。

② 除专用合同条款另有约定外,发包人应在颁发最终结清证书后 7 天内完成支付。发包人逾期支付的,按照中国人民银行发布的同期同类贷款基准利率支付违约金;逾期支付超过 56 天的,按照中国人民银行发布的同期同类贷款基准利率的两倍支付违约金。

③ 承包人对发包人颁发的最终结清证书有异议的,按"争议解决"的约定办理。

5.3.9 不可抗力发生后的合同履行管理

1. 不可抗力的确认

不可抗力是指合同当事人在签订合同时不可预见,在合同履行过程中不可避免且不能克服的自然灾害和社会性突发事件,如地震、海啸、瘟疫、骚乱、戒严、暴动、战争和专用合同条款中约定的其他情形。

不可抗力发生后,发包人和承包人应收集证明不可抗力发生及不可抗力造成损失的证据,并及时认真统计所造成的损失。合同当事人对是否属于不可抗力或其损失的意见不一致的,由监理人按合同中"商定或确定"的约定处理。发生争议时,按合同中"争议解决"的约定处理。

2. 不可抗力的通知

合同一方当事人遇到不可抗力事件,使其履行合同义务受到阻碍时,应立即通知合同另一方当事人和监理人,书面说明不可抗力和受阻碍的详细情况,并提供必要的证明。

不可抗力持续发生的,合同一方当事人应及时向合同另一方当事人和监理人提交中间报告,说明不可抗力和履行合同受阻的情况,并于不可抗力事件结束后 28 天内提交最终报告及有关资料。

3. 不可抗力后果的承担

(1) 不可抗力引起的后果及造成的损失由合同当事人按照法律规定及合同约定各自承担。不可抗力发生前已完成的工程应当按照合同约定进行计量支付。

(2) 不可抗力导致的人员伤亡、财产损失、费用增加和(或)工期延误等后果,由合同当事人按以下原则承担:

① 永久工程、已运至施工现场的材料和工程设备的损坏,以及因工程损坏造成的第三方人员伤亡和财产损失由发包人承担;

② 承包人施工设备的损坏由承包人承担;

③ 发包人和承包人承担各自人员伤亡和财产的损失;

④ 因不可抗力影响承包人履行合同约定的义务,已经引起或将引起工期延误的,应当顺延工期,由此导致承包人停工的费用损失由发包人和承包人合理分担,停工期间必须支付的工人工资由发包人承担;

⑤ 因不可抗力引起或将引起工期延误,发包人要求赶工的,由此增加的赶工费用由发包人承担;

⑥ 承包人在停工期间按照发包人要求照管、清理和修复工程的费用由发包人承担。

【提示】

不可抗力发生后,合同当事人均应采取措施尽量避免和减少损失的扩大,任何一方当事人没有采取有效措施导致损失扩大的,应对扩大的损失承担责任。因合同一方迟延履行合同义务,在迟延履行期间遭遇不可抗力的,不免除其违约责任。

4. 因不可抗力解除合同

因不可抗力导致合同无法履行连续超过 84 天或累计超过 140 天的,发包人和承包人均有权解除合同。合同解除后,由双方当事人按照"商定或确定"的约定商定或确定发包人应支付的款项,该款项包括:

(1) 合同解除前承包人已完成工作的价款;

(2) 承包人为工程订购的并已交付给承包人,或承包人有责任接受交付的材料、工程设备和其他物品的价款;

(3) 发包人要求承包人退货或解除订货合同而产生的费用,或因不能退货或解除合同而产生的损失;

(4) 承包人撤离施工现场以及遣散承包人人员的费用;

(5) 按照合同约定在合同解除前应支付给承包人的其他款项;

(6) 扣减承包人按照合同约定应向发包人支付的款项;

(7) 双方商定或确定的其他款项。

【提示】

除专用合同条款另有约定外，合同解除后，发包人应在商定或确定上述款项后 28 天内完成上述款项的支付。

5.3.10 违约责任

1. 发包人违约

1）发包人违约的情形

在合同履行过程中发生的下列情形，属于发包人违约：

（1）因发包人原因未能在计划开工日期前 7 天内下达开工通知的；

（2）因发包人原因未能按合同约定支付合同价款的；

（3）发包人违反"变更的范围"约定，自行实施被取消的工作或转由他人实施的；

（4）发包人提供的材料、工程设备的规格、数量或质量不符合合同约定，或因发包人原因导致交货日期延误或交货地点变更等情况的；

（5）因发包人违反合同约定造成暂停施工的；

（6）发包人无正当理由没有在约定期限内发出复工指示，导致承包人无法复工的；

（7）发包人明确表示或者以其行为表明不履行合同主要义务的；

（8）发包人未能按照合同约定履行其他义务的。

发包人发生除上述第（7）条以外的违约情况时，承包人可向发包人发出通知，要求发包人采取有效措施纠正违约行为。发包人收到承包人通知后 28 天内仍不纠正违约行为的，承包人有权暂停相应部位工程施工，并通知监理人。

2）发包人违约的责任

发包人应承担因其违约给承包人增加的费用和（或）延误的工期，并支付承包人合理的利润。此外，合同当事人可在专用合同条款中另行约定发包人违约责任的承担方式和计算方法。

3）因发包人违约解除合同

除专用合同条款另有约定外，承包人按上述"发包人违约的情形"约定暂停施工满 28 天后，发包人仍不纠正其违约行为并致使合同目的不能实现的，或出现上述"发包人违约的情形"中第（7）条约定的违约情况，承包人有权解除合同，发包人应承担由此增加的费用，并支付承包人合理的利润。

4）因发包人违约解除合同后的付款

承包人按照本款约定解除合同的，发包人应在解除合同后 28 天内支付下列款项，并解除履约担保：

（1）合同解除前所完成工作的价款；

（2）承包人为工程施工订购并已付款的材料、工程设备和其他物品的价款；

（3）承包人撤离施工现场以及遣散承包人人员的款项；

（4）按照合同约定在合同解除前应支付的违约金；

（5）按照合同约定应当支付给承包人的其他款项；

(6) 按照合同约定应退还的质量保证金；

(7) 因解除合同给承包人造成的损失。

【提示】

合同当事人未能就解除合同后的结清达成一致的，按照"争议解决"的约定处理。承包人应妥善做好已完工程和与工程有关的已购材料、工程设备的保护和移交工作，并将施工设备和人员撤出施工现场，发包人应为承包人撤出提供必要条件。

2. 承包人违约

1) 承包人违约的情形

在合同履行过程中发生的下列情形，属于承包人违约：

(1) 承包人违反合同约定进行转包或违法分包的；

(2) 承包人违反合同约定采购和使用不合格的材料和工程设备的；

(3) 因承包人原因导致工程质量不符合合同要求的；

(4) 承包人违反"材料与设备专用要求"的约定，未经批准，私自将已按照合同约定进入施工现场的材料或设备撤离施工现场的；

(5) 承包人未能按施工进度计划及时完成合同约定的工作，造成工期延误的；

(6) 承包人在缺陷责任期及保修期内，未能在合理期限对工程缺陷进行修复，或拒绝按发包人要求进行修复的；

(7) 承包人明确表示或者以其行为表明不履行合同主要义务的；

(8) 承包人未能按照合同约定履行其他义务的。

承包人发生除上述第(7)条约定以外的其他违约情况时，监理人可向承包人发出整改通知，要求其在指定的期限内改正。

2) 承包人违约的责任

承包人应承担因其违约行为而增加的费用和（或）延误的工期。此外，合同当事人可在专用合同条款中另行约定承包人违约责任的承担方式和计算方法。

3) 因承包人违约解除合同

除专用合同条款另有约定外，出现"承包人违约的情形"约定的违约情况时，或监理人发出整改通知后，承包人在指定的合理期限内仍不纠正违约行为并致使合同目的不能实现的，发包人有权解除合同。合同解除后，因继续完成工程的需要，发包人有权使用承包人在施工现场的材料、设备、临时工程、承包人文件和由承包人或以其名义编制的其他文件，合同当事人应在专用合同条款中约定相应费用的承担方式。发包人继续使用的行为不免除或减轻承包人应承担的违约责任。

4) 因承包人违约解除合同后的处理

因承包人原因导致合同解除的，合同当事人应在合同解除后28天内完成估价、付款和清算，并按以下约定执行：

(1) 合同解除后，按"商定或确定"的约定或确定承包人实际完成工作对应的合同价款，以及承包人已提供的材料、工程设备、施工设备和临时工程等的价值；

(2) 合同解除后，承包人应支付的违约金；

(3) 合同解除后,因解除合同给发包人造成的损失;

(4) 合同解除后,承包人应按照发包人要求和监理人的指示完成现场的清理和撤离;

(5) 发包人和承包人应在合同解除后进行清算,出具最终结清付款证书,结清全部款项。

【提示】

因承包人违约解除合同的,发包人有权暂停对承包人的付款,查清各项付款和已扣款项。发包人和承包人未能就合同解除后的清算和款项支付达成一致的,按照"争议解决"的约定处理。

5) 采购合同权益转让

因承包人违约解除合同的,发包人有权要求承包人将其为实施合同而签订的材料和设备的采购合同的权益转让给发包人,承包人应在收到解除合同通知后14天内,协助发包人与采购合同的供应商达成相关的转让协议。

3. 第三人造成的违约

在履行合同过程中,一方当事人因第三人的原因造成违约的,应当依法向对方承担违约责任。一方当事人和第三人之间的纠纷,依照法律规定或者按照约定解决。

5.3.11 施工缺陷责任与保修

1. 工程保修的原则

在工程移交发包人后,因承包人原因产生的质量缺陷,承包人应承担质量缺陷责任和保修义务。缺陷责任期届满,承包人仍应按照合同约定的工程各部位保修年限承担保修义务。

2. 缺陷责任期

(1) 缺陷责任期从工程通过竣工验收之日起计算,合同当事人应在专用合同条款中约定缺陷责任期的具体期限,但该期限最长不得超过24个月。

单位工程先于全部工程进行验收,经验收合格并交付使用的,该单位工程缺陷责任期自单位工程验收合格之日起算。因承包人原因导致工程无法按合同约定期限进行竣工验收的,缺陷责任期从实际通过竣工验收之日起计算。因发包人原因导致工程无法按合同约定期限进行竣工验收的,在承包人提交竣工验收报告90天后,工程自动进入缺陷责任期;发包人未经竣工验收擅自使用工程的,缺陷责任期自工程转移占有之日起开始计算。

(2) 缺陷责任期内,由承包人原因造成的缺陷,承包人应负责维修,并承担鉴定及维修费用。如承包人不维修也不承担费用,发包人可按合同约定从保证金或银行保函中扣除,费用超出保证金额的,发包人可按合同约定向承包人进行索赔。承包人维修并承担相应费用后,不免除对工程的损失赔偿责任。发包人有权要求承包人延长缺陷责任期,并应在原缺陷责任期届满前发出延长通知。但缺陷责任期(含延长部分)最长不能超过 24 个月。

由他人原因造成的缺陷，发包人负责组织维修，承包人不承担费用，且发包人不得从保证金中扣除费用。

（3）任何一项缺陷或损坏修复后，经检查证明其影响了工程或工程设备的使用性能，承包人应重新进行合同约定的试验和试运行，试验和试运行的全部费用应由责任方承担。

（4）除专用合同条款另有约定外，承包人应于缺陷责任期届满后 7 天内向发包人发出缺陷责任期届满通知，发包人应在收到缺陷责任期满通知后 14 天内核实承包人是否履行缺陷修复义务，承包人未能履行缺陷修复义务的，发包人有权扣除相应金额的维修费用。发包人应在收到缺陷责任期届满通知后 14 天内，向承包人颁发缺陷责任期终止证书。

3. 质量保证金

经合同当事人协商一致扣留质量保证金的，应在专用合同条款中予以明确。

在工程项目竣工前，承包人已经提供履约担保的，发包人不得同时预留工程质量保证金。

（1）承包人提供质量保证金的方式。承包人提供质量保证金有以下三种方式：
① 质量保证金保函；
② 相应比例的工程款；
③ 双方约定的其他方式。

除专用合同条款另有约定外，质量保证金原则上采用上述第①种方式。

（2）质量保证金的扣留。质量保证金的扣留有以下三种方式：
① 在支付工程进度款时逐次扣留，在此情形下，质量保证金的计算基数不包括预付款的支付、扣回以及价格调整的金额；
② 工程竣工结算时一次性扣留质量保证金；
③ 双方约定的其他扣留方式。

除专用合同条款另有约定外，质量保证金的扣留原则上采用上述第①种方式。

发包人累计扣留的质量保证金不得超过工程价款结算总额的 3%。如承包人在发包人签发竣工付款证书后 28 天内提交质量保证金保函，发包人应同时退还扣留的作为质量保证金的工程价款；保函金额不得超过工程价款结算总额的 3%。

发包人在退还质量保证金的同时按照中国人民银行发布的同期同类贷款基准利率支付利息。

（3）质量保证金的退还。缺陷责任期内，承包人认真履行合同约定的责任，到期后，承包人可向发包人申请返还保证金。

发包人在接到承包人返还保证金申请后，应于 14 天内会同承包人按照合同约定的内容进行核实。如无异议，发包人应当按照约定将保证金返还给承包人。对返还期限没有约定或者约定不明确的，发包人应当在核实后 14 天内将保证金返还承包人，逾期未返还的，依法承担违约责任。发包人在接到承包人返还保证金申请后 14 天内不予答复，经催告后 14 天内仍不予答复，视同认可承包人的返还保证金申请。

4. 保修

1) 保修责任

工程保修期从工程竣工验收合格之日起算，具体分部分项工程的保修期由合同当事人在专用合同条款中约定，但不得低于法定最低保修年限。在工程保修期内，承包人应当根据有关法律规定以及合同约定承担保修责任。

发包人未经竣工验收擅自使用工程的，保修期自转移占有之日起算。

2) 修复费用

保修期内，修复的费用按照以下约定处理：

（1）保修期内，因承包人原因造成工程的缺陷、损坏，承包人应负责修复，并承担修复的费用以及因工程的缺陷、损坏造成的人身伤害和财产损失；

（2）保修期内，因发包人使用不当造成工程的缺陷、损坏，可以委托承包人修复，但发包人应承担修复的费用，并支付承包人合理利润；

（3）因其他原因造成工程的缺陷、损坏，可以委托承包人修复，发包人应承担修复的费用，并支付承包人合理的利润，因工程的缺陷、损坏造成的人身伤害和财产损失由责任方承担。

3) 修复通知

在保修期内，发包人在使用过程中，发现已接收的工程存在缺陷或损坏的，应书面通知承包人予以修复，但情况紧急必须立即修复缺陷或损坏的，发包人可以口头通知承包人并在口头通知后 48 小时内书面确认，承包人应在专用合同条款约定的合理期限内到达工程现场并修复缺陷或损坏。

4) 未能修复

因承包人原因造成工程的缺陷或损坏，承包人拒绝维修或未能在合理期限内修复缺陷或损坏，且经发包人书面催告后仍未修复的，发包人有权自行修复或委托第三方修复，所需费用由承包人承担。但修复范围超出缺陷或损坏范围的，超出范围部分的修复费用由发包人承担。

5) 承包人出入权

在保修期内，为了修复缺陷或损坏，承包人有权出入工程现场，除情况紧急必须立即修复缺陷或损坏外，承包人应提前 24 小时通知发包人进场修复的时间。承包人进入工程现场前应获得发包人同意，且不应影响发包人正常的生产经营，并应遵守发包人有关保安和保密等规定。

5.4 施工合同的变更

施工过程中出现的变更包括监理人指示的变更和承包人申请的变更两类。监理人可按通用条款约定的变更程序向承包人做出变更指示，承包人应遵照执行。没有监理人的变更指示，承包人不得擅自变更。

5.4.1 变更的范围

除专用合同条款另有约定外，合同履行过程中发生以下情形的，应按照本条约定进行变更：

（1）增加或减少合同中任何工作，或追加额外的工作；
（2）取消合同中任何工作，但转由他人实施的工作除外；
（3）改变合同中任何工作的质量标准或其他特性；
（4）改变工程的基线、标高、位置和尺寸；
（5）改变工程的时间安排或实施顺序。

5.4.2 变更权

发包人和监理人均可以提出变更。变更指示均通过监理人发出，监理人发出变更指示前应征得发包人同意。承包人收到经发包人签认的变更指示后，方可实施变更。未经许可，承包人不得擅自对工程的任何部分进行变更。

涉及设计变更的，应由设计人提供变更后的图纸和说明。如变更超过原设计标准或批准的建设规模时，发包人应及时办理规划、设计变更等审批手续。

5.4.3 变更程序

1. 发包人提出变更

发包人提出变更的，应通过监理人向承包人发出变更指示，变更指示应说明计划变更的工程范围和变更的内容。

2. 监理人提出变更建议

监理人提出变更建议的，需要向发包人以书面形式提出变更计划，说明计划变更工程范围和变更的内容、理由，以及实施该变更对合同价格和工期的影响。发包人同意变更的，由监理人向承包人发出变更指示。发包人不同意变更的，监理人无权擅自发出变更指示。

3. 变更执行

承包人收到监理人下达的变更指示后，认为不能执行，应立即提出不能执行该变更指示的理由。承包人认为可以执行变更的，应当书面说明实施该变更指示对合同价格和工期的影响，且合同当事人应当按照"变更估价"的约定确定变更估价。

5.4.4 变更估价

1. 变更估价原则

除专用合同条款另有约定外，变更估价按照本款约定处理：

（1）已标价工程量清单或预算书有相同项目的，按照相同项目单价认定；
（2）已标价工程量清单或预算书中无相同项目，但有类似项目的，参照类似项目的单价认定；

(3) 变更导致实际完成的变更工程量与已标价工程量清单或预算书中列明的该项目工程量的变化幅度超过 15% 的，或已标价工程量清单或预算书中无相同项目及类似项目单价的，按照合理的成本与利润构成的原则，由合同当事人按照"商定或确定"确定变更工作的单价。

2. 变更估价程序

承包人应在收到变更指示后 14 天内，向监理人提交变更估价申请。监理人应在收到承包人提交的变更估价申请后 7 天内审查完毕并报送发包人，若监理人对变更估价申请有异议，可通知承包人修改后重新提交。发包人应在承包人提交变更估价申请后 14 天内审批完毕。发包人逾期未完成审批或未提出异议的，视为认可承包人提交的变更估价申请。

因变更引起的价格调整应计入最近一期的进度款支付。

5.4.5 承包人的合理化建议

承包人提出合理化建议的，应向监理人提交合理化建议说明，说明建议的内容和理由，以及实施该建议对合同价格和工期的影响。

除专用合同条款另有约定外，监理人应在收到承包人提交的合理化建议后 7 天内审查完毕并报送发包人，发现其中存在技术上的缺陷，应通知承包人修改。发包人应在收到监理人报送的合理化建议后 7 天内审批完毕。合理化建议经发包人批准的，监理人应及时发出变更指示，由此引起的合同价格调整按照"变更估价"的约定执行。发包人不同意变更的，监理人应书面通知承包人。

合理化建议降低了合同价格或者提高了工程经济效益的，发包人可对承包人给予奖励，奖励的方法和金额在专用合同条款中约定。

5.4.6 变更引起的工期调整

工程变更控制原则

因变更引起工期变化的，合同当事人均可要求调整合同工期，由合同当事人按照合同中"商定或确定"并参考工程所在地的工期定额标准确定增减工期天数。

5.5 施工合同保险与索赔

5.5.1 保险

1. 工程保险

除专用合同条款另有约定外，发包人应投保建筑工程一切险或安装工程一切险；发包人委托承包人投保的，因投保产生的保险费和其他相关费用由发包人承担。

2. 工伤保险

(1) 发包人应依照法律规定参加工伤保险，并为在施工现场的全部员工办理工伤保险，缴纳工伤保险费，并要求监理人及由发包人为履行合同聘请的第三方依法参加工伤保险。

（2）承包人应依照法律规定参加工伤保险，并为其履行合同的全部员工办理工伤保险，缴纳工伤保险费，并要求分包人及由承包人为履行合同聘请的第三方依法参加工伤保险。

3. 其他保险

发包人和承包人可以为其施工现场的全部人员办理意外伤害保险并支付保险费，包括其员工及为履行合同聘请的第三方的人员，具体事项由合同当事人在专用合同条款中约定。

除专用合同条款另有约定外，承包人应为其施工设备等办理财产保险。

4. 持续保险

合同当事人应与保险人保持联系，使保险人能够随时了解工程实施中的变动，并确保按保险合同条款要求持续保险。

5. 保险凭证

合同当事人应及时向另一方当事人提交其已投保的各项保险凭证和保险单复印件。

6. 未按约定投保的补救

（1）发包人未按合同约定办理保险，或未能使保险持续有效的，承包人可代为办理，所需费用由发包人承担。发包人未按合同约定办理保险，导致未能得到足额赔偿的，由发包人负责补足。

（2）承包人未按合同约定办理保险，或未能使保险持续有效的，发包人可代为办理，所需费用由承包人承担。承包人未按合同约定办理保险，导致未能得到足额赔偿的，由承包人负责补足。

7. 通知义务

除专用合同条款另有约定外，发包人变更除工伤保险之外的保险合同时，应事先征得承包人同意，并通知监理人；承包人变更除工伤保险之外的保险合同时，应事先征得发包人同意，并通知监理人。

保险事故发生时，投保人应按照保险合同规定的条件和期限及时向保险人报告。发包人和承包人应当在知道保险事故发生后及时通知对方。

5.5.2 索赔

1. 承包人的索赔

1）提出索赔的条件

根据合同约定，承包人认为有权得到追加付款和（或）延长工期的，应按以下程序向发包人提出索赔：

（1）承包人应在知道或应当知道索赔事件发生后28天内，向监理人递交索赔意向通知书，并说明发生索赔事件的事由；承包人未在前述28天内发出索赔意向通知书的，丧失要求追加付款和（或）延长工期的权利。

（2）承包人应在发出索赔意向通知书后 28 天内，向监理人正式递交索赔报告；索赔报告应详细说明索赔理由以及要求追加的付款金额和（或）延长的工期，并附必要的记录和证明材料。

（3）索赔事件具有持续影响的，承包人应按合理时间间隔继续递交延续索赔通知，说明持续影响的实际情况和记录，列出累计的追加付款金额和（或）工期延长天数。

（4）在索赔事件影响结束后 28 天内，承包人应向监理人递交最终索赔报告，说明最终要求索赔的追加付款金额和（或）延长的工期，并附必要的记录和证明材料。

2）对承包人索赔的处理

（1）监理人应在收到索赔报告后 14 天内完成审查并报送发包人。监理人对索赔报告存在异议的，有权要求承包人提交全部原始记录副本。

（2）发包人应在监理人收到索赔报告或有关索赔的进一步证明材料后的 28 天内，由监理人向承包人出具经发包人签认的索赔处理结果。发包人逾期答复的，则视为认可承包人的索赔要求。

（3）承包人接受索赔处理结果的，索赔款项在当期进度款中进行支付；承包人不接受索赔处理结果的，按照"争议解决"的约定处理。

2. 发包人的索赔

1）发包人索赔的提出

根据合同约定，发包人认为有权得到赔付金额和（或）延长缺陷责任期的，监理人应向承包人发出通知并附有详细的证明。

发包人应在知道或应当知道索赔事件发生后 28 天内通过监理人向承包人提出索赔意向通知书，发包人未在前述 28 天内发出索赔意向通知书的，丧失要求赔付金额和（或）延长缺陷责任期的权利。发包人应在发出索赔意向通知书后 28 天内，通过监理人向承包人正式递交索赔报告。

2）对发包人索赔的处理

（1）承包人收到发包人提交的索赔报告后，应及时审查索赔报告的内容、查验发包人证明材料。

（2）承包人应在收到索赔报告或有关索赔的进一步证明材料后 28 天内，将索赔处理结果答复发包人。如果承包人未在上述期限内做出答复，则视为对发包人索赔要求的认可。

（3）承包人接受索赔处理结果的，发包人可从应支付给承包人的合同价款中扣除赔付的金额或延长缺陷责任期；发包人不接受索赔处理结果的，按照"争议解决"的约定处理。

3. 提出索赔的期限

（1）承包人按"竣工结算审核"的约定接收竣工付款证书后，应被视为已无权再提出在工程接收证书颁发前所发生的任何索赔。

（2）承包人按"最终结清"提交的最终结清申请单中，只限于提出工程接收证书颁发后发生的索赔。提出索赔的期限自接收最终结清证书时终止。

5.6 施工合同争议解决

5.6.1 施工合同常见争议

无论是国际市场上的大型建设项目，还是国内市场上的中、小型建设项目，在建设工程施工合同的履行过程中，发、承包双方发生争议的情况是很常见的，常见争议有以下几个方面。

1. 工程进度款支付、竣工结算及审价争议

尽管合同中已列出了工程量、约定了合同价款，但实际施工中会有很多变化，包括设计变更、现场工程师签发的变更指令、现场条件变化如地质、地形等，以及计量方法等引起的工程数量的增减。这种工程量的变化几乎每天或每月都会发生，而且承包商通常在其每月申请工程进度付款报表中列出，希望得到（额外）付款，但常因与现场监理工程师有不同意见而遭拒绝或者拖延不决。这些实际已完的工程而未获得付款的金额，由于日积月累，在后期可能增大到一个很大的数字，使得发包人更加不愿支付了，因而造成更大的分歧和争议。

在整个施工过程中，发包人在按进度支付工程款时往往会根据监理工程师的意见，扣除那些他们未予确认的工程量或存在质量问题的已完工程的应付款项，这种未付款项累积起来往往可能形成一笔很大的金额，使承包商感到无法承受而引起争议，而且这类争议在工程施工的中、后期可能会越来越严重。承包商会认为由于未得到足够的应付工程款而不得不将工程进度放慢下来，而发包人则会认为在工程进度拖延的情况下更不能多支付给承包商任何款项，这就会形成恶性循环而使争端愈演愈烈。

更主要的是，大量的发包人在资金尚未落实的情况下就开始工程的建设，致使发包人千方百计要求承包商垫资施工、不支付预付款、尽量拖延支付进度款、拖延工程结算及工程审价进程，致使承包商的权益得不到保障，最终引起争议。

2. 工程价款支付主体争议

建筑施工企业被拖欠巨额工程款已成为整个建设领域中屡见不鲜的"正常事"。往往出现工程的发包人并非工程真正的建设单位，也并非工程的权利人的情况。在该种情况下，发包人通常不具备工程价款的支付能力，施工单位该向谁主张权利，以维护其合法权益会成为争议的焦点。在此情况下，施工企业应理顺关系，寻找突破口，向真正的发包方主张权利，以保证合法权利不受侵害。

3. 工程工期拖延争议

一项工程的工期延误，往往是由错综复杂的原因造成的。在许多合同条件中都约定了竣工逾期违约金。由于工期延误的原因可能是多方面的，因此要分清各方的责任往往十分困难。经常可以看到，发包人要求承包商承担工程竣工逾期的违约责任，而承包商则提出因诸多发包人的原因及不可抗力等影响，工期应相应顺延，有时承包商还就工期的延长要求发包人承担停工、窝工的费用。

4. 安全损害赔偿争议

安全损害赔偿争议包括相邻关系纠纷引发的损害赔偿、设备安全、施工人员安全、施工导致第三人安全、工程本身发生安全事故等方面的争议。其中，建设工程相邻关系纠纷发生的频率已越来越高，其牵涉主体和财产价值也越来越多，已成为城市居民十分关心的问题。《建筑法》第三十九条为建筑施工企业设定了这样的义务："施工现场对毗邻的建筑物、构筑物和特殊作业环境可能造成损害的，建筑施工企业应当采取安全防护措施。"

5. 中止合同及终止争议

中止合同造成的争议有：承包商因中止合同造成的损失严重而得不到足够的补偿；发包人对承包商提出的就中止合同的补偿费用计算持有异议；承包商因设计错误或发包人拖欠应支付的工程款而造成困难提出中止合同；发包人不承认承包商提出的中止合同的理由，也不同意承包商的责难及其补偿要求；等等。

除不可抗力外，任何终止合同的争议往往都是难以调和的。终止合同一般都会给某一方或者双方造成严重的损害。如何合理处置终止合同后双方的权利和义务，往往是这类争议的焦点。

【提示】

终止合同可能有以下几种情况：

（1）属于承包商责任引起的终止合同。

（2）属于发包人责任引起的终止合同。

（3）不属于任何一方责任引起的终止合同。

（4）任何一方由于自身需要而终止合同。

6. 工程质量及保修争议

工程质量方面的争议包括工程中所用材料不符合合同约定的技术标准要求，提供的设备性能和规格不符，或者不能生产出合同规定的合格产品，或者是通过性能试验不能达到规定的产量要求，施工和安装有严重缺陷等。这类质量争议在施工过程中主要表现为：工程师或发包人要求拆除和移走不合格材料，或者返工重做，或者修理后予以降价处置。对于设备质量问题，则常见于在调试和性能试验后，发包人不同意验收移交，要求更换设备或部件，甚至退货并赔偿经济损失。而承包商则认为缺陷是可以改正的，或者业已改正；对生产设备质量则认为是性能测试方法错误，或者制造产品所投入的原料不合格或者是操作方面的问题等，质量争议往往转变成为责任问题争议。

另外，在保修期的缺陷修复问题往往是发包人和承包商争议的焦点，特别是发包人要求承包商修复工程缺陷而承包商拖延修复，或发包人未经通知承包商就自行委托第三方对工程缺陷进行修复。在此情况下，发包人要在预留的保修金中扣除相应的修复费用，承包商则主张产生缺陷的原因不在承包商或因发包人未履行通知义务且其修复费用未经其确认而不予同意。

5.6.2 施工合同争议解决方式

1. 和解

合同当事人可以就争议自行和解，自行和解达成协议的经双方签字并盖章后作为合同补充文件，双方均应遵照执行。

2. 调解

合同当事人可以就争议请求建设行政主管部门、行业协会或其他第三方进行调解，调解达成协议的，经双方签字并盖章后作为合同补充文件，双方均应遵照执行。

3. 仲裁或诉讼

因合同及合同有关事项产生的争议，合同当事人可以在专用合同条款中约定以下一种方式解决争议：

(1) 向约定的仲裁委员会申请仲裁；

(2) 向有管辖权的人民法院起诉。

5.6.3 合同争议评审

合同当事人在专用合同条款中约定采取争议评审方式解决争议以及评审规则，并按下列约定执行。

1. 争议评审小组的确定

合同当事人可以共同选择1名或3名争议评审员，组成争议评审小组。除专用合同条款另有约定外，合同当事人应当自合同签订后28天内，或者争议发生后14天内，选定争议评审员。

选择1名争议评审员的，由合同当事人共同确定；选择3名争议评审员的，各自选定1名，第3名成员为首席争议评审员，由合同当事人共同确定或由合同当事人委托已选定的争议评审员共同确定，或由专用合同条款约定的评审机构指定第3名首席争议评审员。

除专用合同条款另有约定外，评审员报酬由发包人和承包人各承担一半。

2. 争议评审小组的决定

合同当事人可在任何时间将与合同有关的任何争议共同提请争议评审小组进行评审。争议评审小组应秉持客观、公正原则，充分听取合同当事人的意见，依据相关法律、规范、标准、案例经验及商业惯例等，自收到争议评审申请报告后14天内做出书面决定，并说明理由。合同当事人可以在专用合同条款中对本项事项另行约定。

3. 争议评审小组决定的效力

争议评审小组做出的书面决定经合同当事人签字确认后，对双方具有约束力，双方应遵照执行。

任何一方当事人不接受争议评审小组决定或不履行争议评审小组决定的，双方可选择采用其他争议解决方式。

5.7 施工分包合同管理

工程项目建设过程中,承包人会将承包范围内的部分工作采用分包形式交由其他企业完成,如设计分包、施工分包、材料设备供应的供货分包等。分包工程的施工,既是承包范围内必须完成的工作,又是分包合同约定的工作内容,涉及两个同时实施的合同,履行的管理更为复杂。

5.7.1 施工的专业分包与劳务分包

1. 施工分包合同示范文本

承包人与发包人订立承包合同后,基于某些专业性强的工程施工,自己的施工能力受到限制,可进行施工专业分包,或考虑减少本项目投入的人力资源,以节省施工成本而进行施工劳务分包。按照《建设工程施工专业分包合同(示范文本)》(GF—2013—0213)专用条款的规定。

施工专业分包合同由协议书、通用条款和专用条款三部分组成。由于施工劳务分包合同相对简单,仅为一个标准化的合同文件,故对具体工程的分包约定采用填空的方式明确即可。

2. 施工专业分包与劳务分包的主要区别

施工专业分包由分包人独立承担分包工程的实施风险,用自己的技术、设备、人力资源完成承包的工作;施工劳务分包的分包人主要提供劳动力资源,使用常用(或简单)的自有施工机具完成承包人委托的简单施工任务。主要差异表现为以下几个方面条款的规定。

1) 分包人的收入

施工专业分包规定为分包合同价格,即分包人独立完成约定的施工任务后,有权获得的包括施工成本、管理成本、利润等全部收入;而施工劳务分包规定为劳务报酬,即配合承包人完成全部施工任务后应获得的劳务酬金。劳务报酬的约定可以采用以下三种方式之一:

(1) 固定劳务报酬(含管理费);

(2) 不同工种劳务的计时单价(含管理费)按确认的工时计算;

(3) 约定不同工作成果的计件单价(含管理费)按确认的工程量计算。

【提示】

通常情况下,不管约定为何种形式的劳务报酬,均为固定价格,施工过程中不再调整。

2) 保险责任

施工专业分包合同规定,分包人必须为从事危险作业的职工办理意外伤害保险,并为施工场地内自有人员生命财产和施工机械设备办理保险,支付保险费用;而劳务施工分包合同则规定，劳务分包人不需单独办理保险，其保险应获得的权益包括在发包人或承包人投保的工程险和第三者责任险中，分包人也不需支付保险费用。

3）施工组织

施工专业分包合同规定，分包人应编制专业工程的施工组织设计和进度计划，报承包人批准后执行。承包人负责整个施工场地的管理工作，协调分包人与施工现场承包人的人员和其他分包人施工的交叉配合，确保分包人按照经批准的施工组织设计进行施工。

施工劳务分包合同规定，分包人不需编制单独的施工组织设计，而是根据承包人制定的施工组织设计和总进度计划的要求施工。劳务分包人在每月底提交下月施工计划和劳动力安排计划，经承包人批准后严格实施。

4）分包人对施工质量承担责任的期限

施工专业分包工程通过竣工验收后，分包人对分包工程仍需承担质量缺陷的修复责任，缺陷责任期和保修期的期限按照施工总承包合同的约定执行。

劳务分包合同规定，全部工程竣工验收合格后，劳务分包人对其施工的工程质量不再承担责任，承包人承担缺陷责任期和保修期内的修复缺陷责任。

由于施工劳务分包的分包人不独立承担风险，施工纳入承包人的组织管理之中，合同履行管理相对简单，因此以下仅针对施工专业分包加以讨论。

5.7.2 分包工程施工的管理职责

1. 发包人对施工专业分包的管理

发包人不是分包合同的当事人，对分包合同权利、义务如何约定也不参与意见，与分包人没有任何合同关系。但作为工程项目的投资方和施工合同的当事人，他对分包合同的管理主要表现为对分包工程的批准。接受承包人投标书内说明的某工程部分准备分包，即同意此部分工程由分包人完成。如果承包人在施工过程中欲将某部分的施工任务分包，则仍需经过发包人的同意。

2. 监理人对施工专业分包的管理

监理人接受发包人委托，仅对发包人与第三者订立合同的履行负责监督、协调和管理，因此，对分包人在现场的施工不承担协调、管理义务。然而分包工程仍属于施工总承包合同的一部分，仍需履行监督义务，包括对分包人的资质进行审查；对分包人用的材料、施工工艺、工程质量进行监督；确认完成的工程量等。

3. 承包人对施工专业分包的管理

承包人作为两个合同的当事人，不仅对发包人承担整个合同工程按预期目标实现的义务，而且对分包工程的实施负有全面管理责任。承包人派驻施工现场的项目经理对分包人的施工进行监督、管理和协调，承担如同主合同履行过程中监理人的职责，包括审查分包工程进度计划、分包人的质量保证体系，对分包人的施工工艺和工程质量进行监督等。

5.7.3 施工分包合同的订立

按照《建设工程施工专业分包合同（示范文本）》（GF—2013—0213）专用条款的规定，订立分包合同时需要明确的内容主要包括：

1. 分包工程的范围和时间要求

通过招标选择的分包人，工作内容、范围和工期要求已在招投标过程中确定，若是直接选择的分包人，以上内容则需明确写出。对于分包工程拖期违约应承担赔偿责任的计算方式和最高限额，也应在专用条款中约定。

2. 分包工程施工应满足施工总承包合同的要求

为了能让分包人合理预见分包工程施工中应承担的风险，以及保证分包工程的施工能够满足总承包合同的要求，承包人应让分包人充分了解总承包合同中除了合同价格以外的各项规定，使分包人履行并承担与分包工程有关的承包人的所有义务与责任。当分包人提出要求时，承包人应向分包人提供一份总承包合同（有关承包工程的价格内容除外）的副本或复印件。

无论是承包人通过招标选择的分包人，还是直接选定分包人签订的合同均属于当事人之间的市场行为，因此，分包合同的承包价款不是简单地从总承包合同中切割。施工专业分包合同中明确规定，分包合同价款与总承包合同相应部分价款无任何连带关系，因此，总承包合同中涉及分包工程的价款无须让分包人了解。

3. 承包人为分包工程施工提供的协助条件

（1）提供施工图纸。分包工程的图纸来源于发包人委托的设计单位，可以一次性发放或分阶段发放，因此，承包人应依据主合同的约定，在分包合同专用条款内列明向分包人提供图纸日期和套数，以及分包人参加发包人组织图纸会审的时间。

专业工程施工经常涉及使用新工艺、新设备、新材料、新技术，可能出现分包工程的图纸不能完全满足施工需要的情况。如果承包人按照总承包合同的要求，委托分包人在其设计资质等级和业务允许的范围内，在原工程图纸的基础上进行施工图深化设计，设计的范围及发生的费用，应在专用条款中约定。

（2）施工现场的移交。在专用条款内约定，承包人向分包人提供施工场地应具备的条件、施工场地的范围和提供时间。

（3）提供分包人使用的临时设施和施工机械。为了节省施工总成本，允许分包人使用承包人为本工程实施而建立的临时设施和某些施工机械设备，如混凝土拌和站、提升装置或重型机械等。分包人使用这些临时设施和工程机械，有些免费使用，有些需要付费使用，因此，在专用条款内需约定承包人为分包工程的实施提供机械设备和设施以及承担费用。

5.7.4 施工分包合同履行管理

1. 承包人协调管理的指令

承包人负责整个施工场地的管理工作，协调分包人与同一施工场地的其他分包人及自己施工可能产生的交叉干扰，确保分包人按照批准的施工组织设计进行施工。

（1）承包人的指令。由于承包人与分包人同时在施工现场进行施工，因此承包人的协调管理工作主要通过发布一系列指示来实现。承包人随时可以向分包人发出分包工程范围内的有关工作指令。

（2）发包人或监理人的指令。发包人或监理人就分包工程施工的有关指令和决定应发送给承包人。承包人接到监理人就分包工程发布的指示后，将其要求列入自己的管理工作范围，并及时以书面确认的形式转发给分包人令他遵照执行。

为了准确地区分合同责任，分包合同通用条款内明确规定，分包人应执行经承包人确认和转发的发包人和监理人就分包范围内有关工作的所有指令，但不得直接接受发包人和监理人的指令。当分包人接到监理人的指示后不能立即执行，需得到承包人同意才可实施。合同内做出此项规定的目的：一是分包工程现场施工的协调管理由承包人负责，如果同一时间分包人分别接到监理人和承包人发出的两个有冲突的施工指令，则会造成现场管理的混乱；二是监理人的指令可能需要承包人对总包工程的施工与分包工程的施工进行协调后才能有序进行；三是分包人只与承包人存在合同关系，执行未经承包人确认的指令而导致施工成本增加和工期延误情况时，无权向承包人提出补偿要求。

2. 计量与支付

（1）工程量计量。无论监理人参与或不参与分包工程的工程量计量，承包人均需在每一计量周期通知分包人共同对分包工程量进行计量。分包人收到通知后不参加计量，承包人的计量结果有效，作为分包工程价款支付的依据；承包人不按约定时间通知分包人，致使分包人未能参加计量，计量结果无效。分包人提交的工程量报告中开列的工程量应作为分包人获得工程进度款的依据。

（2）分包合同工程进度款的支付。承包人依据计量确认的分包工程量，乘以总承包合同相应的单价计算的金额，纳入支付申请书内。获得发包人支付的工程进度款后，再按分包合同约定单价计算的款额支付给分包人。

3. 变更管理

分包工程的变更可能来源于监理人通知并经承包人确认的指令，也可能是承包人根据施工现场实际情况自主发出的指令。变更的范围和确定变更价款的原则与总承包合同规定相同。

分包人应在工程变更确定后11天内向承包人提出变更分包工程价款的报告，经承包人确认后调整合同价款；若分包人在双方确定变更后11天内未向承包人提出变更分包工程价款的报告，视为该项变更不涉及合同价款的调整。

4. 分包工程的竣工管理

1）竣工验收

（1）发包人组织验收。分包工程具备竣工验收条件后，分包人向承包人提供完整的竣工资料及竣工验收报告。双方约定由分包人提供竣工图的，应在专用条款内约定提交日期和份数。

承包人应在收到分包人提供的竣工验收报告之日起3天内通知发包人进行验收，分包人应配合承包人进行验收。发包人未能按照总承包合同及时组织验收时,承包人应按照总承包合同规定的发包人验收的期限及程序自行组织验收,并视为分包工程竣工验收通过。

(2) 承包人验收。根据总承包合同无须由发包人验收的部分,承包人应按照总承包合同约定的程序自行验收。

(3) 分包工程竣工日期的确定。分包工程竣工日期为分包人提供竣工验收报告之日。需要修复的,为提供修复后竣工报告之日。

2) 分包工程的移交

(1) 分包工程的竣工结算。分包工程竣工验收报告经承包人认可后14天内,分包人向承包人递交分包工程竣工结算报告及完整的结算资料。承包人收到分包人递交的分包工程竣工结算报告及结算资料后28天内进行核实,给予确认或者提出明确的修改意见。承包人应在确认竣工结算报告后7天内向分包人支付分包工程竣工结算价款。

(2) 分包工程的移交。分包人收到竣工结算价款之日起7天内,将竣工工程交付承包人。总体工程竣工验收后,再由承包人移交给发包人。

5. 索赔管理

分包合同履行过程中,当分包人认为自己的合法权益受到损害时,无论事件是发包人或监理人的责任,还是承包人应承担的义务,都只能向承包人提出索赔要求,并保持影响事件发生后的现场同期记录。

(1) 应由发包人承担责任的索赔事件。分包人遇到不利外部条件等根据总包合同可以索赔的情况,分包人可按照总包合同约定的索赔程序通过承包人提出索赔要求。承包人分析事件的起因和影响,并依据两个合同判明责任后,在收到分包人索赔报告后21天内给予分包人明确的答复,或要求进一步补充索赔理由和证据。如果认为分包人的索赔要求合理,应及时按照主合同规定的索赔程序,以承包人的名义就该事件向监理人递交索赔报告。

承包人依据总包合同向监理人递交任何索赔意向通知和索赔报告要求分包人协助时,分包人应提供书面形式的相应资料,以便承包人能遵守总承包合同有关索赔的约定。如果分包人未予积极配合,使得承包人涉及分包工程的索赔未获成功,则承包人可在应支付给分包人的工程款中,扣除本应获得的索赔款项中适当比例的部分,即承包人受到的损失向分包人索赔。

(2) 应由承包人承担责任的事件。索赔原因往往是承包人的违约行为或分包人执行承包人指令导致。分包人按规定程序提出索赔后,承包人与分包人依据分包合同的约定通过协商解决。

5.7.5 监理人对专业施工分包合同履行的管理

鉴于分包工程的施工涉及两个合同,监理人只需依据总承包合同的约定进行监督和管理。

1. 对分包工程施工的确认

监理人在复核分包工程已取得发包人同意的基础上,负责对分包人承担相应工程施工要求的资质、经验和能力进行审查，确认是否批准承包人选择的分包人。为了整体工程的施工协调，指示分包人进场开始分包工程施工的时间。

2. 施工工艺和质量

由于专业工程施工往往对施工技术有专门的要求，故监理人在审查承包人的施工组织设计时，应特别关注分包人拟采用的施工工艺和保障措施是否切实可行。涉及危险性较大工程部位的施工方法更应进行严格审查，以保证专业工程的施工达到合同规定的质量要求。

监理人在对分包工程进行旁站、巡视过程中，发现分包人忽视质量的行为和存在安全隐患的情况，应及时书面通知承包人，要求其监督分包人纠正。

总承包合同规定为分部移交的专业工程施工完毕，监理人应会同承包人和分包人进行工程预验收，并参加发包人组织的工程验收。

3. 进度管理

虽然由承包人负责分包工程施工的协调管理，对分包工程施工进度进行监督，但如果分包工程的施工影响到发包人订立的其他合同的履行，监理人需对承包人发出相关指令进行相应的协调。如分包工程施工与合同进度计划偏离较大而干扰了同时在现场其他承包人的施工；分包工程施工进度过慢影响到后续设备安装工程按计划实施等情况。

4. 支付管理

监理人按照总承包合同的规定对分包工程计量时，应要求承包人通知分包人进行共同计量。审查承包人的工程进度款时，要核对分包工程的合格工程量与计量结果是否一致。

对于分包人按照监理人的指示在分包工程使用计日工时，也应依据总包合同对计日工的规定，每天检查设备、人员的投入和产出情况。

5. 变更管理

监理人对分包工程的变更指示应发给承包人，由其协调和监督分包人执行。分包工程施工的变更完成后，按照总承包合同的规定对变更进行估价。

6. 索赔管理

监理人不应受理分包人直接提交的索赔报告，分包人的索赔应通过承包人的索赔来完成。

监理人审查承包人提交的分包工程索赔报告时，应按照总承包合同的约定区分合同责任。有些情况下，分包人受到的损失既有发包人应承担的风险或责任，也受承包人协调管理不利的影响，监理人应合理区分责任的比例，以便确定工期顺延的天数和补偿金额。对于分包人因非自身原因受到损失，可能对承包人的施工也产生不利影响的情况，监理人同样应在合理判定责任归属的基础上，按照实际情况做出索赔处理决定。

本章小结

建设工程施工合同是发包人与承包人就完成具体工程项目的建筑施工、设备安装、设备调试、工程保修等工作内容，确定双方权利和义务的协议。施工合同当事人是发包人和承包人,双方按照所签订合同约定的义务,履行相应的责任。双方当事人互相协商并最后就各方的权利、义务达成一致后,签订建设工程施工合同,合同双方当事人在合同签订前要进行合同审查,通过合同审查,可以发现合同中存在的内容含糊、概念不清之处或自己未能完全理解的条款,加以仔细研究,并认真分析,采取相应的措施,以减少合同中的风险,减少合同谈判和签订中的失误,有利于合同双方合作愉快,促进建设工程项目施工的顺利进行。合同订立后,双方当事人应根据合同约定行使权利履行义务,如因各类原因导致合同变更、违约,当事人应承担相应责任。合同履行过程中,双方出现争议应采用和解、调解、仲裁或诉讼的方式解决。工程项目建设过程中,承包人会将承包范围内的部分工作采用分包形式交由其他企业完成,订立分包合同,明确双方当事人职责,双方当事人按合同规定履行分包合同。

思考与练习题

一、填空题

1. 施工合同签订的原则指_____。
2. 当事人订立合同,有_____、_____和_____。
3. _____指承包人在投标函内承诺完成合同工程的时间期限,以及按照合同条款通过变更和索赔程序应给予顺延工期的时间之和。
4. 监理人发出的指示应送达_____。
5. 发包人应将合同价款支付至_____中约定的承包人账户。
6. 保险事故发生时,投保人应按照_____规定的条件和期限及时向保险人报告。
7. 施工合同争议解决方式有_____、_____、_____或_____。
8. 除专用合同条款另有约定外,合同评审员报酬由_____各承担一半。

二、选择题

1. 合同谈判时,谈判组员以（　　）人为宜。
   A. 1~3　　　　B. 3~5　　　　C. 5~7　　　　D. 7~9
2. 发包人在收到承包人报送的确认资料后（　　）天内不予答复的视为认可,作为调整合同价格的依据。
   A. 5　　　　B. 10　　　　C. 15　　　　D. 20
3. 更换总监理工程师的,监理人应提前（　　）天书面通知承包人。
   A. 7　　　　B. 17　　　　C. 20　　　　D. 27
4. 监理人应按照（　　）的授权发出监理指示。
   A. 承包人　　B. 发包人　　C. 监理工程师　　D. 项目经理
5. 监理人应在计划开工日期（　　）天前向承包人发出开工通知,工期自开工通知中载明的开工日期起算。
   A. 7　　　　B. 17　　　　C. 20　　　　D. 27

6. 施工过程中对施工现场内水准点等测量标志物的保护工作由（　　）负责。
   A. 承包人　　　B. 发包人　　　C. 监理工程师　　　D. 项目经理

7. 承包人向监理人报送竣工验收申请报告，监理人应在收到竣工验收申请报告后（　　）天内完成审查并报送发包人。
   A. 7　　　B. 14　　　C. 21　　　D. 28

8. 除专用合同条款另有约定外，合同当事人应当在颁发工程接收证书后（　　）天内完成工程的移交。
   A. 7　　　B. 14　　　C. 21　　　D. 28

9. 承包人应当在签订暂估价合同后（　　）天内，将暂估价合同副本报送发包人留存。
   A. 7　　　B. 14　　　C. 21　　　D. 28

10. 因不可抗力导致合同无法履行连续超过（　　）天或累计超过（　　）天的，发包人和承包人均有权解除合同。
    A. 48；140　　　B. 84；140　　　C. 48；240　　　D. 84；240

11. 因承包人原因导致合同解除的，合同当事人应在合同解除后（　　）天内完成估价、付款和清算。
    A. 7　　　B. 14　　　C. 21　　　D. 28

12. 发包人累计扣留的质量保证金不得超过工程价款结算总额的（　　）。
    A. 1%　　　B. 2%　　　C. 3%　　　D. 4%

13. 承包人应在收到变更指示后（　　）天内，向监理人提交变更估价申请。
    A. 7　　　B. 14　　　C. 21　　　D. 28

14. 分包人应在工程变更确定后（　　）天内向承包人提出变更分包工程价款的报告，经承包人确认后调整合同价款。
    A. 10　　　B. 11　　　C. 12　　　D. 13

15. 某工程招标时，甲施工单位委派的项目经理没有取得建造师的执业资格，所提供的资格证书复印件是伪造的。则甲施工单位违背了合同签订中的（　　）。
    A. 平等原则　　　　　　B. 诚实信用原则
    C. 公平原则　　　　　　D. 自愿原则

16. 下列选项中属于要约的是（　　）。
    A. 招股说明书　　　B. 投标书　　　C. 招标公告　　　D. 商品价目表

17. 在缔约过程中，受要约人对要约的主要条款部分同意，部分做出变更的答复，性质上是（　　）。
    A. 部分承诺　　　B. 承诺　　　C. 拒绝承诺　　　D. 新要约

18. 下列关于承诺的表述中，错误的是（　　）。
    A. 承诺是受要约人完全同意要约的意思表示
    B. 承诺是一种法律行为
    C. 承诺可以撤回
    D. 承诺可以撤销

19. 一方希望和他人订立合同的意思表示,在性质上属于( )。
   A. 要约邀请   B. 要约   C. 承诺   D. 合同

20. 下列( ),不属于订立建设工程合同应遵循的原则。
   A. 平等自愿原则   B. 公平原则
   C. 合法原则   D. 公开原则

21. 下列关于合同的分类说法不正确的是( )。
   A. 无名合同是法律未规定内容和名称的合同
   B. 有偿合同中,债务人的责任相对比较重,而在无偿合同中,债务人的责任相对比较轻
   C. 附义务的赠与合同是单务合同
   D. 有偿合同即双务合同,无偿合同即单务合同

22. 甲公司于12月5日以普通信件向乙公司发出要约,要约中表示以2000元一吨的价格卖给乙公司某种型号钢材100吨,甲公司随即又发了一封快件给乙公司,表示原要约中的价格作废,现改为2100元一吨,其他条件不变。普通信件于2月8日到达,快信于12月7日到达,乙公司均已收到两封信,但秘书忘了把第二封信交给董事长,乙公司董事长回信对普通信件发出的要约予以承诺。请问:甲、乙之间的合同是否成立。( )
   A. 合同未成立,原要约被撤销
   B. 合同未成立,原要约被新要约撤回
   C. 合同成立,快件的意思表示未生效
   D. 合同成立,要约与承诺取得了一致

23. 乙公司向甲公司发出要约,旋即又发出一份"要约作废"的函件。甲公司的董事长助理收到乙公司"要约作废"的函件后,忘记交给董事长。第三天,甲公司董事长发函给乙公司,提出只要将交货日期推迟2周,其他条件都可以接受。后甲、乙公司未能缔约,双方缔约没能成功的原因是( )。
   A. 要约已被撤回
   B. 要约已被撤销
   C. 甲公司对要约做了实质性改变
   D. 甲公司承诺超过了有效期间

三、问答题

1. 合同管理的严格性主要体现在哪些方面?

2. 发包人参加谈判的目的是什么?

3. 劳务谈判的内容是什么？

4. 进行工程价格谈判时，应注意哪些问题？

5. 承包人申请竣工验收的条件是什么？

6. 颁发工程接收证书后，承包人应如何对施工现场进行清理？

7. 简述施工安全管理的程序。

8. 竣工决算申请单应包括哪些内容？

9. 什么是不可抗力？

10. 合同履行过程中，哪些情形属于承包人违约？

11. 保修期内，修复的费用应如何处理？

12. 简述合同变更的范围。

13. 劳务报酬的约定应采用哪些方式?

14. 如何进行分包工程的移交?

6　FIDIC 合同示范文本

|教学目标|

通过本章的学习，了解新版 FIDIC 合同条件及其应用；了解 FIDIC 施工合同中业主和承包商的主要权利、义务；熟悉 FIDIC 施工合同中控制性、制约性及管理性条款；掌握 FIDIC 施工合同条件下对质量、进度和造价的控制。具备利用 FIDIC 施工合同条件从事施工项目管理的初步能力，能够处理工程签证和简单的索赔事项。

|思政目标|

通过本项目的学习，培养学生哲学思维，学人所长，补己之短，在新时代背景下努力学习，成为对社会有用的人。

|教学重点|

FIDIC 施工合同条件下对质量、进度和造价的控制。

|教学难点|

FIDIC 合同签订、履行中承包人的权利义务，以及工程索赔和反索赔等内容。

|学法指导|

以合同条款为依据，熟悉相关合同的概念和内容；以课本为基础，深入学习课本知识，完成课后练习题目，夯实理论基础；以案例为载体，将所学知识运用到案例中去，并从案例中总结正确的理论和实践。

【案例引入】

某高铁项目采用 FIDIC 施工合同条件，该工程施工过程中，陆续发生如下索赔事件。

（1）施工期间，由于业主设计变更造成工程停工 20 天，承包商提出索赔工期 20 天和费用补贴 2 万元的要求。

（2）施工过程中，现场周围居民称承包商噪声对他们有干扰，阻止承包商的混凝土浇筑工作。承包商提出工期延长 5 天与费用补偿 1 万元的要求。

（3）由于某段路基基底是淤泥，需进行换土，在招标文件中已提供了地质的技术资料。承包商原计划使用隧道出渣作为换土材料，但施工中发现隧道出渣不符合要求，需进一步破碎以达到要求。承包商认为施工费用高出合同价格，需给予工期延长 10 天与补偿 20 万元。

【工作任务】

通过上述案例，请思考以下问题：
针对承包商的上述要求，工程师应如何处理？

6.1 FIDIC 合同条件简介

6.1.1 FIDIC 组织简介

FIDIC 是一个国际性的非官方组织，用其法文名称"Fédération Internationale Des Ingénieurs Conseils"的前五个字母代表。其中文名称是"国际咨询工程师联合会"，英文名称是"International Federation of Consulting Engineers"。

作为一个国际性的非官方组织，FIDIC 的宗旨是将各个国家独立的咨询工程师行业组织联合成一个国际性的行业组织；促进还没有建立起这个行业组织的国家也能够建立起这样的组织；鼓励制定咨询工程师应遵守的职业行为准则，以提高为业主和社会服务的质量；研究和增进会员的利益，促进会员之间的关系，增强本行业的活力；提供和交流会员感兴趣和有益的信息，增强行业凝聚力。中国工程咨询协会在 1996 年成为国际咨询工程师联合会（FIDIC）正式会员。

FIDIC 组织自成立以来，一直向国际工程咨询服务业提供有关资源，根据成员需求提供交流信息，发行出版物，举办咨询业界的会议、培训，建立了丰富的调停人、仲裁人和专家资源库，帮助发展中国家发展其咨询业。

FIDIC 下设五个专业委员会：业主（与国内把建设工程施工合同双方称为发包人、承包人不同，在 FIDIC 土木工程施工合同条件中，合同双方称为业主、承包商）与咨询工程师关系委员会（CCRC），合同委员会（CC），风险管理委员会（RMC），质量管理委员会（QMC），环境委员会（ENVC）。FIDIC 的各专业委员会编制了许多规范性的标准文件，不仅世界银行、亚洲开发银行、非洲开发银行的招标文件样本采用这些文件，还有许多国家的国际工程项目也常常采用这些文件。

6.1.2 FIDIC 合同文本的标准化

FIDIC 作为国际上权威的咨询工程师机构，多年来所编写的标准合同条件是国际工程界几十年来实践经验的总结，公正地规定了合同各方的职责、权利和义务，程序严谨，可操作性强。如今已在工程建设、机械和电气设备的提供等方面被广泛使用。

【提示】

我国有关部委编制的适用于大型工程施工的标准化合同范本都是以 FIDIC 编制的合同条件为蓝本。

FIDIC 出版的所有合同文本结构，都是以通用条件、专用条件和其他标准化的文件格式编制。

（1）通用条件

所谓"通用"，是指工程建设项目无论属于哪个行业，也不管处于何地，只要是土木工程类的施工均可适用。条款内容涉及：合同履行过程中业主和承包商各方的权利与义务，工程师（交钥匙合同中为业主代表）的权利和职责，各种可能预见到事件发生后的责任界限，合同正常履行过程中各方应遵循的工作程序，以及因意外事件而使合同被迫解除时各方应遵循的工作准则等。

（2）专用条件

专用条件是相对于"通用"而言的，要根据准备实施的项目的工程专业特点，以及工程所在地的政治、经济、法律、自然条件等地域特点，针对通用条件中条款的规定加以具体化。例如，可以对通用条件中的规定进行相应的补充完善、修订或取代其中的某些内容，以及增补通用条件中没有规定的条款。专用条件中条款序号应与通用条件中要说明条款的序号对应，通用条件和专用条件内相同序号的条款共同构成对某一问题的约定责任。如果通用条件内的某一条款内容完备、适用，则专用条件内可不再重复列此条款。

（3）标准化的文件格式

FIDIC编制的标准化合同文本，除通用条件和专用条件以外，还包括标准化的投标书（及附录）和协议书的格式文件。投标书的格式文件只有一页内容，是投标人愿意遵守招标文件规定的承诺表示。投标人只需填写投标报价并签字后，即可与其他材料一起构成有法律效力的投标文件。投标书附件列出了通用条件和专用条件内涉及工期和费用内容的明确数值，与专用条件中的条款序号和具体要求相一致，以使承包商在投标时予以考虑。这些数据经承包商填写并签字确认后，在合同履行过程中作为双方遵照执行的依据。

【提示】

协议书是业主与中标承包商签订施工承包合同的标准化格式文件，双方只要在空格内填入相应内容，并签字盖章后，合同即可生效。

6.1.3 新版FIDIC合同条件简介

为适应国际建筑市场的发展，FIDIC于1999年出版了四份新的合同标准格式：《施工合同条件》（简称新红皮书）、《生产设备和设计——施工合同条件》（简称新黄皮书）、《设计采购施工（EPC）/交钥匙项目合同条件》（简称银皮书）、《简明合同格式》（简称绿皮书）。新版FIDIC合同条件更具灵活性和易用性，如果通用合同条件中的某一条不适用于实际项目，那么可以简单地将其删除而不需要在专用条件中特别说明。编写通用条件中子条款的内容时，也充分考虑了其适用范围，使其适用于大多数合同（不过子条款并不是FIDIC合同的必要部分，用户可根据需要选用）。新红皮书、新黄皮书和银皮书均包括以下三部分：通用条件，专用条件编写指南，投标书、合同协议、争议评审协议。各合同条件的通用条件部分都有20个条款。绿皮书则包括协议书、通用条件、专用条件、裁决规则和应用指南（指南不是合同文件，仅为用户提供使用上的帮助），合同条件共15条、52款。

1.《施工合同条件》（新红皮书）

1)《施工合同条件》的适用范围

新红皮书基本继承了原红皮书的"风险分担"的原则，即业主愿意承担比较大的风险。因此，业主希望做几乎全部设计（可能不包括施工图、结构补强等）；雇用工程师作为其代理人管理合同，管理施工以及签证支付；希望在工程施工的全过程中持续得到全部信息，并能做变更等；希望支付根据工程量清单或通过的工程总价。而承包商仅根据业主提供的图纸资料进行施工（当然，承包商有时要根据要求承担结构、机械和电气部分的设计工作）。那么，《施工合同条件》（新红皮书）正是这种类型业主所需的合同范本。

2)《施工合同条件》的主要特点

（1）框架。新红皮书放弃了原红皮书第四版的框架，而是继承了1995年橘皮书的格式，合同条件分为20个标题，与黄皮书、银皮书合同条件的大部分条款一致，同时加入了一些新的定义，以便于使用和理解。

（2）业主方面。新红皮书对业主的职责、权利、义务有了更严格的要求，如对业主资金安排、支付时间和补偿、业主违约等方面的内容进行了补充和细化。

（3）承包商方面。新红皮书对承包商的工作提出了更严格的要求，如承包商应将质量保证体系和月进度报告的所有细节都提供给工程师、在何种条件下将没收履约保证金、工程检验维修的期限等。

（4）索赔、仲裁方面。新红皮书在该方面增加了与索赔有关的条款并丰富了细节，加入了争端委员会的工作程序，由3个委员会负责处理那些工程师的裁决不被双方认可的争端。

2. 《生产设备和设计——施工合同条件》（新黄皮书）

1)《生产设备和设计——施工合同条件》的适用范围

《生产设备和设计——施工合同条件》特别适用于"设计—建造"建设履行方式。该合同范本适用于建设项目规模大、复杂程度高、承包商提供设计、业主愿意将部分风险转移给承包商的情况。《生产设备和设计——施工合同条件》与《施工合同条件》相比，最大的区别在于前者业主不再自己承担合同中的绝大部分风险，而将一定风险转移给承包商。因此，《生产设备和设计——施工合同条件》将满足业主以下几个方面的需要。

（1）在一些传统的项目里，特别是电气和机械工作中，由承包商做大部分的设计，如业主提供设计要求，承包商提供详细设计。

（2）采纳设计—施工履行程序，由业主提交一个工程目的、范围和设计方面技术标准明确的"业主要求"，承包商来满足该要求。

（3）工程师进行合同管理，督导设备的现场安装以及签证支付。

（4）执行总价合同，分阶段支付。

2)《生产设备和设计——施工合同条件》的主要特点

（1）框架。借鉴1995年橘皮书的格式，合同结构类似于新红皮书，并与新红皮书、银皮书相统一。

（2）业主方面。对设计管理的要求更加系统、严格，通用条件中就专门有1条共7款关于设计管理工作的规定。同时，赋予了工程师较宽权限对设计文件进行审批；限制了业主在更换工程师方面的随意性，如果承包商对业主提出的新工程师人选不满意，则业主无权更换；业主对承包商的支付，采用以总价为基础的合同方式，对期中支付和费用变更的方式均有详细规定。

(3) 承包商方面。承包商要根据合同建立一套质量保证体系，在设计和实施开始前，要将其全部细节送工程师审查；增加可供选择的"竣工后检验"，并严格"竣工检验"环节，以确保工程的最终质量；另外，新黄皮书的规定使承包商要承担更多的风险，如将原黄皮书中"工程所在国之外发生的叛乱、革命、暴动政变、内战、离子辐射、放射性污染等"由业主承担的风险改由承包商来承担。当然，因为设计工作是由承包商来提供的，所以设计方面的风险自然也由承包商承担。

(4) 索赔、仲裁方面。新黄皮书与新红皮书一样，采用相同的工作程序来解决争端。

3. 《设计采购施工（EPC）/交钥匙项目合同条件》（银皮书）

1）《设计采购施工（EPC）/交钥匙项目合同条件》的适用范围

《设计采购施工（EPC）/交钥匙项目合同条件》是一种现代新型的建设履行方式。该合同范本适用于建设项目规模大、复杂程度高，承包商提供设计并承担绝大部分风险的情况。该合同范本与其他3个合同范本的最大区别在于，在《设计采购施工（EPC）/交钥匙项目合同条件》下，业主只承担工程项目很小的风险，而将绝大部分风险转移给承包商。这是由于作为这些项目（特别是私人投资的商业项目）投资方的业主，在投资前关心的是工程的最终价格和最终工期，以便他们能够准确地预测在该项目上投资的经济可行性。所以，他们希望少承担项目实施过程中的风险，以避免追加费用和延长工期。因此，《设计采购施工（EPC）/交钥匙项目合同条件》可满足业主如下几个方面的需求。

(1) 承包商承担全部设计责任，合同价格具有高度确定性，以及时间不允许逾期。

(2) 不卷入每天的项目工作中去。

(3) 多支付承包商建造费用，但作为条件承包商须承担额外的工程总价及工期的风险。

(4) 如无工程师的介入，项目的管理严格采纳双方当事人的方式。

另外，使用EPC合同的项目的招标阶段给予承包商充分的时间和资料，使其全面了解业主的要求并进行前期规划、风险评估的估价；业主也不得过度干预承包商的工作；业主的付款方式应按照合同支付，而无须像新红皮书和新黄皮书里规定的那样，工程师核查工程量并签认支付证书后才付款。

《设计采购施工（EPC）/交钥匙项目合同条件》特别适宜下列项目类型：

(1) 民间主动融资PFI（Private Finance Initiative），或公共/民间伙伴PPP（Public/Private Partnership），或BOT（Build Operate Transfer）及其他特许经营合同的项目。

(2) 发电厂或工厂且业主期望以固定价格的交钥匙方式来履行项目。

(3) 基础设计项目（如公路、铁路、桥、水或污水处理厂、水坝等）或类似项目，业主提供资金并希望以固定价格的交钥匙方式来履行项目。

(4) 民用项目且业主希望采纳固定价格的交钥匙方式来履行项目，通常项目的完成包括所有家具、设备的调试。

2）《设计采购施工（EPC）/交钥匙项目合同条件》的主要特点

(1) 风险。EPC合同明确划分了业主和承包商的风险，特别是承包商要独自承担发生最为频繁的"外部自然力"这一风险。

(2) 管理方式。由于业主承担的风险已大大减少，因此没有必要专门聘请工程师来代表其对工程进行全面、细致的管理。EPC 合同中规定,业主或委派业主代表直接对项目进行管理,人选的更迭不需经过承包商同意;业主或业主代表对设计的管理比新黄皮书宽松,但是对工期和费用索赔管理是极为严格的,这也是 EPC 合同订立的初衷。

4.《简明合同格式》(绿皮书)

1)《简明合同格式》的适用范围

FIDIC 编委会编写绿皮书的宗旨在于使该合同范本适用于投资规模相对较小的民用和土木工程,例如:

(1) 造价在 500000 美元以下以及工期在 6 个月以下。

(2) 工程相对简单,不需专业分包合同。

(3) 重复性工作。

(4) 施工周期短。

承包商根据业主或业主代表提供的图纸进行施工。当然,《简明合同格式》也适用于部分或全部由承包商设计的土木电气、机械和建筑设计的项目。类似银皮书关于管理模式的条款,"工程师"一词也没有出现在合同条件里。这是因为在相对直接和简单的项目中,工程师的存在没有必要性。当然,如果业主愿意,仍然可以任命工程师。

鉴于绿皮书短小、简单、易于被用户掌握,编委会强烈希望绿皮书能够被非英语系国家翻译成其母语,从而得到广泛应用。此外,对发展中国家、欠发达国家和在世界范围邀请招标的项目,绿皮书也被推荐使用。

2)《简明合同格式》的主要特点

(1) 简单。正如绿皮书的名字一样,本合同格式的最大特点就是简单,合同条件中的一些定义被删除了而另一些被重新解释;专用条件部分只有题目没有内容,仅当业主认为有必要时才加入内容;没有提供履约保函的建议格式;同时,文件的协议书中提供了一种简单的"报价和接受"的方法以简化工作程序,即将投标书和协议书格式合并为一个文件,业主在招标时在协议书上写好适当的内容,由承包商报价并填写其他部分,如果业主决定接受,就在该承包商的标书上签字,当返还的协议书到达承包商处时,合同即生效。

(2) 业主方面。合同条件中关于"业主批准"的条款只有两款,从而在一定程度上避免了承包商将自己的风险转移给业主;通过简化合同条件,将承包商索赔的内容都合并在一个条款中;同时,提供了多种变更估价和合同估价方式以供选择。

(3) 承包商方面。在竣工时间、工程接收、修补缺陷等条款方面,也和其他合同文本有一定的差异。

6.2 一般权利和义务条款

6.2.1 施工合同中的部分重要概念

1. 合同与合同文件

合同指合同协议书、中标函、投标函、合同条件、规范、图纸、资料表以及合同协议书或中标函中列出的其他文件。这里的合同实际上是全部合同文件的总称。

（1）合同协议书。业主发出中标函的28天内，接到承包商提交的有效履约保证后，双方签署的法律性标准化格式文件。

（2）中标函。业主签署的对投标书的正式接受函，可能包含作为备忘录记载的合同签订前谈判时可能达成一致并共同签署的补遗文件。

（3）投标函。承包商填写并签字的法律性投标函和投标函附录，包括报价和对招标文件及合同条款的确认文件。

（4）合同专用条件。

（5）合同通用条件。

（6）规范。这里所说的规范指承包商履行合同义务期间应遵循的准则，也是工程师进行合同管理的依据，即合同管理中通常所称的技术条款。

（7）图纸。图纸包括项目实施过程中的工程图纸以及由业主按照合同发出的任何补充和修改的图纸。

（8）资料表。资料表包括合同中名为资料表的文件，由承包商填写并随投标书一起提交的资料文件，此文件可包括工程量表、数据、列表、费率或价格表。

2. 合同履行中涉及的几个时间概念

（1）基准日期。基准日期指投标截止日期之前的第28天所对应的日期。

（2）开工日期。按合同规定，开工日期若在合同中没有明确规定具体时间，则开工日期应在承包商收到中标函后的42天内，由工程师在这个日期前7天通知承包商，承包商在开工日后应尽可能快的施工。

（3）合同工期。合同工期是所签合同内注明的完成全部工程或分步移交工程的时间，加上合同履行过程中非承包商责任导致变更和索赔事件发生后工程师批准顺延工期之和。合同内约定的工期指承包商在投标书附录中承诺的竣工时间。合同工期的日历天数作为衡量承包商是否按合同约定期限履行施工义务的标准。

（4）施工期。施工期指从工程师按合同约定发布的"开工令"中指明的应开工之日起到工程接收证书注明的竣工日止的日历天数。用施工期与合同工期比较，判定承包商的施工是提前竣工还是延误竣工。

（5）缺陷通知期。缺陷通知期指自工程接收证书中写明的竣工日开始到工程师颁发履约证书为止的日历天数。设置缺陷通知期的目的是检验工程在动态运行条件下是否达到了合同技术规范的要求。因此，在这段时期内，承包商除应继续完成在接收证书上写明的扫尾工作外，还应对工程由于施工原因所产生的各种缺陷负责维修，维修费用由缺陷责任方承担。

【提示】

合同工程的缺陷通知期及分阶段移交工程的缺陷通知期，应在专用条件内具体约定。次要部位工程通常为半年，主要工程及设备大多为一年，个别重要设备也可以约定为一年半。

（6）合同有效期。合同有效期包括施工期、缺陷通知期等。自合同签字之日起到承包商提交给业主的"结清单"生效日为止,施工承包合同对业主和承包商均具有法律约束力。颁发履约证书只是表示承包商的施工义务终止,合同约定的权利、义务并未完全结束,还剩有管理和结算等手续。

(7) 结清单生效。

结清单生效是指业主已按工程师签发的最终支付证书中的金额付款,并退还承包商的履约保函。结清单一经生效,承包商在合同内享有的索赔权利也自行终止。

3. 合同价格

通用条件中分别定义了"接受的合同款额"和"合同价格"的概念。"接受的合同款额"指业主在"中标函"中对实施、完成和修复工程缺陷所接受的金额,来源于承包商的投标报价并对其确认。"合同价格"则指按照合同各条款的约定,承包商完成建造和保修任务后,对所有合格工程有权获得的全部工程款。最终结算的合同价可能与中标函中注明的接受合同款额不相等。

1) 合同类型特点

《FIDIC 施工合同条件》适用于大型复杂工程采用单价合同的承包方式。为了缩短建设周期,通常在初步设计完成后就开始施工招标,在不影响施工进度的前提下陆续发放施工图。因此,承包商一般据以报价的工程量清单中,各项工作内容项下的工程量为概算工程量。合同履行过程中,承包商实际完成的工程量可能多于或少于清单中的估计量。单价合同的支付原则是,按承包商实际完成工程量乘以清单中相应工作内容的单价,结算该部分工作的工程款。

2) 可调价合同

大型复杂工程的施工期较长,通用条件中包括合同工期内因物价变化对施工成本产生影响后计算调价费用的条款,每次支付工程进度款时均要考虑约定可调价范围内项目当地市场价格的涨落变化。而这笔调价没有包含在中标价格内,仅在合同条款中约定了调价原则和调价费用的计算方法。

3) 发生应由业主承担风险责任的计算方法

合同履行过程中,可能因业主的行为或其他应由业主承担风险责任的事件发生后,导致承包商增加施工成本,合同相应条款都规定业主应对承包商受到的实际损害给予补偿。

4) 承包商的质量责任

合同履行过程中,如果承包商没有完全或正确地履行合同义务,业主可凭工程师出具的证明,从承包商应得工程款内扣减该部分给业主带来损失的款额。合同条件内明确规定的情况如下。

(1) 不合格材料和工程的重复检验费用由承包商承担。工程师对承包商采购的材料和施工的工程通过检验后发现质量没达到规定的标准,承包商应自费改正并在相同条件下进行重复检验,重复检验所发生的额外费用由承包商承担。

(2) 承包商没有改正忽视质量的错误行为。当承包商不能在工程师限定的时间内将不合格的材料或设备移出施工现场,以及在限定时间内没有或无力修复缺陷工程时,业主可以雇用其他人来完成,该项费用应从承包商处扣回。

(3) 折价接收部分有缺陷工程。某项处于非关键部位的工程施工质量未达到合同规定的标准，如果业主和工程师经过适当考虑后确信该部分的质量缺陷不会影响总体工程的运行安全，为了保证工程按期发挥效益，可以与承包商协商后折价接收。

5) 承包商延误竣工或提前竣工

(1) 延误竣工。签订合同时双方需约定日拖期赔偿和最高赔偿限额。如果因承包商的原因使竣工时间迟于合同工期，将按日拖期赔偿额乘以延误天数计算拖期违约赔偿金，但以约定的最高赔偿限额为赔偿业主延迟发挥工程效益的最高款额。

如果合同内规定有分阶段移交的工程，在整个合同工程竣工日期以前，工程师已对部分阶段移交的工程颁发了工程移交证书，且证书中注明的该部分工程竣工日期未超过约定的分阶段竣工时间，则全部工程剩余部分的日拖期违约赔偿额应相应折减。折减的原则是，将拖延竣工部分的合同金额除以整个合同工程的总金额所得比例乘以拖期赔偿额，但不影响约定的最高赔偿限额。

(2) 提前竣工。承包商通过自己的努力使工程提前竣工是否应得到奖励，在施工合同条件中列入可选择条款一类。业主要看提前竣工的工程或区段是否能让其得到提前使用的收益，而决定该条款的取舍。如果招标工作内容仅为整体工程中的部分工程且这部分工程的提前完成不能单独发挥效益，则没有必要鼓励承包商提前竣工，可以不设奖励条款。若选用奖励条款，则需要在专用条件中具体约定奖金的计算办法。

【提示】

当合同内约定有部分区段工程的竣工时间和奖励办法时，为了使业主能够在完成全部工程之前占有并启用工程的某些区段使其提前发挥效益，约定的区段完工日期应固定不变。也就是说，不应因该区段的施工过程中出现非承包商应负责原因，工程师批准顺延合同工期而对计算奖励的应竣工时间予以调整（除非合同中另有规定）。

6) 包含在合同价格之内的暂定金额

某些项目的工程量清单中包括"暂定金额"款项，尽管这笔款额计入合同价格，但其使用却归工程师控制。暂定金额实际上是一笔业主方的备用金，工程师有权依据工程进展的实际需要，将用于施工或提供物资、设备以及技术服务等内容的开支，作为供意外用途的开支。工程师有权全部使用、部分使用或完全不用。工程师可以发布指示，要求承包商或其他人完成暂定金额项内开支的工作。因此，只有当承包商按工程师的指示完成暂定金额项内开发的工作任务后，才能从其中获得相应支付。由于暂定金额是用于招标文件规定承包商必须完成的承包工作之外的费用，承包商报价时不将承包范围内发生的间接费、利润、税金等摊入其中，因此承包商未获得暂定金额的支付并不损害其利益。

4. 指定分包商

1) 指定分包商的概念

指定分包商是指由业主和工程师挑选或指定的，进行与工程实施、货物采购等工作有关的特定工作内容的分包商。合同条款规定，业主有权将部分工程项目的施工任务或涉及提供材料、设备、服务等工作内容发包给指定分包商实施。

合同内规定有承担施工任务的指定分包商，大多因业主在招标阶段划分合同包时，考虑到某部分施工的工作内容有较强的专业技术要求，一般承包单位不具备相应的能力，但如果以一个单独的合同对待又限于现场的施工条件或合同管理的复杂性，工程师无法合理地进行协调管理，为避免各独立合同之间的干扰，只能将这部分工作发包给指定分包商实施。由于指定分包商是与承包商签订分包合同，因而在合同关系和管理关系方面与一般分包商处于同等地位，对其施工过程中的监督、协调工作纳入承包商的管理之中。

2）指定分包商的特点

指定分包商与一般分包商相比，主要差异体现在以下几个方面：

（1）选择分包单位的权力不同。承担指定分包工作任务的单位由业主或工程师选定，而一般分包商则由承包商选择。

（2）分包合同的工作内容不同。指定分包工作属于承包商无力完成，不属于合同约定应由承包商必须完成范围之内的工作，即承包商投标报价时没有摊入间接费、管理费、利润、税金的工作，因此不损害承包商的合法权益。而一般分包商的工作则为承包商承包工作范围的一部分。

（3）工程款的支付开支项目不同。为了不损害承包商的利益，给指定分包商的付款应从暂列金额内开支。而对一般分包商的付款，则从工程量清单中相应工作内容项内支付。

（4）业主对分包商利益的保护不同。尽管指定分包商与承包商签订分包合同后，按照权利义务关系，分包商直接对承包商负责，但由于指定分包商终究是业主选定的，而且其工程款的支付从暂列金额内开支，因此在合同条件内列有保护指定分包商的条款。通用条件规定，承包商在每个月末报送工程进度款支付报表时，工程师有权要求他出示以前已按指定分包合同给指定分包商付款的证明。如果承包商没有合法理由而扣押了指定分包商上个月应得工程款，业主有权按工程师出具的证明从本月应得款内扣除这笔金额直接付给指定分包商。对于一般分包商则无此类规定，业主和工程师不介入一般分包合同履行的监督。

（5）承包商对分包商违约行为承担责任的范围不同。除非由于承包商向指定分包商发布了错误的指示要承担责任外，对指定分包商的任何违约行为给业主或第三者造成损害而导致索赔或诉讼，承包商不承担责任。如果一般分包商有违约行为，业主可将其视为承包商的违约行为，按照主合同的规定追究承包商的责任。

3）指定分包商的选择

特殊专项工作的实施要求指定分包商拥有某方面的专业技术或专门的施工设备、独特的施工方法。业主和工程师往往根据所积累的资料、信息，也可能依据以前与之交往的经验，对其信誉、技术能力、财务能力等比较了解，通过议标方式选择。若没有理想的合作者，也可以就这部分承包商不善于实施的工作内容，采用招标方式选择指定分包商。

业主选择指定分包商的基本原则是：必须保护承包商的合法利益不受侵害。因此，当承包商有合法理由时，有权拒绝某一单位作为指定分包商。

【提示】

为了保证工程施工的顺利进行，业主选择指定分包商时应首先征求承包商的意见，不能强行要求承包商接受其有理由反对的，或是拒绝与承包商签订保障承包商利益不受损害的分包合同的指定分包商。

6.2.2 业主的权利和风险分担

1. 业主的权利

《FIDIC 施工合同条件》第 2 条关于业主的权利有以下四项：

1）进入现场的权利

进入现场的权利是指承包商进入和占用施工现场的权利，就是业主向承包商提供现场的义务。其主要内容为：业主应按投标函附录规定的时间向承包商提供现场，如果投标函附录没有规定，则依据承包商提交给业主的进度计划，按照施工要求的时间来提供。业主提供现场的时间以不影响开工或按工程师批准的施工进度计划进行施工准备为原则。本款中同时规定，如果业主没有在规定的时间内提供现场，致使承包商受到损失（包括经济和工期两个方面），承包商应通知工程师，提出经济和工期索赔，而且还可以增加合理的利润。

如果合同规定业主还应向承包商提供有关设施，如道路、基础、构筑物、设备等，则业主也应按合同规定的方式和时间提供。另外本款还提到，承包商对现场可能没有专用权，即同一场地上还可能有其他承包商。

2）许可证、执照或批准

国际工程中，承包商的若干工作可能涉及许可证等工程所在国的有关机构批复的文件，而有业主的协助往往能较顺利地取得这些文件，因此，国际工程合同条件中往往有业主协助承包商获得这些文件的规定。本款规定：如果业主能做到，应帮助承包商获得工程所在国（一般是建设单位国）的有关法律文本，在承包商申请业主国法律要求的许可证、执照或批准时给予协助，这些文件可能包括承包商的劳工许可证、物资进出口许可证、营业执照、安全及环保等方面的许可。

【提示】

取得任何执照和批准等的责任在承包商一方，这里规定的是业主"合理协助"，至于协助到什么程度，往往取决于承包商与业主的关系协调程度和项目的进展情况。

3）建设单位的人员

顺利地实施和完成合同工程是业主和承包商的共同目的，工程现场作业的复杂性也要求合同各方人员在施工现场必须密切配合，才能使现场施工有序进行。

为了保证项目各方的合作，本款规定：

（1）业主应保证其人员配合承包商的工作；

（2）业主应保证其人员遵守关于项目安全与环保的规定。

4）业主的资金安排

当今国际工程市场上，业主拖欠承包商工程款的现象时有发生，这不仅直接损害承包商的经济利益，也影响到承包商履约的积极性。为了减少工程款拖欠现象的发生，提高合同双方的履约水平，本项对业主的资金安排提出了相关规定：如果承包商提出要求，业主应在 28 天内向承包商提供合理证据，证明其工程款资金到位，有能力按合同规定向承包商支付；如果业主对自己的资金安排要做出大的变动，应通知承包商，并说明详细情况。

一般情况下，业主提供的合理证据应为银行证明之类的文件。本款的规定是业主的资金要有一定的透明度，也就是规定了承包商对业主的资金情况有一定的知情权，以此来增强承包商履约的信心。

业主的权利除了上述规定的四项外，还有"规范和图纸""支付"两项，是在其他条款中规定的，它们同样重要。

2. 业主的风险分担义务

国际工程的实施是十分复杂的管理过程，而且一般履约时间很长，涉及不同国家合同双方的经济利益乃至公司的声誉，因而在工程实施过程中合同双方常常会发生矛盾和争端。为了使工程实施顺利进行，在工程实施之前签订一份公平合理的合同就非常重要。而一份好的合同条件应该是既鼓励合同双方合作完成项目，又对各方的职责和义务有明确的规定和要求，其中一个重要的原则就是在业主和承包商之间合理分配风险。

所谓风险分担，就是将工程实施过程中所有可能预见及不可预见的各种风险都表明在合同的条款中。然而由于工程建设外部环境可变因素多，将各种风险都表明得十分准确清晰几乎不可能，也就是说有些风险分担是隐含在合同条件的非风险条款中的。严格地说，业主与承包商的风险划分贯穿在整个合同的规定之中，任何合同条件条款所规定的风险只是较为明显的基本风险。

《FIDIC 施工合同条件》中关于业主承担的风险包括下列几项：

（1）战争以及敌对行为；
（2）工程所在国内部发生起义、恐怖活动、革命等内部战争和活动；
（3）非承包商（包括其分包商）人员造成的骚乱和混乱等；
（4）军火和其他爆炸性材料、放射性物质造成的离子辐射或污染等造成的威胁，但承包商使用此类物质导致的情况除外；
（5）飞机以及其他飞行器造成的压力波；
（6）业主占有或使用部分永久工程（合同明文规定的除外）；
（7）业主方负责的工程设计；
（8）一个有经验的承包商也无法合理预见并采取措施来防范的自然力的作用。

【提示】

在"费用变更的调整""支付货币"等条款中包含经济风险；在"立法变更的调整"条款中包含法律风险。

6.2.3 承包商的义务和权利

1. 承包商的义务

在《FIDIC 施工合同条件》规定的工程施工管理模式中，业主、工程师、承包商三位一体决定着项目建设过程的成败，而工程的具体实施者是承包商，所以，合同条件中对承包商的义务规定得多而具体。

1) 承包商的一般义务

承包商应根据合同和工程师的指令进行施工和修复缺陷，应提供实施工程期间所需的一切人员、物品、合同规定的永久设备和文件，并对现场作业及施工方法的安全性和可靠性负责，对其文件、临时工程以及永久设备和材料的设计负责。工程师随时可以要求承包商提供施工方法和安排等内容，如果承包商随后要修改，应事先通知工程师；如果合同要求承包商负责设计某部分永久工程，则承包商应按合同规定的程序向工程师提交有关设计的文件，文件应符合规范和图纸并用合同规定语言书写，同时要提交工程师为了协调所需要的附加资料。承包商应对其设计的部分负责，并在竣工检验开始之前向工程师提交竣工文件和操作维护手册，否则对该部分工程不能认为已完工和进行验收。

2) 履约保证

承包商应自费按投标函规定的金额和货币办理履约保证，并在收到中标函之后的 28 天内将履约保证提交给业主且同时抄报给工程师。开出履约保证的机构应得到业主的批准，并来自工程所在国或建设单位所属国家批准的其他辖区。履约保证格式应采用专用条件后所附的范例格式或业主批准的其他格式。承包商应保证，在工程全部竣工和修复缺陷之前，履约保证保持持续有效并能被执行，如果履约保证中条款规定了有效期，而承包商在有效期届满之前的 28 天前仍拿不到履约证书，应将履约保证的有效期相应延长到工程完工和缺陷修复为止，业主在收到工程师签发的履约证书 21 天内将履约保证退还给承包商。

3) 承包商的代表

这里所说的"承包商的代表"相当于我国建设工程中的施工项目经理，即代表承包商在施工现场行使职权的个人。本条款就是专门规定对承包商代表的要求。

承包商应任命承包商的代表并赋予其在执行合同中的一切必要权利。承包商的代表可以在合同中事先指定，也可以在开工之前提出人选请工程师批准，若工程师不同意，则承包商须另提出人选供工程师选择。没有工程师的同意，承包商不得私自更换承包商的代表。承包商的代表应把其全部时间用于在现场管理其队伍的工作，如果需要临时离开项目现场，应指派他人代其履行有关职责，替代人选应经工程师同意。承包商的代表应代表承包商接收工程师的各项指令，承包商的代表可以将他的权利和职责委托给其有能力的下属，并可随时撤回，但此类委托和撤回必须通知工程师后才会生效，被委托的权利和职责在通知中写清楚，承包商的代表和被委托权利的关键职员应能流利地使用合同规定的主导语言来交流。

4) 分包商

承包商不得将整个工程分包出去，承包商应为分包商的一切行为和过失负责，承包商的材料供应商以及合同中已经指明的分包商无须经工程师同意,其他分包商则须经过工程师的同意。承包商应至少提前 28 天通知工程师分包商计划开始分包工作的日期以及开始现场工作的日期。承包商与分包商签订分包合同时应加入有关规定,使得分包合同能够在特定的情况下转让给建设单位。

5) 分包合同权益的转让

如果有关的缺陷通知期届满之日分包商的义务还没有结束,工程师可以在该日期之前指示承包商将从此类义务中获得的权益转让给建设单位,承包商应照办,如果在转让中没有特别说明,承包商不对分包商在转让之后实施的工作向业主负责。

【提示】

"有关的缺陷通知期"指的是主合同下涉及分包工作内容的缺陷通知期。

6) 合作

如果在现场或现场附近还有其他方的人员工作,如业主的人员、建设单位的其他承包商的人员、某些公共当局的工作人员,承包商应按照合同规定或工程师的指令为他们提供合理的工作机会,如果工程师的指令导致了承包商某些不可预见的费用,则该指令构成了变更。承包商向上述人员提供的服务可能包括让对方使用承包商的设备、临时工程,以及负责他们进入现场的安排。根据合同,如果要求业主按照承包商的文件给予承包商占用某些基础、结构、厂房或通行手段,承包商应按照合同中规定的方式向工程师提供此类文件。

7) 放线

承包商应按照合同规定的或工程师通知的原始数据放线,并负责工程各个部分的准确定位,如果工程的位置、标高、尺寸、准线等出了差错,承包商应负责修正;如果业主提供的原始数据出现错误,则业主方应负责,但承包商在使用这些数据之前应"使用合理的努力"来核实这些数据的准确性;如果业主提供的原始数据出现问题,一个有经验的承包商也无法合理发现,并且无法避免有关延误和费用,则承包商应通知工程师,并按照索赔条款索赔工期、费用和利润。工程师接到承包商的通知之后,应和双方商定或自行决定此类错误承包商是否事先可合理发现,若不能,应同意承包商延长工期、费用和利润索赔的要求。

8) 安全措施

承包商应遵守一切适用的安全规章,努力保持现场井然有序,避免出现障碍物对人身安全造成威胁。在工程被业主验收之前,承包商应在现场提供围栏、照明、保安等。如果承包商的施工影响到公众以及毗邻财产的所有者或用户的安全,则必须提供必要的防护设施。

9) 质量保证

承包商应编制一套质量保证体系,表明其遵守合同的各项要求。该质量保证体系应依据合同规定的各项内容来编制,工程师有权审查该体系各个方面的内容。在每项设计和实施开始之前,所有具体工作程序和执行文件应提交给工程师,供其参阅。在向工程师提交任何技术文件时,该文件中应有承包商自己内部已经批准的明确标志。执行质量保证体系并不解除承包商在合同中的任何义务和责任。

10) 现场数据

业主应将自己掌握的现场水文、地质及环境情况的一切相关数据在基准日期之前提供给承包商，供其参考。业主在基准日期之后获得的一切数据也应同样提供给承包商。在时间和费用允许的条件下，承包商应在投标前调查清楚影响投标的各种风险因素和意外事件等，还应对现场及其周围环境进行调查，同时对建设单位提供的有关数据和其他资料等进行查阅和核实。承包商了解的内容具体包括以下几点：

(1) 现场地形条件和地质条件；

(2) 水文气候条件；

(3) 工程范围以及完成相应工作量所需要的各类物资；

(4) 工程所在国的法律及行业惯例，包括雇佣当地工人的习惯做法；

(5) 承包商对各项施工条件的需求，包括现场交通条件、人员和食宿、水电以及有关设施。

11) 道路通行权、设施使用权及避免干扰

承包商应自费获得所需要的特别或临时道路的通行权，包括进入现场的道路等，如果承包商施工需要，也应自费去获得现场以外的设施的使用权，并自担风险。不管这些道路是公共道路或者是业主和他人的私人道路，承包商不得干扰公众的便利，也不得干扰人们对任何道路的正常使用，但如果因施工不得已而为之，则应该控制在必要和恰当的范围内。如果因承包商不必要和不恰当地干扰他人招致任何赔偿或损失，则应由承包商自行承担，业主方不受由此招致的任何影响，如各类赔偿费、法律方面的费用等。

12) 进场路线、货物运输、承包商的设备

承包商应了解清楚进场路线，并了解清楚此类道路的适宜性。承包商应努力避免来回运输对道路和桥梁可能造成的损害，应使用合适的运输工具和合适的路线。承包商对其使用的通道自行负责维修，并在经政府主管部门同意之后，沿进场道路设置警示牌和路标。业主对因使用有关进场道路引起的索赔不负责任，也不保证一定有适宜的通行道路，如果没有现成的适宜道路供承包商使用，承包商自己承担为此付出的费用。

承包商应提前 21 天将准备运进现场的永久设备和其他重要物品通知工程师。一切货物包装、装卸、运输、接收、储存和保护，均由承包商负责，如果货物的运输导致其他方提出索赔，承包商应保证业主不会因此受到损失，并自行去和索赔方谈判，支付有关索赔款。

承包商应对自己的一切施工设备负责，承包商的施工设备运到现场之后，就应视为专用于该工程，没有工程师的同意，承包商不得将任何主要设备运出现场，但来往运输承包商人员的交通车辆的进出不受此限。

13) 环境保护

承包商采取一切的合理措施保护现场内外的环境，并控制好其施工产生的噪声、污染等，以减少对公众人身财产造成的损害。承包商应保证其施工活动向空气中排放的散发物、地面排污等既不超过规范中规定的指标，也不超过相关法律规定的指标。

14) 电、水和燃气

除明文规定外，承包商应自己负责提供施工所需要的水、电、燃气等服务设施。为了施工，承包商有权使用现场已有的水、电、燃气等设施，自担风险，但应按合同规定的价格和条件支付给业主费用。承包商应负责提供计量仪器来计量其耗量，其耗量以及应支付给业主的使用费由工程师根据有关规定与双方商定或自行决定，承包商应向业主支付此类款项。

15) 进度报告、现场安排、承包商的现场作业

月进度报告由承包商编写，并提交给工程师，一式6份。第一份月进度计划报告覆盖的时间范围是从开工之日起到第一个日历月末，之后每月提交一次，提交的时间为下月7日以前，月进度报告一直持续到承包商完成一切扫尾工作为止。

承包商应负责将没有得到授权的人员阻止于现场以外，有权进入现场的人员仅限于业主的人员、承包商的人员，以及业主或工程师通知承包商允许进入现场的其他承包商的人员。

承包商应将自己的施工作业限制在现场范围以内，在工程师同意后，也可另外征地作为附加工作区域，承包商的设备和人员只准处于这些区域，不得越界到毗邻土地。施工过程中，承包商应保证现场井井有条，没有不必要的障碍物，施工设备和材料应妥善存放。验收证书签发后，承包商应清理好相关现场，使现场处于"整洁和安全"状态。

16) 文物和遗址

在现场发现的任何有价值的文物和遗址应归于建设单位看管，处置权也属于业主。承包商应采取合理措施，防止他人肆意移动和损害发现的文物。承包商在现场发现文物后，应立即通知工程师，工程师应签发处理该文物的指令。若承包商因上述情况遭受延误和多开支了费用，工程师收到索赔后，应按程序进行理赔工作。

2. 承包商的权利

1) 承包商终止合同的权利

（1）在合同的履行过程中，如果出现了以下情况，承包商可以选择终止合同来维护自己的利益。

① 业主不提供资金证明，承包商发出暂停工作的通知，而通知发出后42天内，仍没有收到任何合理证据。

② 工程师在收到报表和证明文件后56天内没有签发有关支付证书。

③ 承包商在期中支付款到期后的42天内仍没有收到该笔款项。

④ 业主严重不履行其合同义务。

⑤ 业主不按合同规定签署合同协议书，或违反合同转让的规定。

⑥ 工程师暂停工程的时间超过84天，而在承包商的要求下在28天内又没有同意复工，如果暂停的工作影响到整个工程时，承包商有权终止合同。

⑦ 业主已经破产、被清算或已经无法再控制其财产等。

（2）责任承担。承包商终止合同的责任在业主，因而业主应承担一切责任，如支付违约金、赔偿金等，承包商在合同中应有的权利不受影响。当然承包商此时也应尽一定

的义务，如停止下一步的工作，应保护生命财产和工程的安全，凡是得到了支付的承包商的文件、永久设备、材料，都应移交给业主。

2) 承包商索赔的权利

如果业主履行合同不当或出现应由业主承担责任的风险事件，给承包商造成损失的，承包商可就损失向业主进行工期或者费用的索赔。

6.3 控制性条款

6.3.1 施工质量控制条款

1. 承包商的质量体系

通用条件规定，承包商应按照合同的要求建立一套质量管理体系，以保证施工符合合同要求。在每一工作阶段开始实施之前，承包商应将所有工作程序的细节和执行文件提交工程师，供其参考。工程师有权审查质量体系的任何方面，包括月进度报告中包含的质量文件，对不完善之处可以提出改进要求。由于保证工程的质量是承包商的基本义务，因而其遵守工程师认可的质量体系施工，并不能解除依据合同应承担的任何职责、义务和责任。

2. 现场资料

承包商的投标书表明其在投标阶段对招标文件中提供的图纸、资料和数据进行过认真审查和核对，并通过现场考察和质疑，已取得了对工程可能产生影响的有关风险、意外事故及其他情况的全部必要资料。承包商对施工中涉及以下相关事宜的资料应有充分的了解：

（1）现场的现状和性质，包括资料提供的地表以下条件。

（2）水文和气候条件。

（3）为实施和完成工程及修复工程缺陷约定的工作范围和性质。

（4）工程所在地的法律、法规和雇佣劳务的习惯做法。

（5）承包商要求的通行道路、食宿、设施、人员、电力、交通、供水及其他服务。

业主同样有义务向承包商提供基准日后得到的所有相关资料和数据。无论是招标阶段提供的资料还是后续提供的资料，业主应对资料和数据的真实性和正确性负责，但对承包商依据资料的理解、解释或推论导致的错误不承担责任。

3. 对工艺、材料、设备的质量控制

（1）承包商应以合同中规定的方法，按照公认的良好惯例，以恰当、熟练和谨慎的方式，使用适当装备的设施以及安全材料，进行永久设备的制造、材料的制造和生产，并实施所有其他工程。

在工程中或为工程使用某种材料之前，承包商应向工程师提交：制造商的材料标准样本和合同中规定的样本（由承包商自费提供），以及工程师指示作为变更增加的样本等资料，以获得同意。每件样本都应标明其原产地以及在工程中的预期使用部位。

(2) 合同条件规定承包商自有的施工机械、设备、临时工程和材料（不包括运送人员和材料的运输设备），一经运抵施工现场后就被视为专门为本合同工程施工所用。没有工程师的同意，承包商不得将任何主要的承包商的设备移出现场。

某些使用台班数较少的施工机械在现场闲置期间，如果承包商的其他工程需要使用，可以向工程师申请暂时运出。当工程师依据施工计划考虑该部分机械暂时不用同意运出时，应同时指示何时必须运回以保证本工程施工之用，要求承包商遵照执行。对后期不再使用的设备，经工程师批准后承包商可以提前撤出工地。

【提示】

若工程师发现承包商使用的施工设备影响了工程进度或施工质量，有权要求承包商增加或更换施工设备，由此增加的费用和工期延误责任由承包商承担。

4. 工程质量的检查和检验

为了保证工程的质量，通用条件对质量的检查与检验分别做了不同的要求和规定。

（1）工程质量检查

业主的人员有权在一切合理的时间内进入现场以及项目设备和材料的制造基地检查、测量永久性设备和材料的用材及制造工艺和进度，承包商应予以配合协助，即规定了业主的人员有权进入现场进行跟踪检查。任何一项隐蔽工程在隐蔽之前，承包商应通知工程师验收，工程师不得无故延误，如果工程师不进行检查应及时通知承包商。如果承包商没有通知工程师检查，工程师有权要求承包商自费打开已经覆盖的工程供其检查，并自己恢复原状。

（2）工程质量检验

合同明文规定要检验的项目均应检验，同时还可能包括工程师要求的额外检验，即超出约定的检验，检验相关的费用应由此额外检验的结果来判定，若合格，则业主承担责任，不合格则承包商承担责任。承包商应为检验提供服务，主要包括人员、设施仪器、消耗品等。

对于永久设备、材料及工程的其他部分检验，承包商与工程师应提前商定检验的时间和地点，若工程师参加检验，应在此时间前24小时告知承包商，若工程师不参加，承包商可以自行检验，查验结果有效，等同于工程师在场。

在检验中若发现设备、材料、工艺有缺陷或不符合合同的要求，工程师可以要求承包商更换或修改，承包商应按要求予以更换或修改，直到达到规定的要求；若承包商更换的材料或设备需重新检验的，应当在同一条件下重新检验，所需的检验费用应由承包商承担。

对于检查、检验过的材料、设备或工艺等，若事后工程师发现仍存在问题，则工程师有权做出指示，要求对此做出补救工作，若承包商不执行工程师的指示，业主可以雇人来完成相关的工作，此费用一般从承包商的保留金中开支。即工程师的认可和批准，不解除承包商的任何合同责任和义务，承包商是质量的责任人，他应向业主提供符合合同约定的工程。

6.3.2 施工进度控制条款

1. 开工

承包商应在合同约定的日期或接到中标函后的 42 天内（合同未作约定）开工，工程师则应至少提前 7 天通知承包商开工日期。

2. 进度计划

承包商在收到开工通知后的 28 天内，按工程师要求的格式和详细程度提交施工进度计划，说明为完成施工任务而打算采用的施工方法、施工组织方案、进度计划安排，以及按季度列出根据合同预计应支付给承包商费用的资金估算表。

合同履行过程中，一个准确的施工计划对合同涉及的有关各方都有重要的作用，不仅要求承包商按计划施工，而且工程师也应按计划做好保证施工顺利进行的协调管理工作，同时也是判定业主是否延误移交施工现场、迟发图纸以及其他应提供的材料、设备，成为影响施工进度计划并应承担责任的依据。

3. 暂停施工

建设工程项目施工过程中，工程师可随时指示承包商暂停进行部分或全部工程施工。暂停期间，承包商应保护、保管以及保障该部分或全部工程免遭任何损蚀、损失或损害。工程师还应通知停工原因。

如果工程师提出暂停施工是业主或非承包商的原因，给承包商造成了工期和费用损失，则业主应给予补偿；相反，若暂停施工是由承包商的原因造成的，则承包商得不到相应的补偿。

暂停施工已持续 84 天以上，承包商可要求工程师同意复工。若发出请求后 28 天内工程师未给予许可，则承包商可以把暂停影响到的工程视为变更和调整条款中所述的删减。如果此类暂停施工影响到整个工程，承包商可向业主提出终止合同的通知。

4. 追赶施工进度

工程师认为整个工程或部分工程的施工进度滞后于合同内竣工要求的时间时，可以下达赶工指示。承包商应立即采取经工程师同意的必要措施加快施工进度。发生这种情况时，也要根据赶工指令的发布原因，决定承包商的赶工措施是否应该给予补偿。在承包商没有合理理由延长工期的情况下，如果这些赶工措施导致业主产生了附加费用，承包商除向业主支付误期损害赔偿费（如有时）外，还应支付该笔附加费用。

5. 顺延合同工期

通用条件的条款中规定可以给承包商合理延长合同工期的条件，通常可能包括以下几种情况：

（1）延误发放图纸。

（2）延误移交施工现场。

（3）承包商依据工程师提供的错误数据导致放线错误。

(4) 不可预见的外界条件。
(5) 施工中遇到文物和古迹而对施工进度的干扰。
(6) 非承包商原因检验导致施工的延误。
(7) 发生变更或合同中实际工程量与计划工程量出现实质性变化。
(8) 施工中遇到有经验的承包商不能合理预见的异常不利气候条件影响。
(9) 由于传染病或政府行为导致工期的延误。
(10) 施工中受到业主或其他承包商的干扰。
(11) 施工涉及有关公共部门原因引起的延误。
(12) 业主提前占用工程导致对后续施工的延误。
(13) 非承包商原因使竣工检验不能按计划正常进行。
(14) 后续法规调整引起的延误。
(15) 发生不可抗力事件的影响。

6.3.3 施工费用控制条款

1. 预付款

1) 动员预付款

动员预付款是指业主为了帮助承包商解决施工前期开展工作时的资金短缺，从未来的工程款中提前支付的一笔款项。合同工程是否有预付款，以及预付款的金额多少、支付（分期支付的次数及时间）和扣还方式等均要在专用条款内约定。通用条件内针对预付款金额不少于合同价 22% 的情况规定了管理程序。

(1) 预付款的支付。预付款的数额由承包商在投标书内确认。承包商需首先将银行出具的履约保函和预付款保函交给业主并通知工程师，工程师在 21 天内签发"预付款支付证书"，业主按合同约定的数额和外币比例支付预付款。预付款保函金额始终保持与预付款等额，即随着承包商对预付款的偿还逐渐递减保函金额。

(2) 预付款的扣还。预付款在分期支付工程进度款的支付中按百分比扣减的方式偿还。

① 起扣：自承包商获得工程进度款累计总额达到合同总价（减去暂列金额）10%那个月起扣。

② 每次支付时的扣减额度：本月证书中承包商应获得的合同款额（不包括预付款及保留金的扣减）中扣除 25% 作为预付款的偿还，直至还清全部预付款。即：

每次扣还金额＝（本次支付证书中承包商应获得的款额－本次应扣的保留金）×25%

2) 设备和材料的预付款

由于合同条件是针对包工包料承包的单价合同编制的，因此规定由承包商自筹资金采购工程材料和设备，只有当材料和设备用于永久工程后，才能将这部分费用计入工程进度款内结算支付。通用条件的条款规定，为了帮助承包商解决订购大宗主要材料和设备所占用资金的周转，订购物资经工程师确认合格后，按发票价值的 80% 作为材料预付的款额，包括在当月应支付的工程进度款内。双方也可以在专用条款内修正这个百分比，目前施工合同的约定通常为 60%～90%。

(1) 承包商申请支付材料预付款。

(2) 工程师核查提交的证明材料。预付款金额为经工程师审核后实际材料价格乘以合同约定的百分比,包括在月进度付款签证中。

(3) 预付材料款的扣还。材料不宜大宗采购后在工地储存时间过久,避免材料变形或锈蚀,应尽快用于工程。通用条款规定,当已预付款项的材料或设备用于永久工程,构成永久工程合同价格的一部分后,在计量工程量的承包商应得款内扣除预付的款项,扣除金额与预付金额的计算方法相同。专用条款内也可以约定其他扣除方式,如每次预付的材料款在付款后的约定月内(最长不超过 6 个月),每个月平均扣回。

2. 保留金

保留金是按合同约定从承包商应得的工程进度款中相应扣减的一笔金额保留在业主手中,作为约束承包商严格履行合同义务的措施之一。当承包商有违约行为使业主受到损失时,可从该项金额内直接扣除损害赔偿费。

(1) 保留金的扣留

承包商在投标书附录中按招标文件提供的信息和要求确认了每次扣留保留金的百分比和保留金限额。每次月进度款支付时扣留的百分比一般为 5%~10%,累计扣留的最高限额为合同价的 2.5%~5%。

每次中期支付时扣除保留金的方法为:从首次支付工程进度款开始,用该月承包商完成合格工程应得款加上因后续法规政策变化的调整和市场价格浮动变化的调价款为基数,乘以合同约定保留金的百分比作为本次支付时应扣留的保留金。逐月累计扣到合同约定的保留金最高限额为止。

(2) 保留金的返还

工程师颁发了整个工程的接收证书后,业主将保留金的前一半支付给承包商。在缺陷通知期期满颁发履约证书后,退还剩余的保留金。

如果颁发的接收证书只是限于一个区段或工程的一部分,则应就相应百分比的保留金开具证书并给予支付。这个百分数应该是将估算的区段或部分的合同价值除以最终合同价格的估算值计算得出比例的 40%。在这个区段的缺陷通知期满后,应立即就保留金后一半的相应百分比开具证书并给予支付。这个百分数应该是将估算的区段或部分的合同价值除以最终合同价格的估算值计算得出的比例的 40%。

(3) 保留金保函代换保留金

合同内以履约保函和保留金两种手段作为约束承包商忠实履行合同义务的措施,当承包商严重违约而使合同不能继续顺利履行时,业主可以凭借履约保函向银行获取损害赔偿;而因承包商的一般违约行为令业主蒙受损失时,通常利用保留金补偿损失。履约保函和保留金的约束期均是承包商负有施工义务的责任期限(包括施工期和保修期)。

【提示】

当保留金已累计扣留到保留金限额的 60% 时,为了使承包商有较充裕的流动资金用于工程施工,可以允许承包商提交保留金保函代换保留金。业主返还保留金限额的 50%,剩余部分待颁发履约证书后再返还。保函金额在颁发接收证书后不递减。

3. 支付款的调整

（1）因法律改变的调整

在基准日期之后，因工程所在国的法律发生变动（包括适用新的法律、废除或修改现有法律）或对此类法律的司法或政府官方解释发生变化，从而影响了承包商履行合同义务，导致工程施工费用的增加或减少，则应对合同价款进行调整。若立法改变导致费用增加，则承包商可以通过索赔来要求增加费用和延长工期；若导致费用降低，则业主应签证说明费用降低，同样可以通过索赔来要求减少对承包商的支付。

（2）因物价浮动的调整

长期合同订有调价条款时，每次支付工程进度款均应按合同约定的方法计算价格调整费用。如果工程施工因承包商责任延误工期，则在合同约定的全部工程应竣工日后的施工期间，不再考虑价格调整，各项指数应采用竣工日当月值；对不属于承包商责任的施工延期，在工程师批准的展延期限内仍应考虑价格调整。

4. 工程量计量

工程量清单中所列的工程量仅是对工程的估算量，不能作为承包商完成合同规定施工义务的结算依据。每次支付工程月进度款前，均需通过测量来核实实际完成的工程量，以计量值作为支付依据。

采用单价合同的施工工作内容应以计量的数量作为支付进度款的依据，而总价合同按总价承包的部分可以将图纸工程量作为支付依据，仅对变更部分予以计量。

5. 工程进度款支付

1）承包商提供报表

承包商应按工程师批准的格式，在每个月的月末提交一式6份的本月支付报表。内容包括提出本月已完成合格工程的应付款要求和对应扣款的确认。一般包括以下几个方面：

（1）本月完成的工程量清单中工程项目及其他项目的应付金额（包括变更）。

（2）法律、法规变化引起的调整应增加和减扣的任何款额。

（3）作为保留金扣减的任何款额。

（4）预付款的支付（分期支付的预付款）和扣还应增加和减扣的任何款额。

（5）承包商采购用于永久工程的设备和材料应预付和扣减款额。

（6）根据合同或其他规定（包括索赔、争端裁决和仲裁），应支付的任何其他应增加和扣减的款额。

（7）对所有以前的支付证书中证明的款额的扣除或减少（对已付款支付证书的修正）。

2）工程师签证

工程师接到报表后，对承包商完成的工程形象、项目、质量、数量以及各项价款的计算进行核查。若有疑问，可要求承包商共同复核工程量。工程师在收到承包商的支付报表后28天内，按核查结果以及总价承包分解表中核实的实际完成情况签发支付证书。工程师可以不签发证书或扣减承包商报表中部分金额的情况包括：

（1）合同内约定有工程师签证的最小金额时，本月应签发的金额小于签证的最小金额，工程师不出具月进度款的支付证书。本月应付款接转下月，超过最小签证金额后一并支付。

(2) 承包商提供的货物或施工的工程不符合合同要求，可扣发修正或重置相应的费用，直至修正或重置工作完成后再支付。

(3) 承包商未能按合同规定进行工作或履行义务，并且工程师已经通知了承包商，则可以扣留该工作或义务的价值，直至工作或义务履行。工程进度款支付证书属于临时支付证书，工程师有权对以前签发过的证书中发现的错误、遗漏或重复的支付款，经双方复核同意后，将增加或扣减的金额纳入本次签证中。

3) 业主支付

承包商的报表经过工程师认可并签发工程进度款的支付证书后，业主应在接到证书后及时给承包商付款。业主的付款时间不应超过工程师收到承包商的月进度付款申请单后的56天。如果逾期支付将承担延期付款的违约责任，延期付款的利息按银行贷款利率加3%计算。

6. 变更估价

承包商按照工程师的变更指示实施变更工作后，往往会涉及对变更工程的估价问题。对变更工作进行估价，如果工程师认为合适，可以使用工程量表中的费率和价格。如果合同中未包括适用于该变更工作的费率和价格，可在合理范围内以合同中费率和价格为估价基础。变更工作的内容在工程量表中没有同类工作的费率和价格，要求工程师与业主、承包商协商后确定新的费率或价格。

1) 变更估价的原则

变更工程的价格或费率，往往是双方协商时的焦点。计算变更工程应采用的费率或价格，可分为三种情况：

(1) 变更工作在工程量表中有同种工作内容的单价，应以该费率计算变更工程费用。实施变更工作未引起工程施工组织和施工方法发生实质性变动，不应调整该项目的单价。

(2) 工程量表中虽然列有同类工作的单价或价格，但对具体变更工作而言已不适用，则应在原单价或价格的基础上制定合理的新单价或价格。

(3) 变更工作的内容在工程量表中没有同类工作的费率和价格，应按照与合同单价水平相一致的原则，确定新的费率或价格。任何一方不能以工程量表中没有此项价格为借口，将变更工作的单价定得过高或过低。

2) 删减原定工作后对承包商的补偿

工程师发布删减工作的变更指示后承包商不再实施部分工作，合同价格中包括的直接费部分没有受到损害，但摊销在该部分的间接费、税金和利润则实际不能合理回收。因此，承包商可以就其损失向工程师发出通知并提供具体的证明资料，工程师与合同双方协商后确定一笔补偿金额加入合同价内。

6.4 制约性条款

6.4.1 业主对承包商的制约

业主（或建设单位）对承包商的制约大都是由监理工程师执行的。其目标是保证承包商按期按质地建成并交付工程产品。在《FIDIC通用合同条件》中涉及业主对承包商的制约归纳为以下几个方面。

1. 履约担保

（1）承包商必须在接到中标通知后的28天内向业主开具履约保函（5%～10%合同金额），该保函不可撤销，有效期直到缺陷责任期（保修期）满才终止。一旦业主确认承包方严重违约，就有权没收该保证金，作为损失的抵偿。该保函（或保证金）如未被索赔，在最终竣工验收后退还承包商。

（2）业主有权从承包商应得的月结算工程款中扣留10%作为保留金，以保证承包商继续维护已完工程，直到工程竣工。经初步验收后退还5%，仍扣留5%，以保证在缺陷责任期间，承包商对已完工程可能出现的缺陷负责维修，业主可以雇佣他人进行修补，并从保证金中扣除该费用。直到最终验收之后，方全部退还承包商。

2. 履约责任不得转让

（1）承包商未经业主同意不得将合同或合同的任何部分，以及其中的权益转让给另一方，从而解除自己的合同责任。实际上，业主一般是不会同意此种转让的。因此，一旦发生此种转让，就可以按承包商违约处理。

（2）承包商不得将整个工程分包出去，只允许部分分包，但需经监理工程师事先同意。部分分包一般指将专业性强的部分或分项工程分包给专业施工队伍。不应为了弥补承包商自身实力不足而将一些主体工程化整为零，分包给非专业性的队伍。否则，以违约论处。

（3）分包商应按合同要求实施工程，分包不能减免承包商履行合同的职责。分包商的人员、装备、材料、施工计划，均应纳入承包商计划，并视同承包商所有。分包商对承包商负责，承包商对业主负责。监理工程师一般通过承包商管理分包商，也可直接在现场对分包商下达指令，但事前或事后应通报承包商。分包商完成的工程验收，仍由监理工程师对承包商进行。业主只向承包商支付工程款，分包商则从承包商处得到应有的报酬。

（4）承包商或分包商为实施工程，从材料供应商或保险公司等所得到的权益如果延续至保修期满之后，则应将该权益转让给业主。

总之，承包商要负责整个工程的实际管理，承担全部实施工程的职责，否则视为违约。

3. 对承包商人员、施工装备和工程设备、材料的监控

承包商的人员、施工装备和工程设备、材料，均应在监理工程师的监控之下。

（1）监理工程师认为承包商的某些人员不称职，可随时责令其退出现场，且不得重新在本工程任用；承包商的工地主管不得随意离开工地，不得违反各级政府法令、法规，以及有关团体或单位的规章、专利权。

（2）施工装备、材料、工程用设备要符合要求；一进场就视为本工程专用，未经工程师许可，不得运出工地。当证明承包商无力履行合同（如资不抵债、破产）时，其自有装备、分包商装备、临时工程均须留在工地，业主或业主雇佣的其他承包商认为合适时可以有偿使用这些设备或材料，以保证工程尽快继续实施。否则，视为承包商违约。

(3) 监理工程师有权对承包商拟用的材料、工程设备进行检验，其费用由承包商承担。监理工程师有权拒收不合格材料、工程设备，并责令将其运出工地。如果承包商不遵照上述指令，将被视为违约。

4. 保证进度和工期

(1) 承包商应按期开工，否则视为违约。

(2) 承包商要按要求进度施工，如有延误，应采取补救措施，否则可按违约终止合同，或进行分割。

(3) 承包商未能按期提供施工图纸而影响工期，应承担相应责任；未能如期竣工，或未按计划（如网络计划）完成某一区的任务，可以按规定费率罚款。

5. 各项保证工程质量措施

(1) 当监理工程师通过检验认为施工质量不合格，有权拒绝签认，要求返工，或者要求修补缺陷。

(2) 承包商未能及时返工或修补缺陷，将被认为违约。监理工程师有权另行雇佣他人完成，其费用由承包商承担，即所谓"分割"。

(3) 监理工程师要求对已完工程的某个部分进行额外检验、开孔，承包商应立即照办。如果检验结果证明该部分工程不合格，并证明属于承包商责任，则检验费用由承包商负担。

6. 其他额外费用

(1) 承包商未按合同要求办理保险或保险不能回收部分所发生的费用，应由承包商承担或分担。

(2) 承包商不得将施工对交通或毗邻地区造成干扰，以及将由于运输损害交通设施所造成的损失转嫁给业主。否则，业主将向承包商进行索赔。

(3) 由于承包商超过法定工作时间安排加班加点，使业主增加监理费用，应由承包商承担该费用。

6.4.2 承包商对业主的制约

承包商对业主制约的目标是维护自身的合法权益。在保证按期按质完成工程的同时，索取由于业主或工程师，以及客观条件造成的费用或工期的损失，或由于增加费用应得的补偿。这种补偿数额往往是较多的，可能达到合同金额的10％或者更多，往往超过承包商合理的利润。如果得不到补偿，承包商是难以承受的，因而这种索赔是合理合法的、正常的。当然，承包商编制的索赔金额往往与实际损失或增加的费用有出入，这就需要认真核实，科学计算。同时，为了减少索赔，业主和监理工程师都应采取措施，避免主观原因引起的延误。

《FIDIC施工合同条件》中涉及承包商索赔及其处理的条款与承包商对业主的制约条款在数量上似乎相当，但实际上没有后者强硬，归纳为以下几个方面：

1) 业主或工程师职责范围内的延误

(1) 业主未能及时办妥并移交工程占用地权和拆迁，以致不能按期开始动工或按进度施工。

（2）监理工程师未能及时提供必要的施工图纸或延误批准承包商所作施工图，从而影响施工进度。

（3）由于业主或监理工程师的原因，根据监理工程师指示暂时停工，以及监理工程师未能及时下达复工令。

（4）业主的违约。其包括延迟支付工程款、破产或由于其他客观原因不能履行合同义务。

2）额外工作的补偿

（1）监理工程师指示的额外检验，覆盖后的开孔费用。

（2）在施工过程中或缺陷责任期内，监理工程师指示承包商对非承包商责任造成的工程缺陷进行调查的费用，如水灾、交通事故等原因造成的破坏。

（3）工程变更，包括工程性质变更、设计变更、单价变更（工程内容变更）或者由于工程性质或工程量变更引起的单价调整，以及工程变更造成合同的总价增减超过15％的管理费补偿。

3）由于特殊风险造成的损失及由于无法控制的原因解除履约。

4）其他损失

（1）特别异常的气候（按专用合同条件可能规定的标准确定）。

（2）文物的保护和挖掘造成工期延误或增加的工作量。

（3）外界障碍或特殊地质水文条件造成的延误或增加的工作量。

（4）由于变更设计造成的延误和额外费用。

（5）业主的干扰和计划变化，如由于建设项目报批手续或资金未到位等原因推迟开工、中途停建或业主要求提前完工等。

（6）市场价格变化引起的价格调整（按专用合同条件的规定处理）。

6.5 管理性条款

6.5.1 合同转让与分包

无论是国际工程还是国内工程，业主和承包商都不会轻易同意对方将已签订好的合同转让给第三方，尤其是业主方。因为承包商是经过资格预审、投标、评标和决标等严格的招标筛选程序最终被业主选中的，合同的签订意味着双方的相互信任，而合同的转让与招标投标的目的是相违背的。但是国际工程承包过程相对国内工程更复杂一些，特别是在有关担保、保险方面，所以，《FIDIC施工合同条件》对合同转让的规定与国内《建设工程施工合同条件》的规定有所不同。

《FIDIC施工合同条件》关于合同转让有如下规定：

（1）任何一方都不应将合同的全部或任何部分的任何利益或权益转让给他人。只有在另一方同意的情况下，一方才能根据同意的内容进行相应的转让。

（2）一方（主要指承包商）可以将自己享有合同款的权利作为向银行提供的担保，

将其转让给银行。

只有以上两种情况是合乎合同规定的转让，否则即被视为违约。然而，对于大型复杂的工程项目，涉及多种专业和技术，而任何一家承包商都有自己的专业技术长处与不足，如果合同中的全部工作都必须由承包商自己来完成，这样对于工程实施也不利，所以，《FIDIC 施工合同条件》规定了关于工程分包的内容与限制，即允许承包商根据其资金、技术和设备能力等方面的实际情况，将部分工作内容交给分包商实施，但主体工程、主要工程部位和主要工程量必须由中标的承包商自己来完成。这和国内的有关合同条件是相近的。一般情况下，在招标阶段业主都要求承包商在他的投标书中具体说明准备把哪部分工程分包出去，有时还要求提供拟分包商的名称和情况，以便在评标时加以审查。

《FIDIC 施工合同条件》对于分包商的规定已在"承包商的义务"条款中表明，在此不再赘述。

6.5.2 工程的变更与调整

在国际工程中，由于大型项目的复杂性和施工的长期性，业主在招标阶段所确定的方案及设计方提交的工程施工图往往存在某些方面的不足或设计深度不够，随着工程的进展和工程外部条件的变化，业主常常需要对工程的范围、技术要求等进行必要的修改。这些修改与调整就形成了工程变更。变更涉及的范围包括以下内容：

(1) 合同中某些单项工作的工程量的改变；
(2) 合同中单项工作的质量或其他特性的改变；
(3) 工程某部分的标高、位置或尺寸的改变；
(4) 必须由承包商来做的某项工作的删减；
(5) 对原永久工程增加任何必要的工作、永久设备、材料，包括各类检验、钻孔和勘探工作；
(6) 工程实施的顺序和时间安排的变动。

如果没有得到工程师的变更指令，承包商不得对永久工程做任何改动。变更指令由工程师签发，承包商应按变更指令来实施变更。与国内工程施工不同的是：工程师在签发指令之前可以要求承包商提交建议书，承包商应尽快答复，若无法提交建议书则应说明。建议书应包括变更工作的实施方法和计划、工程总体进度计划因变更而必须进行的调整、对变更工作的费用估算等。作为对承包商合理化建议的鼓励，《FIDIC 施工合同条件》中特别有一款叫"价值工程"，其中规定：如果承包商的建议节省了工程费用，承包商应得到节省费用的一半作为报酬，旨在激励承包商主动提出合理化措施，以促进工程的进展并使合同双方都获益。

除上述内容外，因变更、立法变动及费用波动而带来的价格调整，也属于变更的范围。

6.5.3 合同争端处理

在国际工程承包活动中，由于合同双方各自所处的法律背景、经济制度甚至文化意识形态诸多方面都存在着各种各样的差异,工程施工过程中产生一些争端也是难以避免的。所以任何一个合同条件都必须给出一个争议解决的机制,否则双方出现争议时就找不到解决的方式,合同最终也难以圆满履行。传统的FIDIC合同条件规定,解决合同争议或纠纷的程序是:首先由工程师对争议事项做出决定(在新版《FIDIC施工合同条件》中仍然可以看到,在涉及工程量、支付、索赔处理等方面,由工程师根据合同,并在与双方磋商后予以决定);对工程师的决定,任何一方不同意时,业主和承包商可通过进一步协商解决,如果仍不能达成一致,则只能提交仲裁来解决。

多年的工程实践证明,工程师是受雇于业主方的,是代表业主管理合同的,不能保证每一个工程师都是公正无偏的,工程师的决定不被承包商接受只有提交仲裁,而仲裁过程往往是需要花费时间和费用的,频繁地动用仲裁条款对双方都不利。鉴于此,新版《FIDIC施工合同条件》对于合同争议的处理规定较以前有了较大改进,合同争议处理方式如下:

工程师作为合同实施的管理者,还兼有"临时裁判"的特殊角色,这是合同赋予它的权利之一。合同同时规定:工程师根据合同决定某事宜时,应与双方商量,力争使双方达成一致意见;若达不成一致意见,应结合实际情况,公平处理,并将决定通知双方且说明理由。

即便如此,仍有一方不同意工程师的决定,便进入第二道程序。任何一方可以将事端以书面形式提交争端裁定委员会,由争端裁定委员会根据相应条款裁定。争端裁定委员会是双方在投标函附录中规定的日期前共同任命的(一般为3人,甲、乙方各1人,共同聘请1人)。如果未能获得争端裁定委员会的决定,则双方在开始仲裁之前,努力友好解决争端。

不经过友好解决阶段不能开始仲裁。若争端裁定委员会的决定没有成为终局决定,且双方也没有友好解决对该决定的争端,该争端应最终按仲裁方式解决;仲裁规则应采用国际商会仲裁规则,除非双方另有约定。

【提示】

合同争端的处理可分为四个步骤:工程师决定→争端裁定委员会裁定→友好解决→提请第三方仲裁。

6.5.4 违约责任及施工索赔

《FIDIC施工合同条件》中虽没有单列违约责任的条款,但合同双方的违约责任贯穿于合同条件的始终,双方管理人员应当牢记己方的义务和责任,以合作的态度去处理问题,以高水平的质量和管理求得合同双方共同受益,从而达到"双赢"的共同目的。《FIDIC施工合同条件》中责任的约定以采用竞争性招标选择承包商为前提,合同履行中建立以工程师为核心的管理模式,作为一个有经验的承包商在投标阶段能否合理预见为界限,力求使当事人双方的权利和义务达到总体的平衡,风险分担尽可能合理。因而,任何业主和承包商都应以积极的态度、诚信的作风履行合同,致力于提高自己的信誉。

业主和承包商各自的权利和义务在相应条款中都有详细的规定，一方不按合同履行自己的义务，则另一方就获得了合同规定的向对方索取赔偿经济损失的权利。

《FIDIC 施工合同条件》中规定了业主从承包商处索取赔偿的程序：如果业主认为根据合同的规定有权向承包商索赔某些款项和要求延长缺陷通知期的时间，业主或工程师应向承包商发出通知并附详细说明书。详细说明书包括业主索赔所依据的条款、索赔金额与延长缺陷通知期时间的理由。此类通知发出后，工程师可以决定承包商支付业主的赔偿款和缺陷通知期的延长时间，可以从合同价格和支付证书中扣除业主获得的索赔额。

《FIDIC 施工合同条件》中"承包商的索赔"条款内容较多，关键的几条是：

(1) 若承包商认为按照合同有权索赔工期和额外款项，应在知道或应当知道该事件发生后 28 天内向工程师发出通知，否则将失去一切索赔的权利。

(2) 承包商应提供合同要求的其他通知以及支持索赔的证据，还应在现场或工程师接收的其他地点保持用来证明索赔的必要同期记录，工程师有权查阅此类记录并可指示承包商进行进一步的记录。

(3) 承包商在得知索赔事件发生后的 42 天内向工程师提供完整的索赔报告，包括索赔依据、工期和款额；最终的索赔报告在索赔事件结束后的 28 天内提交。

(4) 工程师收到每项索赔报告后的 42 天内应给予答复和批准，若不批准则应说明详细原因，且可以要求承包商提交进一步的证据，但此情况下也应将原则性的答复在上述时间内给出。

在国际工程承包市场上，索赔是承包商获得盈利的一个重要手段。索赔成功与否不但取决于客观事件的情况，也取决于承包商索赔的技巧和信心。正确的手段，充分的依据，对合同条件的熟练掌握，都是索赔成功的重要因素。

本章小结

FIDIC 是一个国际性的非官方组织，其中文名称是"国际咨询工程师联合会"，FIDIC 出版的所有合同文本结构，都是以通用条件、专用条件和其他标准化文件的格式编制。新版《FIDIC 施工合同条件》规定了施工质量控制条款、施工进度控制条款和施工费用控制条款，学习本章时，应重点掌握《FIDIC 施工合同条件》下对质量、进度和造价的控制。

思考与练习题

一、填空题

1. FIDIC 下设五个专业委员会，即_____、_____、_____、_____、_____。
2. 指定分包商是指_____。
3. 业主选择指定分包商的基本原则是_____。

二、选择题

1. 下列关于进入现场的权利的描述错误的是（　　）。
   A. 进入现场的权利是承包商进入和占用施工现场的权利
   B. 进入现场的权利是业主向承包商提供现场的义务
   C. 业主提供现场的时间仅以不影响开工为原则
   D. 进入现场的权利的主要内容为：业主应按投标函附录规定的时间向承包商提供现场，如果投标函附录没有规定，则依据承包商提交给业主的进度计划，按照施工要求的时间来提供

2. 承包商应至少提前（　　）天通知工程师分包商计划开始分包工作的日期以及开始现场工作的日期。
   A. 7　　　　B. 14　　　　C. 21　　　　D. 28

3. 承包商应提前（　　）天将准备运进现场的永久设备和其他重要物品通知工程师。
   A. 7　　　　B. 14　　　　C. 21　　　　D. 28

4. 通用条件内针对预付款金额不少于合同价（　　）的情况规定了管理程序。
   A. 12%　　　B. 22%　　　C. 32%　　　D. 42%

5. 当保留金已累计扣留到保留金限额的（　　）时，为了使承包商有较充裕的流动资金用于工程施工，可以允许承包商提交保留金保函代换保留金。
   A. 20%　　　B. 40%　　　C. 60%　　　D. 80%

6. 工程师在收到承包商的支付报表后（　　）天内，按核查结果以及总价承包分解表中核实的实际完成情况签发支付证书。
   A. 7　　　　B. 14　　　　C. 21　　　　D. 28

7. 如果逾期支付将承担延期付款的违约责任，延期付款的利息按银行贷款利率加（　　）计算。
   A. 2%　　　B. 3%　　　C. 4%　　　D. 5%

8. 在《FIDIC 施工合同条件》中，合同工期是指（　　）
   A. 合同内注明工期
   B. 合同内注明工期与经工程师批准顺延工期之和
   C. 发布开工令之日起至颁发移交证书之日止的日历天数
   D. 发布开工令之日起至颁发解除缺陷责任证书之日止的日历天数

9. 依据《FIDIC 施工合同条件》规定，施工中遇到（　　）情况，属于承包商应承担的风险。
   A. 现场地质条件与文件资料说明不一致
   B. 不利于施工的外界非自然条件
   C. 不利于施工的气候条件
   D. 其他承包商对施工的干扰

10. 《FIDIC 施工合同条件》规定，用从（　　）之日止的持续时间与合同工期比较，判断承包商的施工是否提前竣工。
    A. 合同签字日起至颁发接受证书

B. 合同签字日起至颁发接受证书中指明的竣工
C. 开工令要求的开工日起至颁发接受证书
D. 开工令要求的开工日起至颁发接受证书中指明的竣

三、问答题

1. FIDIC 的宗旨是什么？

2. 《设计采购施工（EPC）/交钥匙项目合同条件》能够满足业主哪些方面的需求？

3. 指定分包商与一般分包商的区别是什么？

4. FIDIC 的合同中，变更涉及哪些范围？

参考文献

[1]《建设工程法规及相关知识复习题集》编写委员会．建设工程法规及相关知识复习题集［M］．北京：中国建筑工业出版社，2022．

[2] 宋春岩．建设工程招投标与合同管理［M］．北京：北京大学出版社，2019．

[3] 禹贵香，李玉洁．工程招投标与合同管理［M］．北京：机械工业出版社，2020．

[4] 刘海涛．建设工程招投标与合同管理［M］．武汉：华中科技大学出版社，2021．

[5] 方洪涛，宋丽伟．工程项目招投标与合同管理［M］．3版．北京：北京理工大学出版社，2020．

[6] 中华人民共和国住房和城乡建设部，中华人民共和国国家质量监督检验检疫总局．建设工程工程量清单计价规范：GB 50500—2013［S］．北京：中国计划出版社，2013．

[7] 杨晓林，冉立平．建设工程施工索赔［M］．北京：机械工业出版社，2013．

[8] 张水波，陈勇强．国际工程合同管理［M］．北京：中国建筑工业出版社，2011．